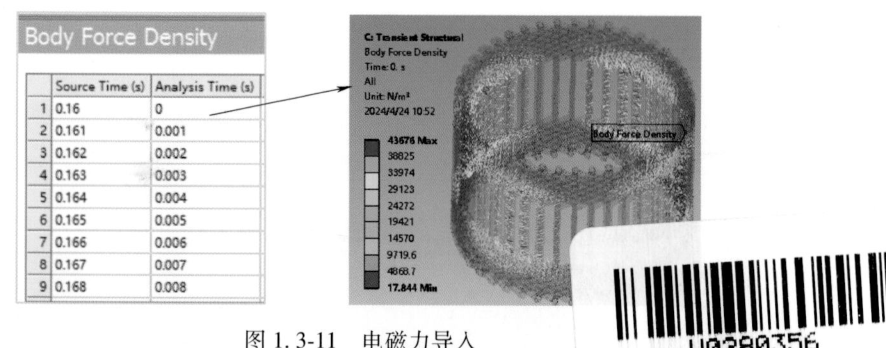

Body Force Density

	Source Time (s)	Analysis Time (s)
1	0.16	0
2	0.161	0.001
3	0.162	0.002
4	0.163	0.003
5	0.164	0.004
6	0.165	0.005
7	0.166	0.006
8	0.167	0.007
9	0.168	0.008

图 1. 3-11　电磁力导入

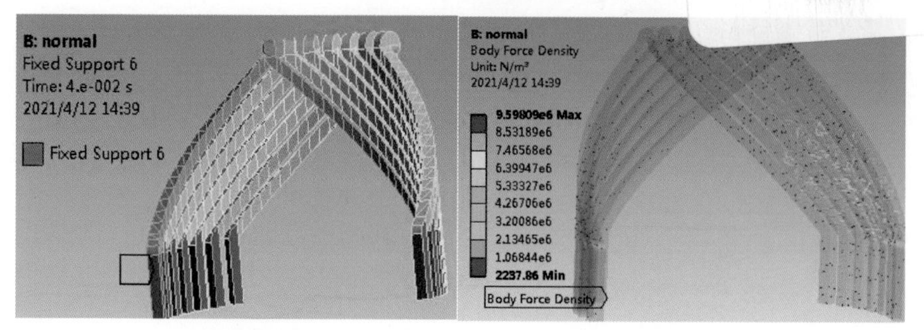

a) 固定约束　　b) 电磁力导入

图 2. 4-11　结构有限元分析前处理

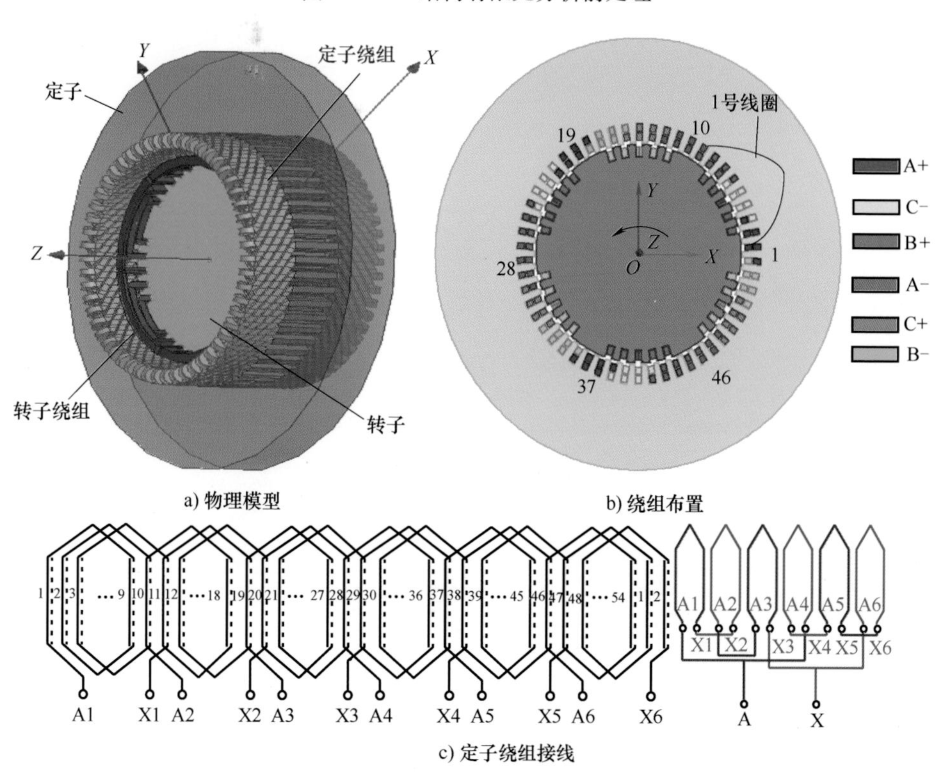

a) 物理模型　　b) 绕组布置

c) 定子绕组接线

图 2. 4-12　物理模型与接线

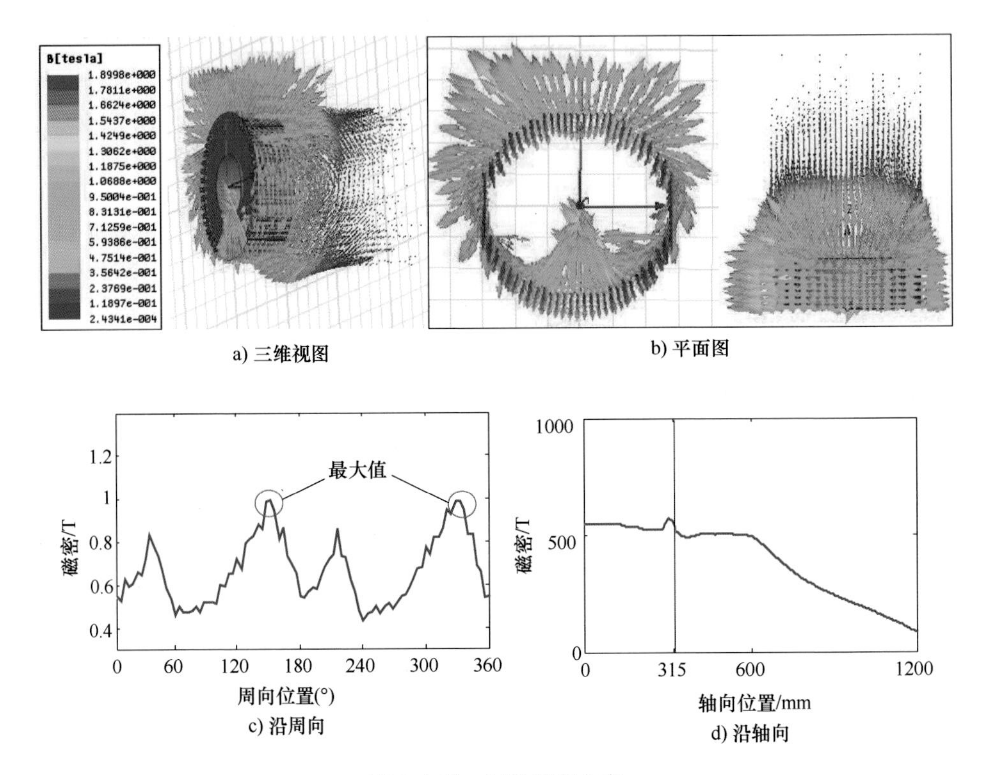

图 2.4-15　气隙磁密分布

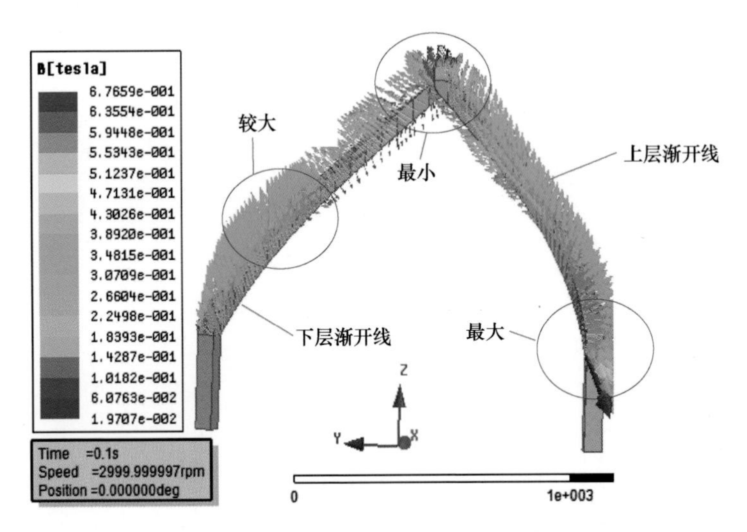

图 2.4-16　34 号端部线圈磁密分布

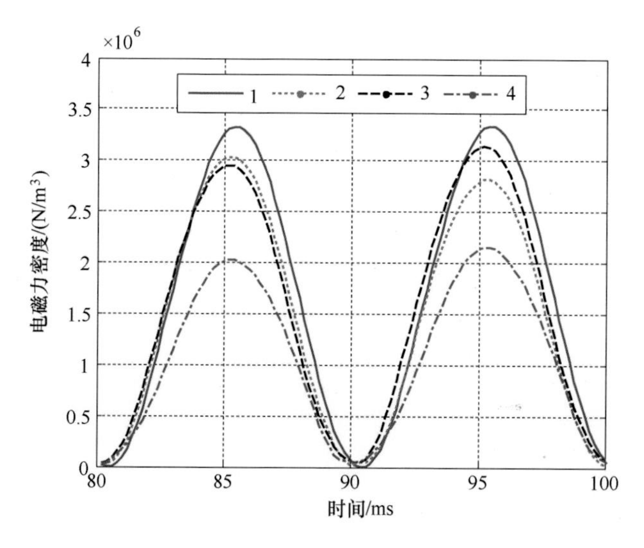

图 2.4-19　直线段不同轴向位置电磁力密度

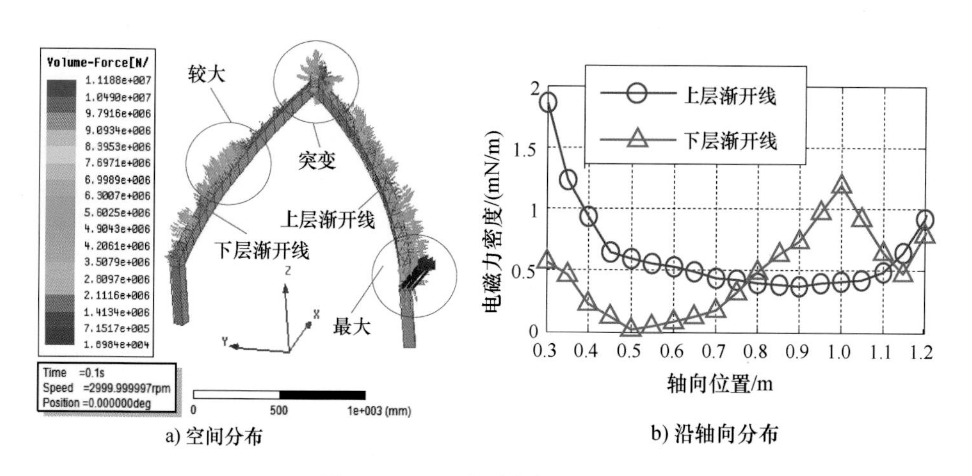

a) 空间分布　　b) 沿轴向分布

图 2.4-21　34 号端部绕组电磁力

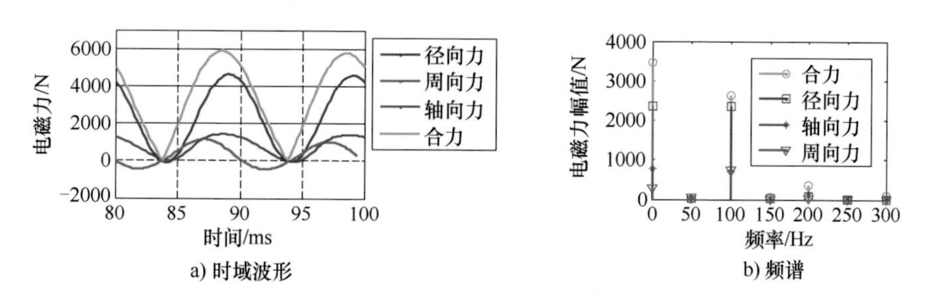

a) 时域波形　　b) 频谱

图 2.4-25　34 号端部线圈电磁力及频谱

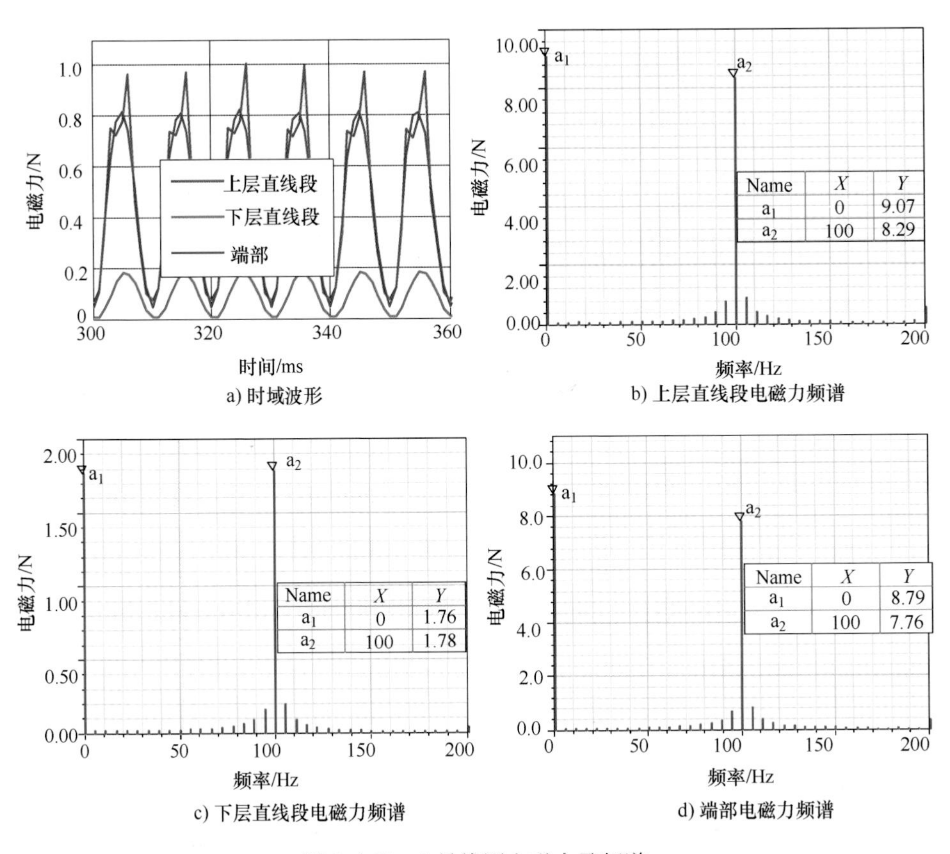

图 2.4-27　1 号线圈电磁力及频谱

图 2.4-28　A 相绕组应力分布（应力最大时刻）

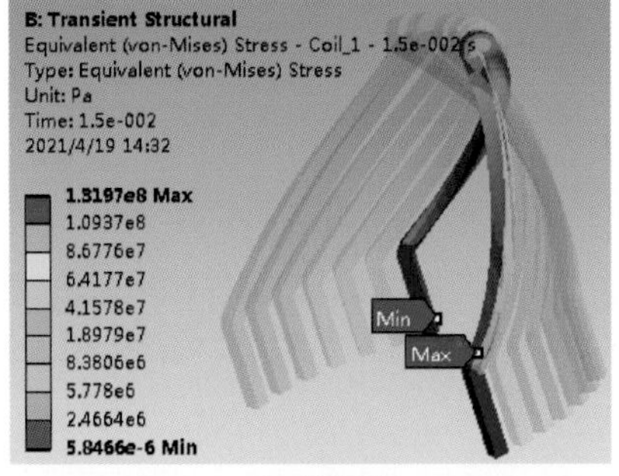

a) 1号线圈

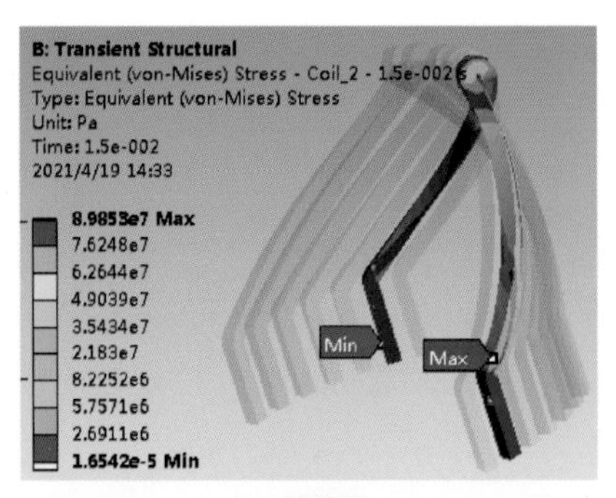

b) 2号线圈

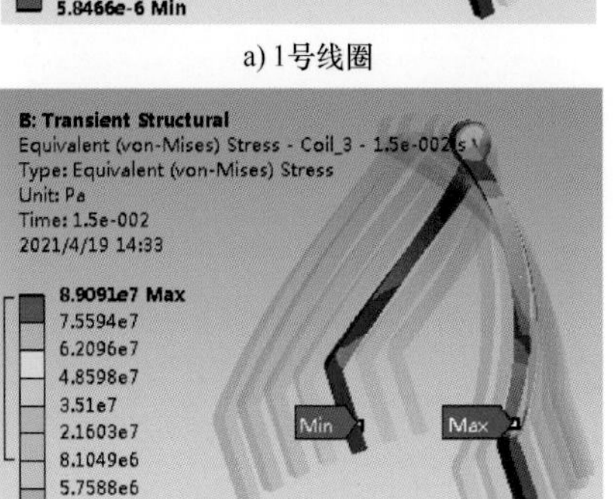

c) 3号线圈

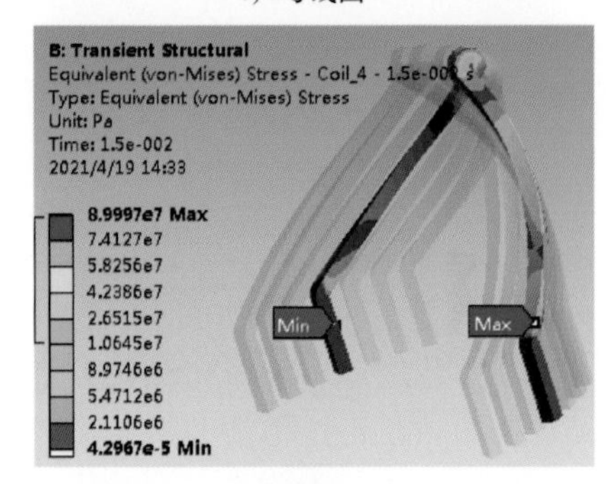

d) 4号线圈

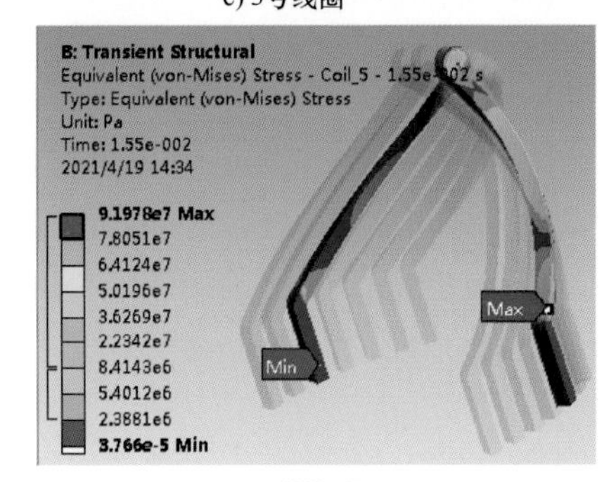

e) 5号线圈

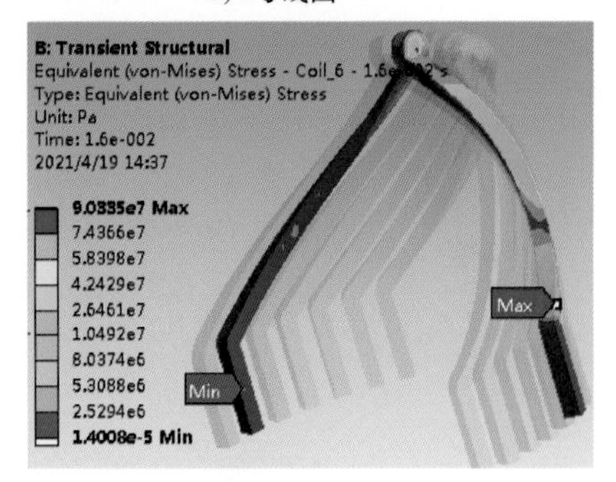

f) 6号线圈

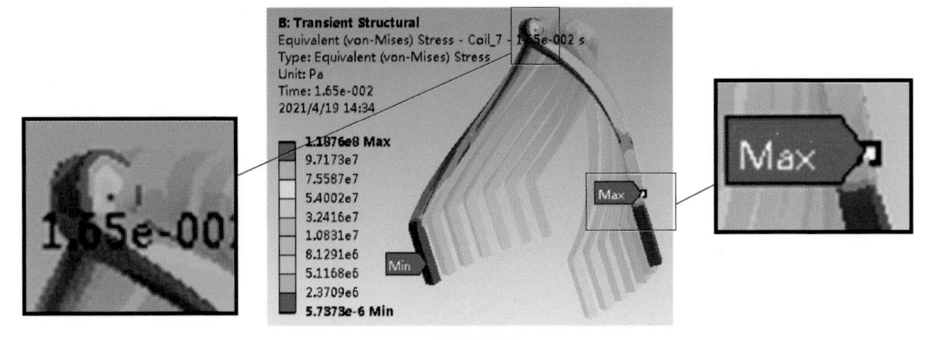

g) 7号线圈

图 2.4-29　A 相各线圈最大应力

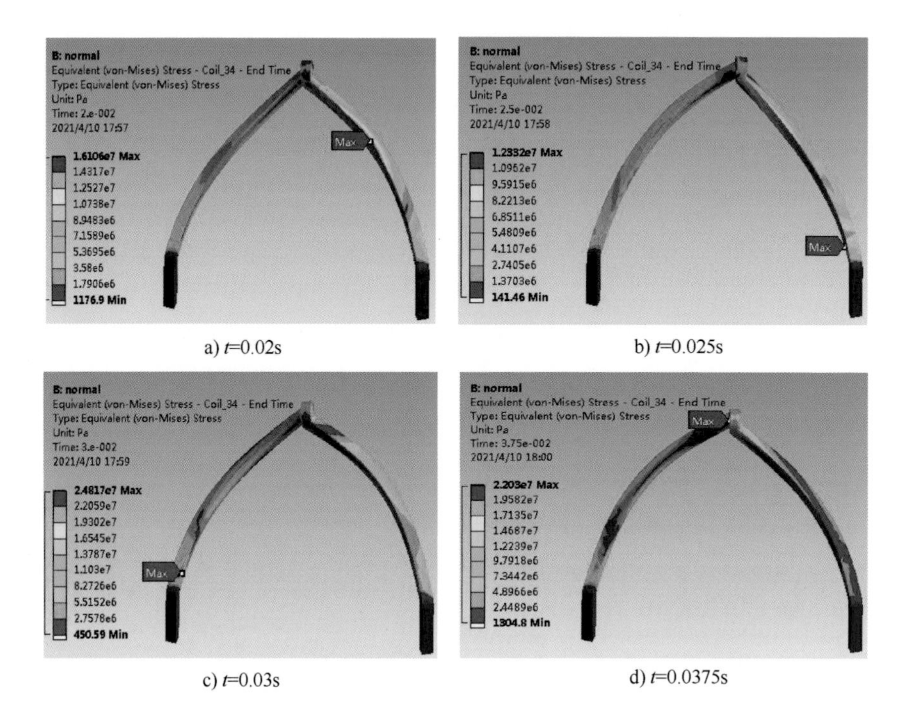

a) t=0.02s　　b) t=0.025s

c) t=0.03s　　d) t=0.0375s

图 2. 4-30　34 号线圈不同时刻应力分布

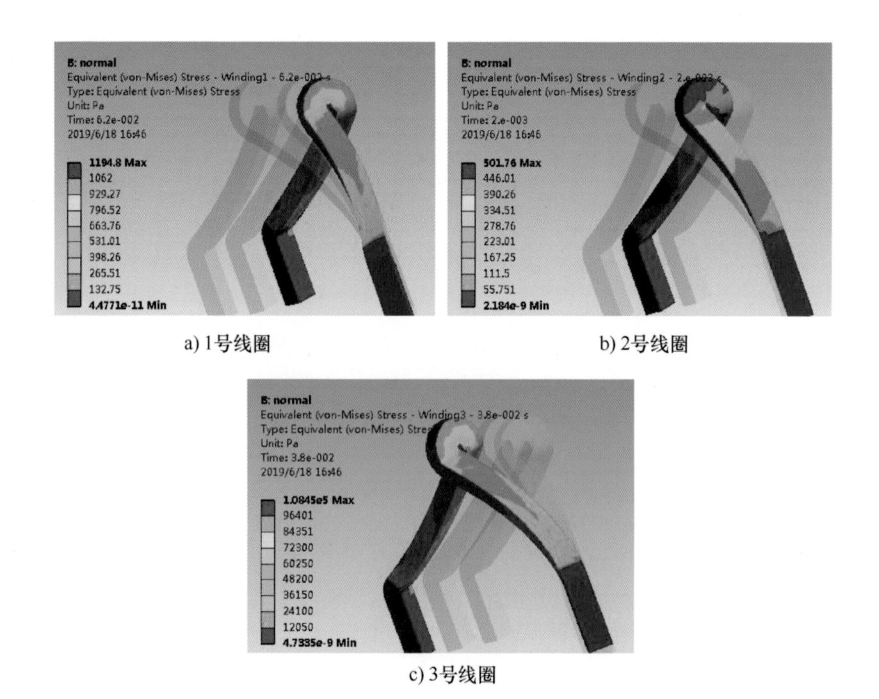

a) 1号线圈　　b) 2号线圈

c) 3号线圈

图 2. 4-36　A 相各线圈最大应力

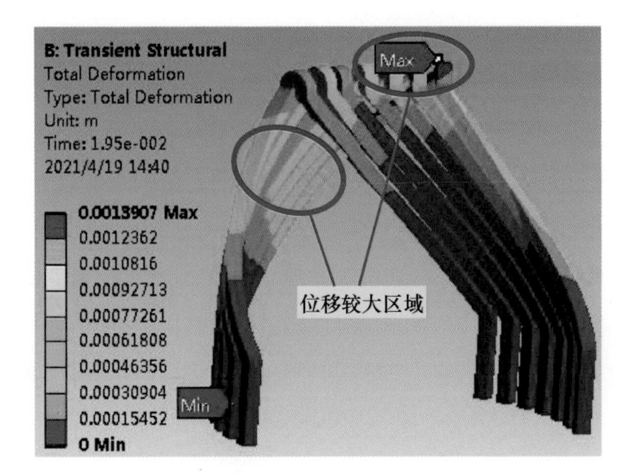

图 2. 4-37　A 相绕组位移分布

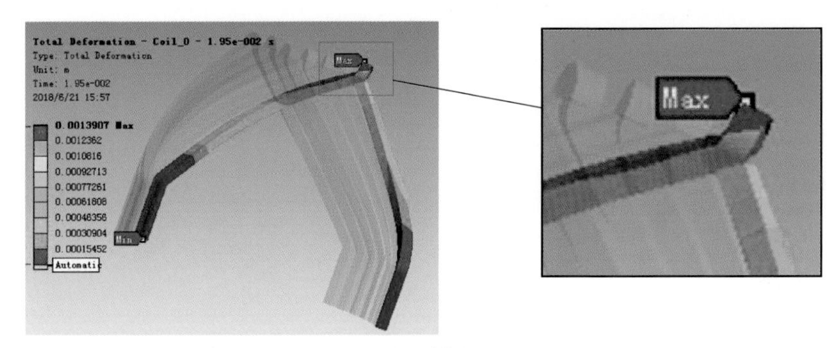

a) 1号线圈

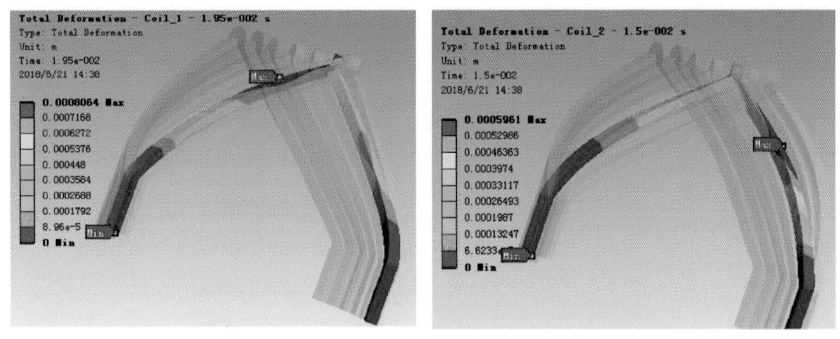

b) 2号线圈　　　　　　　　　　c) 3号线圈

图 2. 4-38　A 相各线圈最大位移

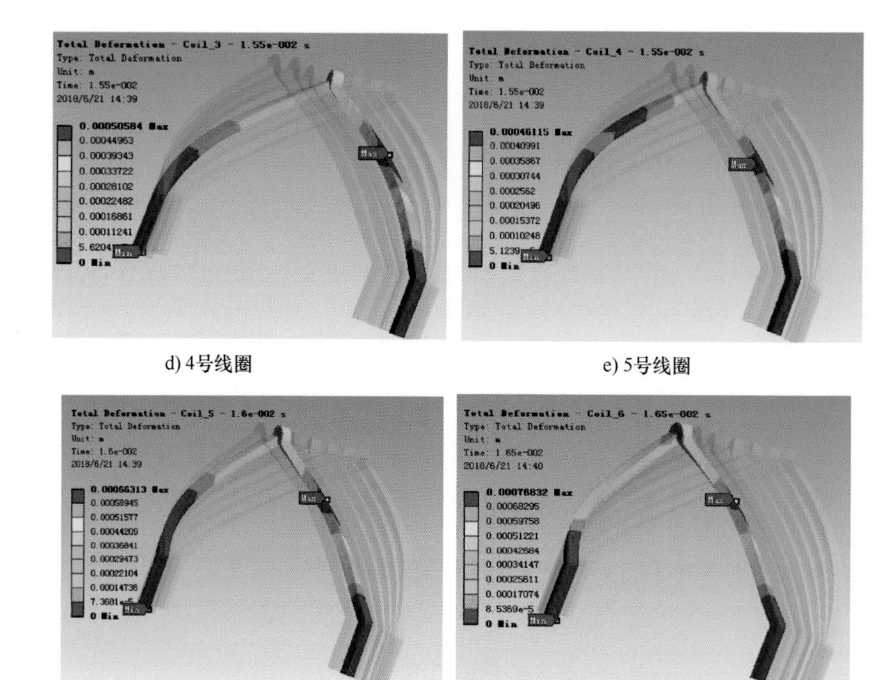

图 2.4-38　A 相各线圈最大位移（续）

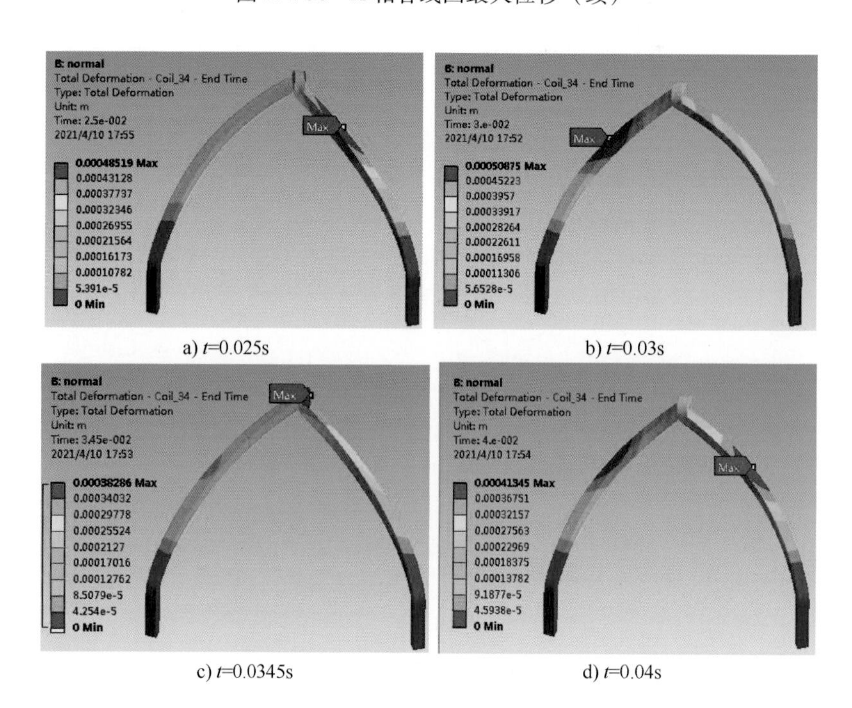

图 2.4-39　34 号线圈不同时刻位移分布

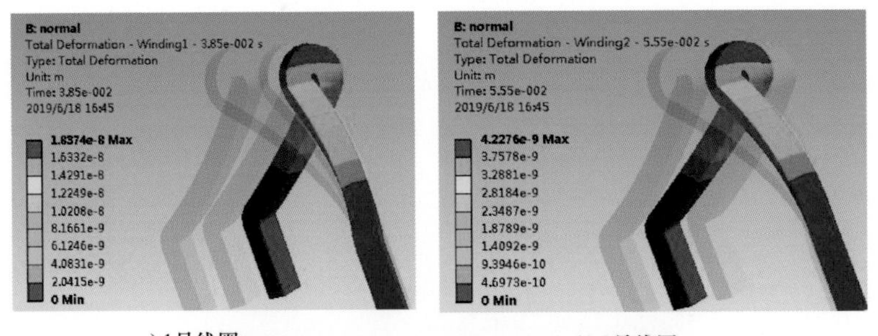

a) 1号线圈　　　b) 2号线圈

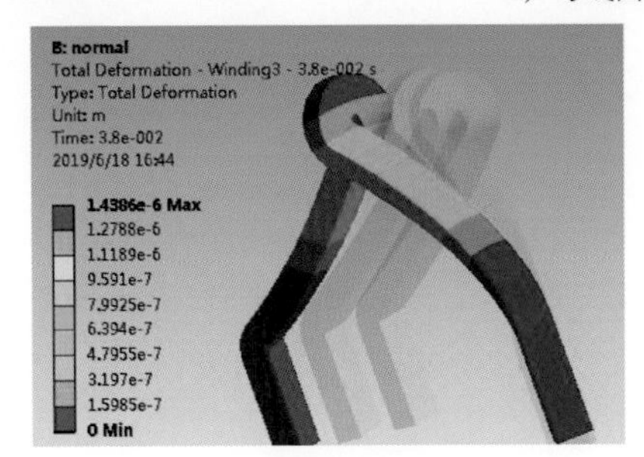

c) 3号线圈

图 2.4-42　A 相各线圈最大位移

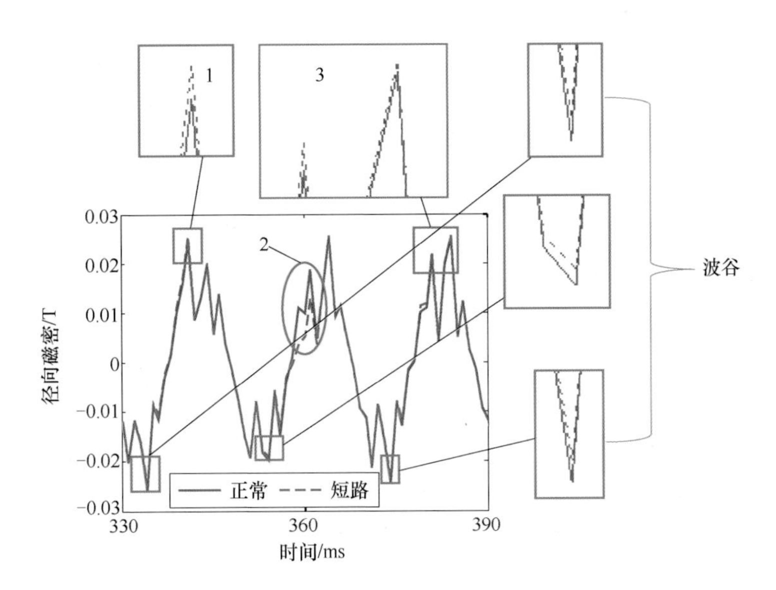

图 2.5-8　径向磁密时域波形（$p=3$）

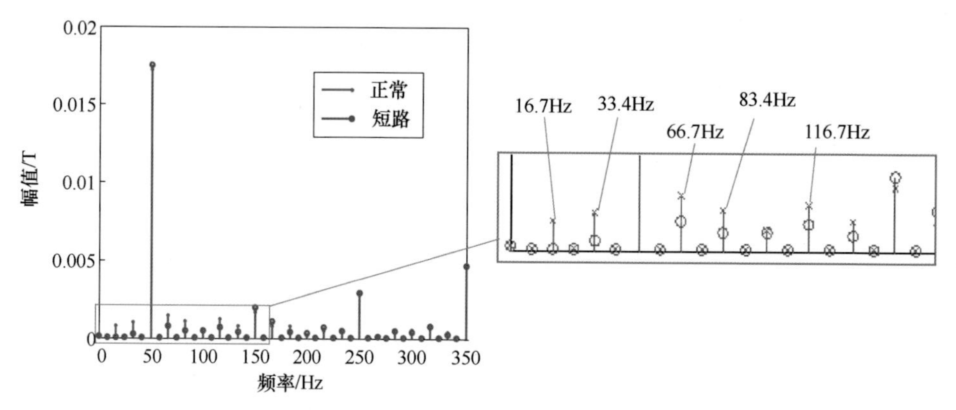

图 2.5-9　径向磁密频谱（$p=3$）

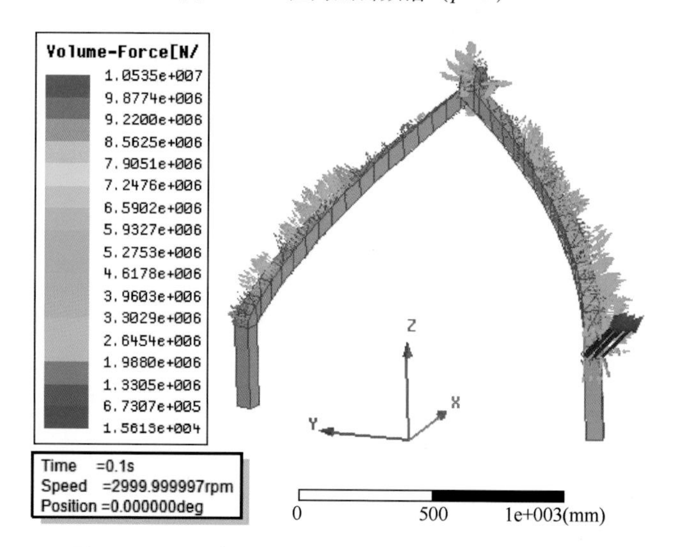

图 2.5-10　短路后 34 号端部线圈电磁力密度分布云图

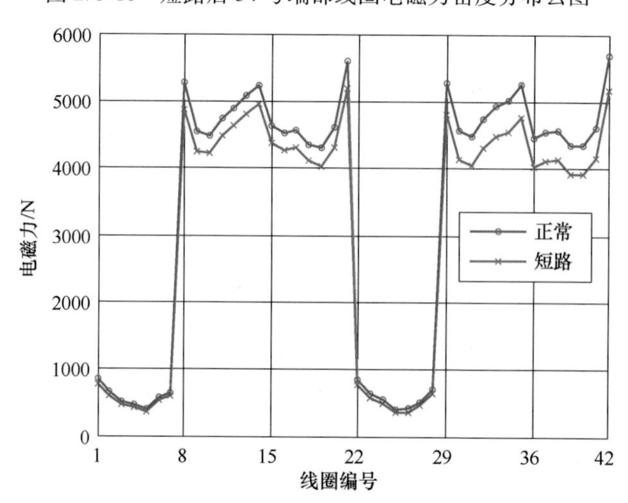

图 2.5-11　短路前后端部绕组电磁力分布

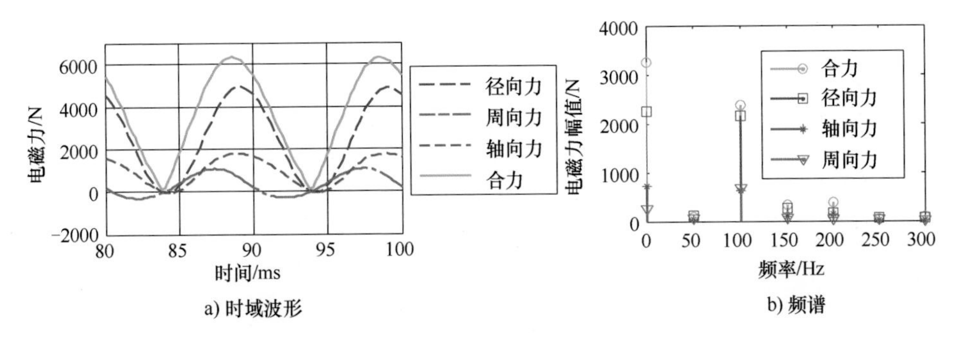

a) 时域波形　　b) 频谱

图 2.5-12　34 号端部线圈电磁力及频谱

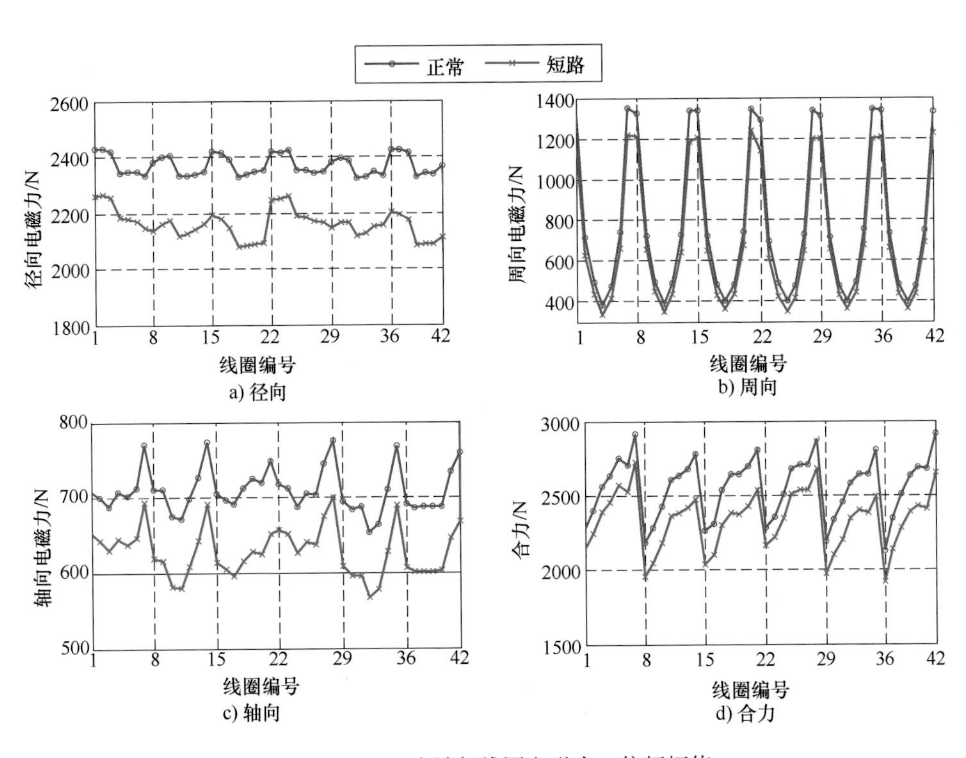

a) 径向　　b) 周向

c) 轴向　　d) 合力

图 2.5-13　42 个端部线圈电磁力二倍频幅值

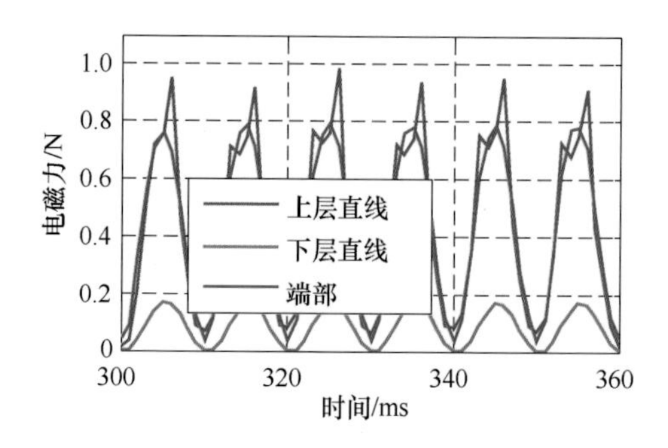

图 2.5-14　短路后 1 号线圈电磁力变化曲线

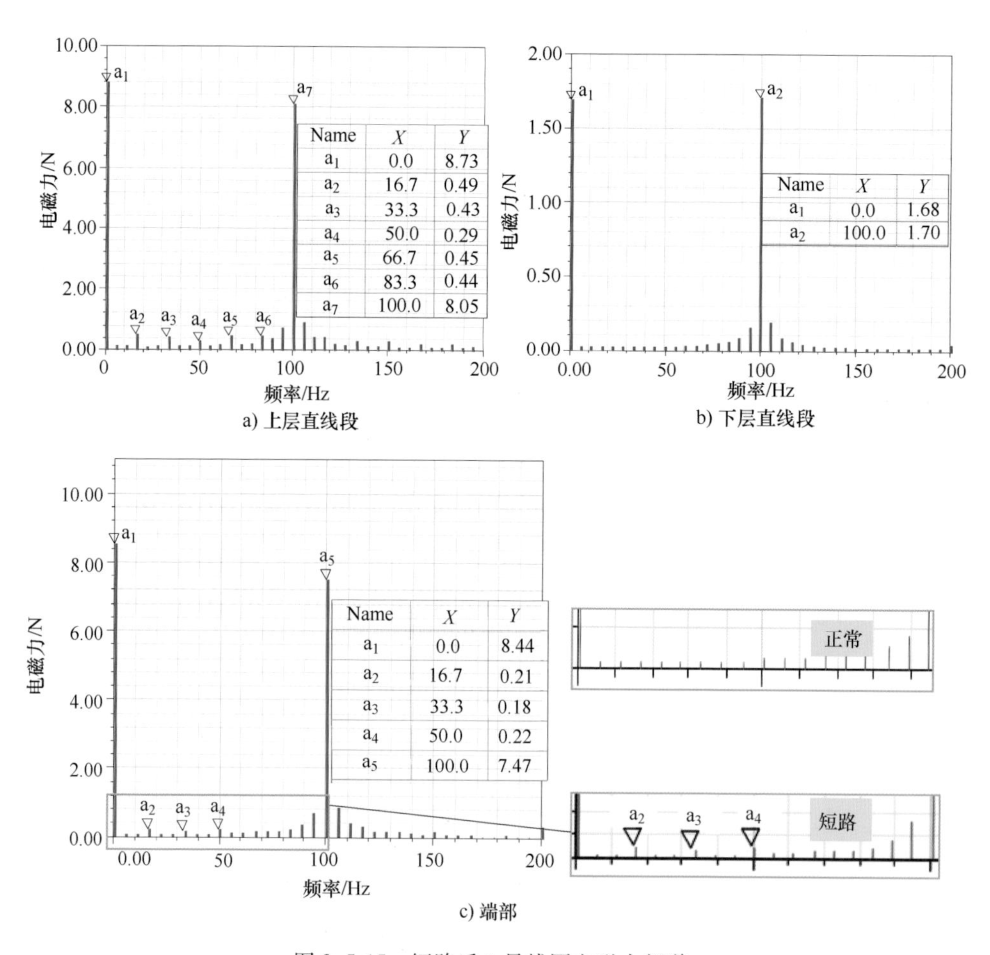

Name	X	Y
a_1	0.0	8.73
a_2	16.7	0.49
a_3	33.3	0.43
a_4	50.0	0.29
a_5	66.7	0.45
a_6	83.3	0.44
a_7	100.0	8.05

Name	X	Y
a_1	0.0	1.68
a_2	100.0	1.70

Name	X	Y
a_1	0.0	8.44
a_2	16.7	0.21
a_3	33.3	0.18
a_4	50.0	0.22
a_5	100.0	7.47

图 2.5-15　短路后 1 号线圈电磁力频谱

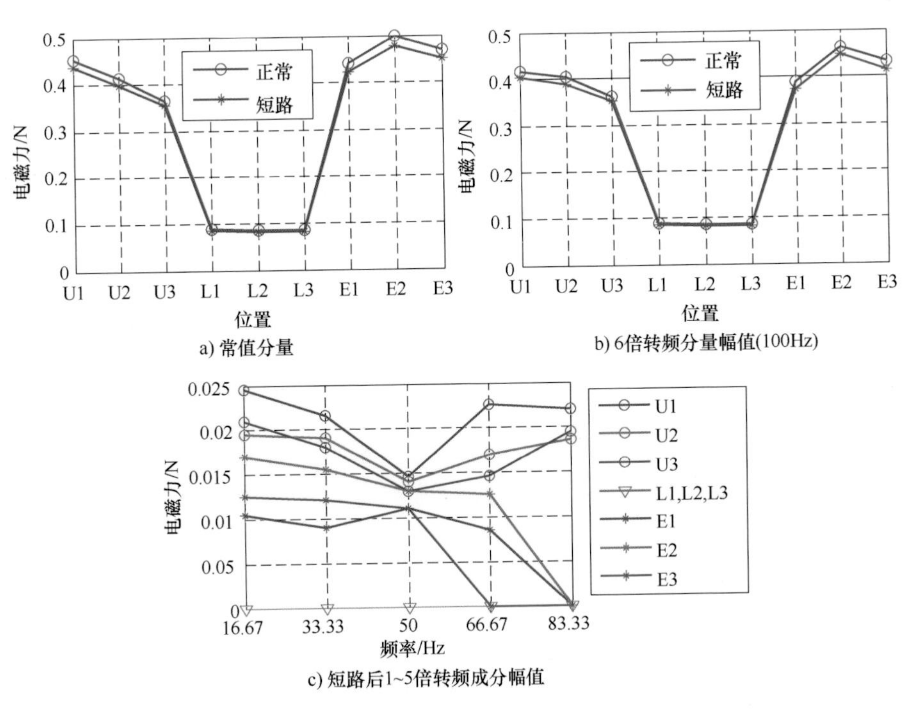

图 2.5-16　短路前后电磁力频率成分对比

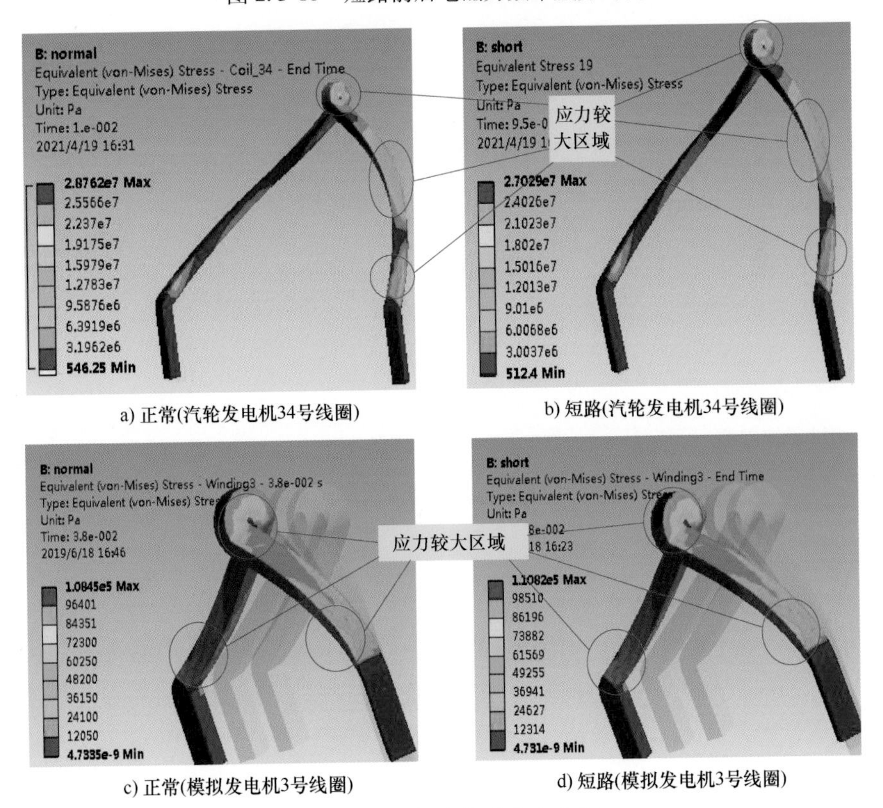

图 2.5-17　短路前后应力分布

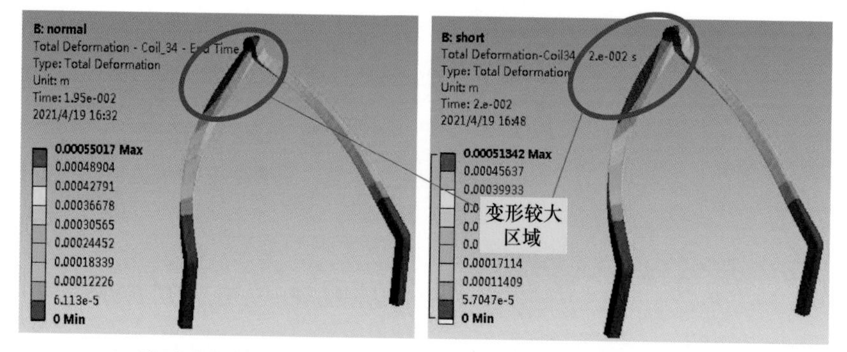

a) 正常(汽轮发电机34号线圈)　　b) 短路(汽轮发电机34号线圈)

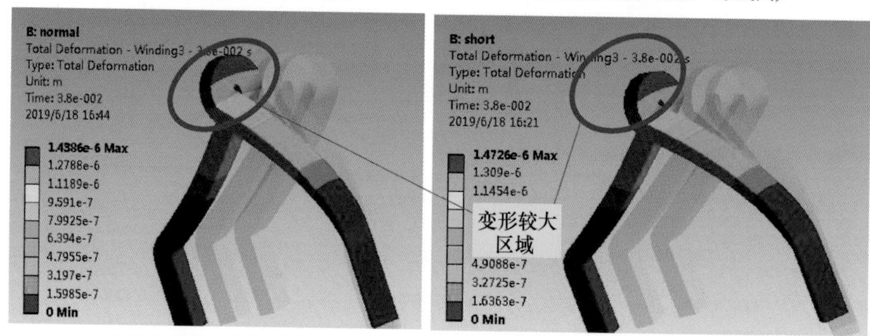

c) 正常(模拟发电机3号线圈)　　d) 短路(模拟发电机3号线圈)

图 2.5-19　短路前后位移分布

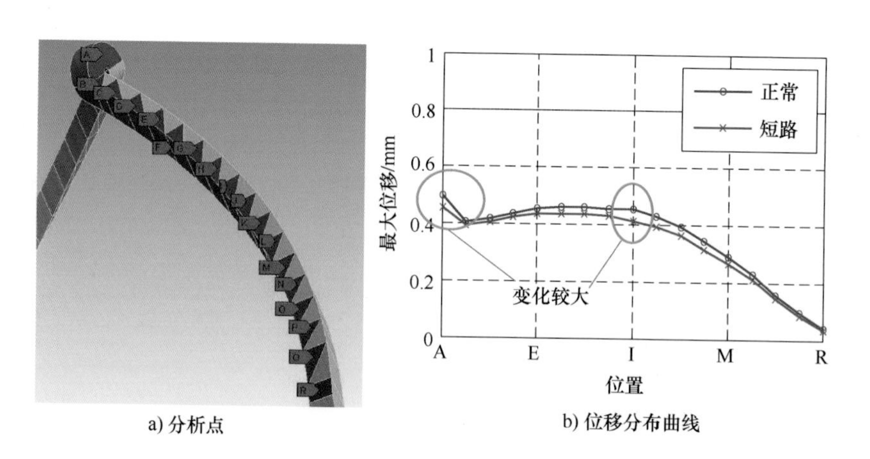

a) 分析点　　b) 位移分布曲线

图 2.5-20　34 号上层渐开线最大位移分布

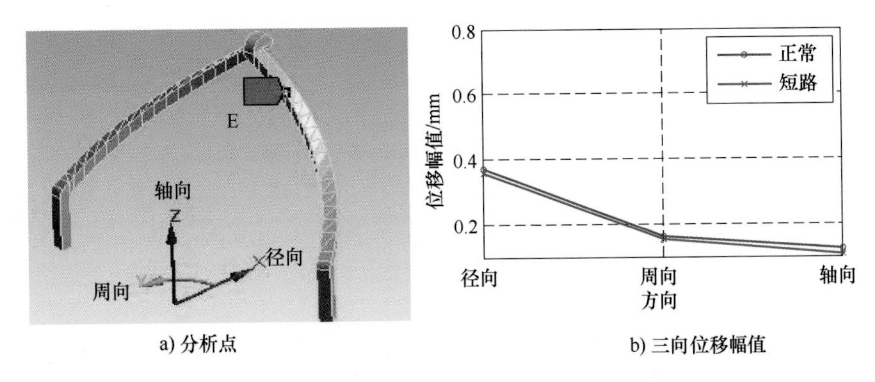

a) 分析点　　　b) 三向位移幅值

图 2. 5-21　短路前后三向位移幅值对比

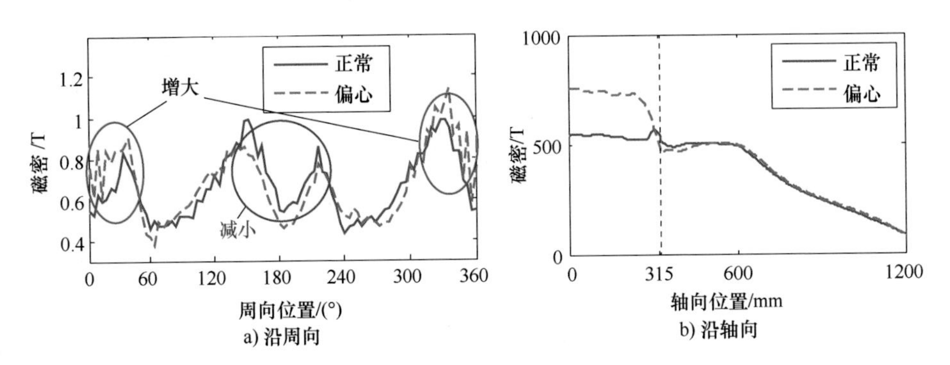

a) 沿周向　　　b) 沿轴向

图 2. 6-3　气隙磁密分布

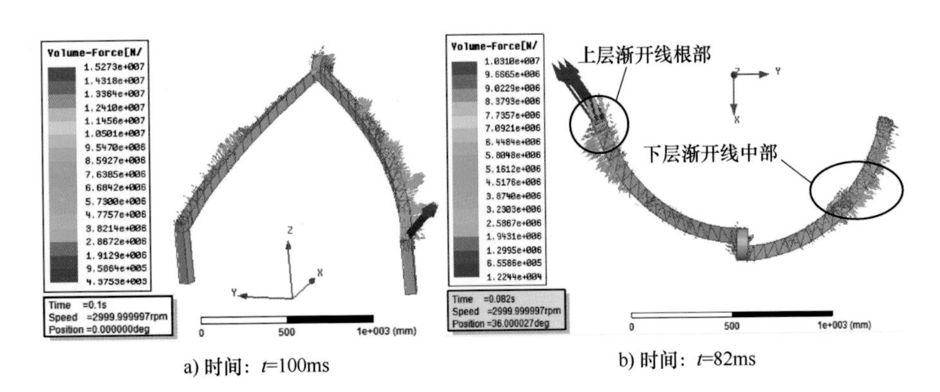

a) 时间：t=100ms　　　b) 时间：t=82ms

图 2. 6-4　34 号端部线圈电磁力分布图

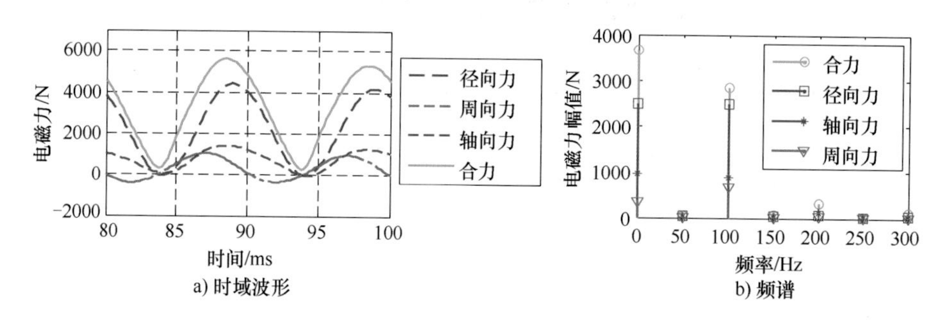

a) 时域波形　b) 频谱

图 2. 6-5　34 号端部线圈电磁力及频谱

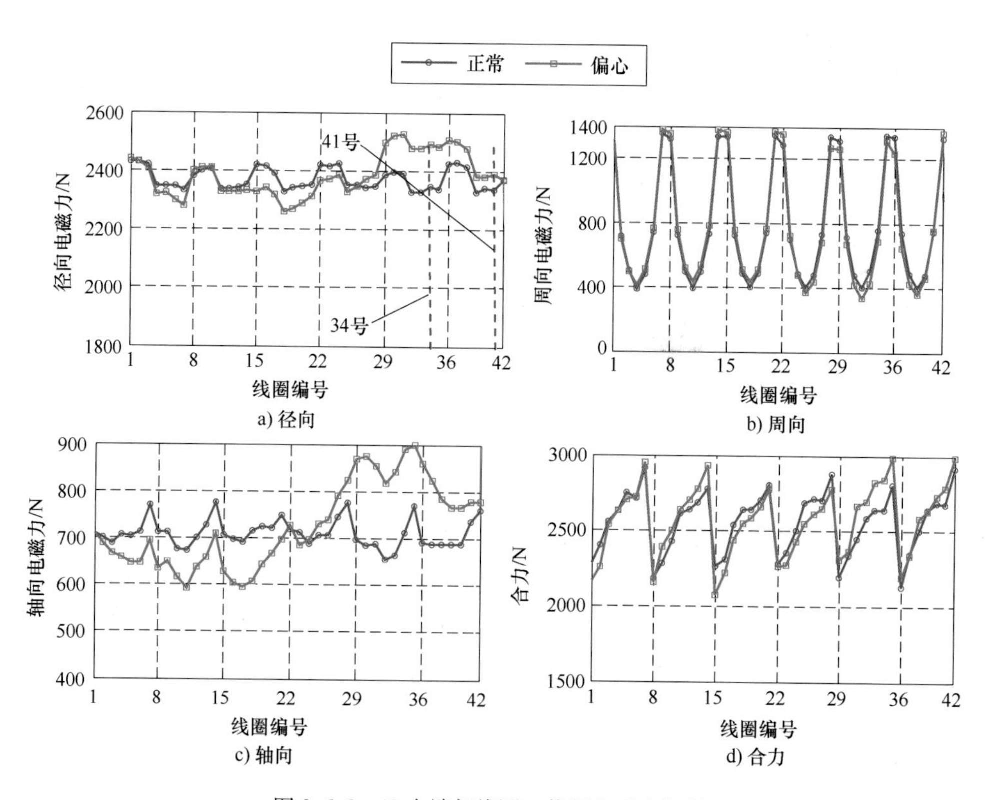

a) 径向　b) 周向

c) 轴向　d) 合力

图 2. 6-6　42 个端部线圈二倍频电磁力幅值

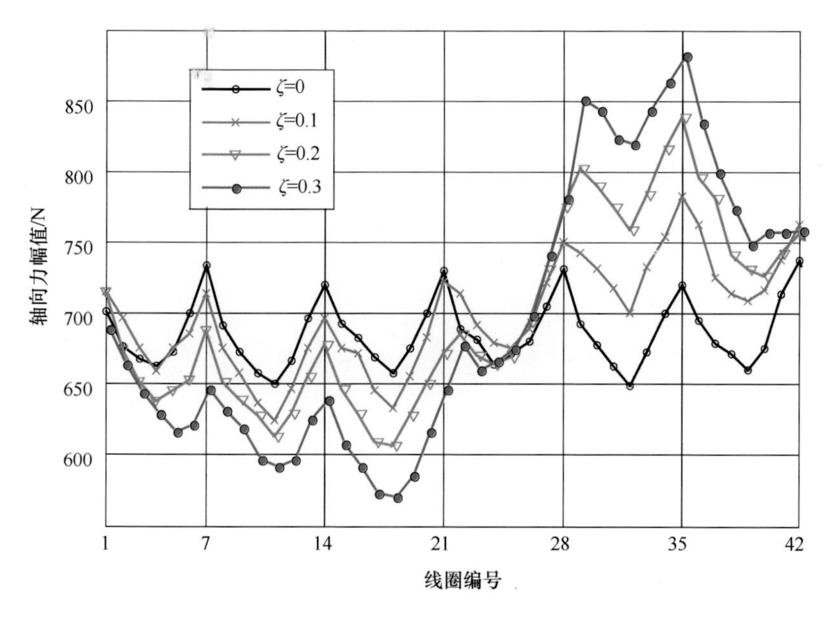

图 2. 6-7　不同偏心率下二倍频电磁力幅值

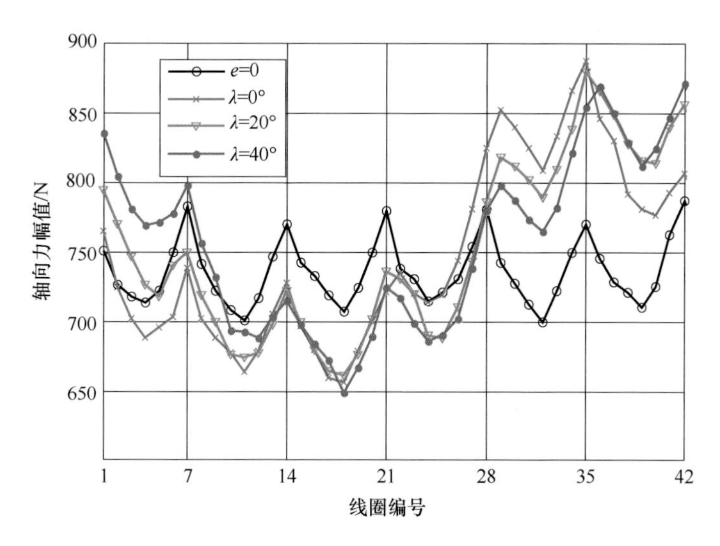

图 2. 6-8　不同偏心角度下二倍频电磁力幅值

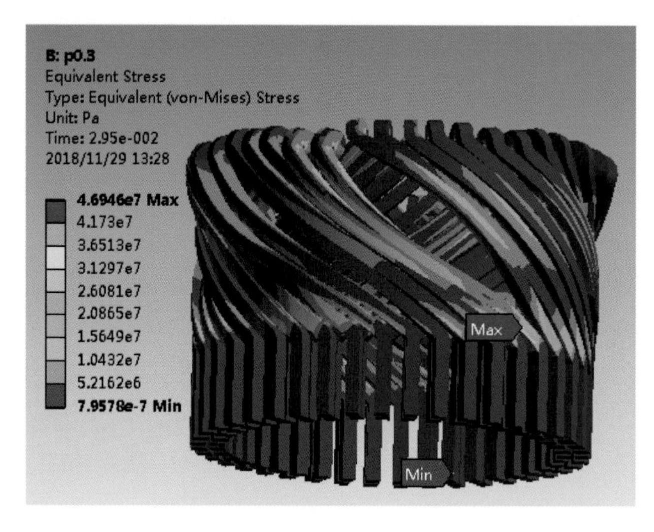

图 2.6-9 气隙偏心时端部线圈应力分布（应力最大时刻）

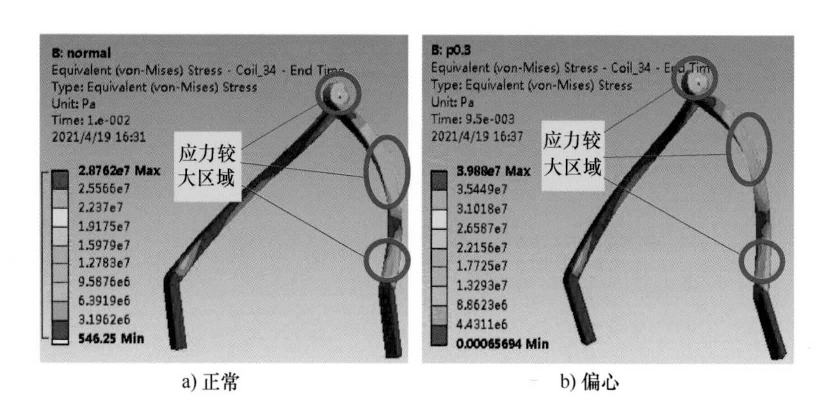

a) 正常　　b) 偏心

图 2.6-10 34 号端部线圈应力分布（应力最大时刻）

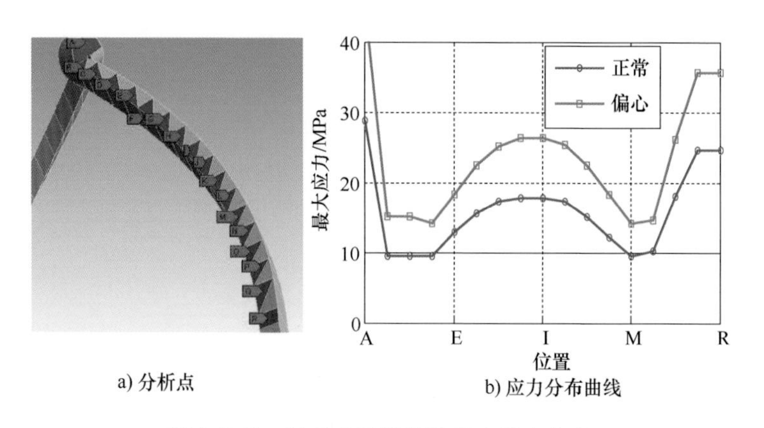

a) 分析点　　b) 应力分布曲线

图 2.6-11 34 号上层渐开线最大应力分布

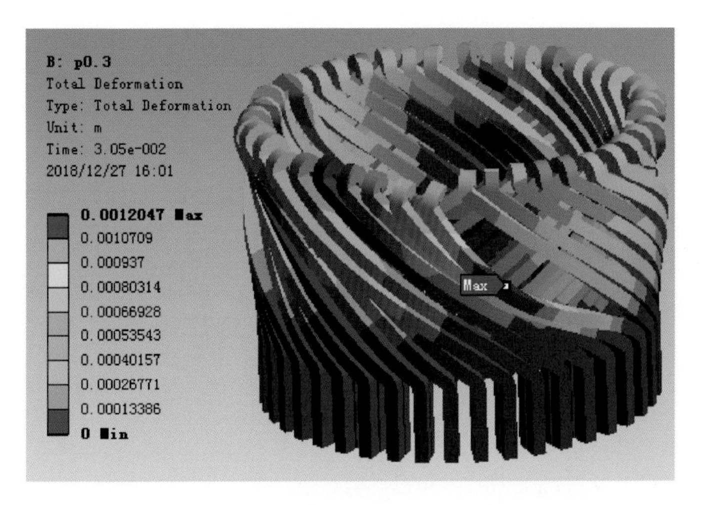

图 2.6-12　端部线圈位移分布（位移最大时刻）

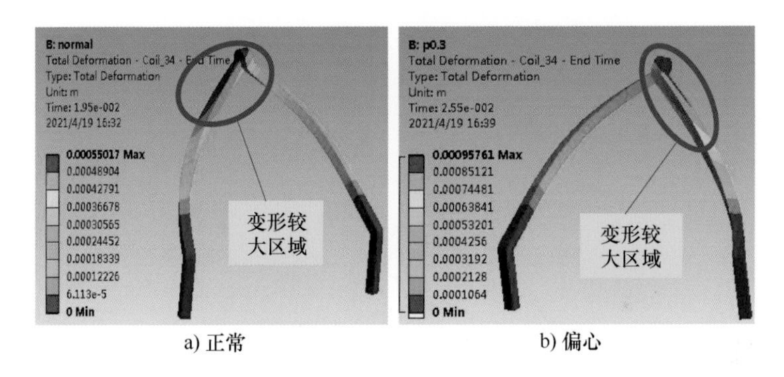

a) 正常　　　　b) 偏心

图 2.6-13　34 号端部线圈位移分布

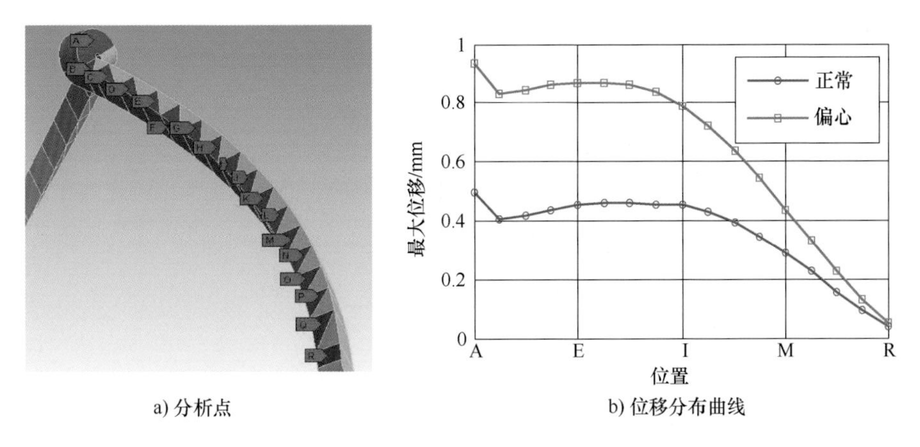

a) 分析点　　　　b) 位移分布曲线

图 2.6-14　34 号上层渐开线最大位移分布

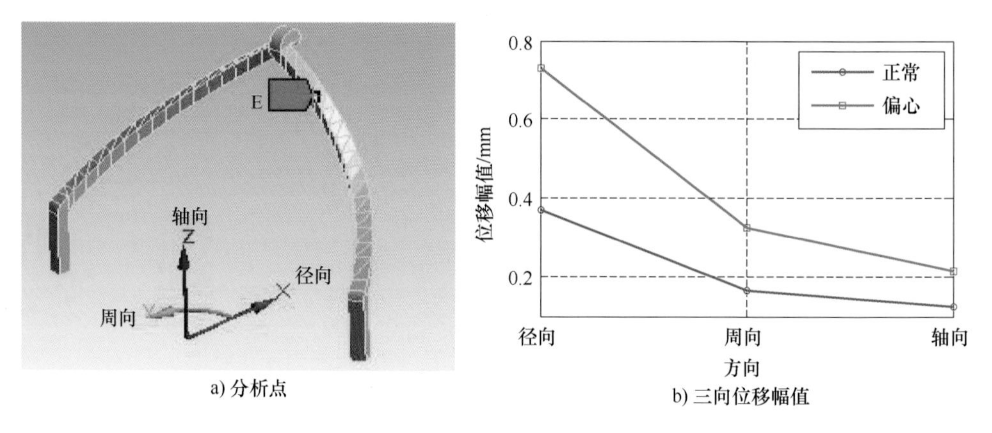

a) 分析点

b) 三向位移幅值

图 2. 6-15　偏心前后三向位移幅值对比

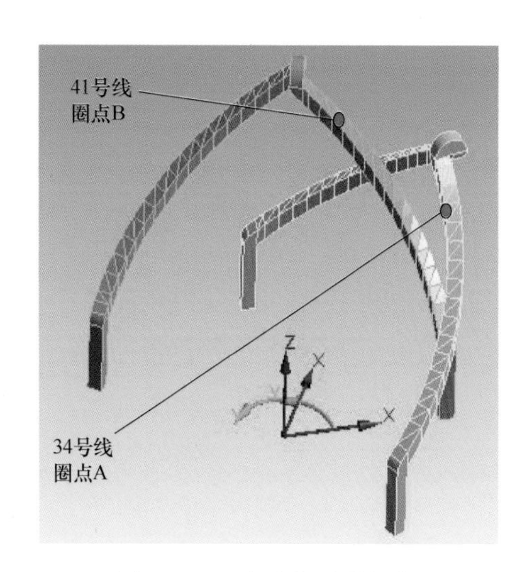

图 2. 6-18　径向振动分析点

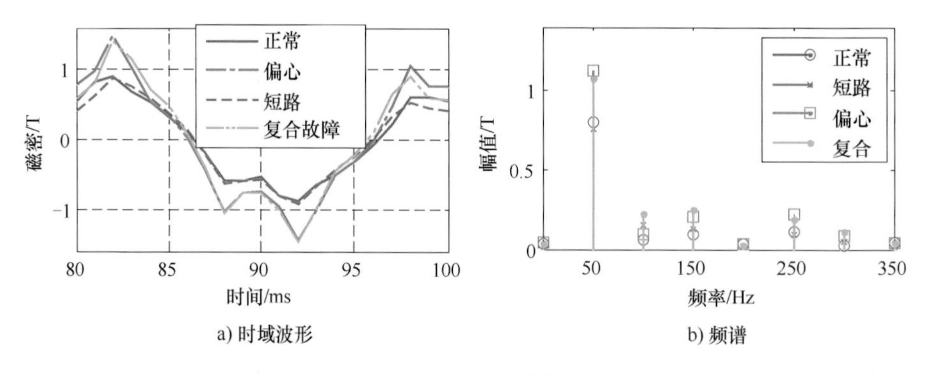

a) 时域波形

b) 频谱

图 2. 7-1　径向磁密

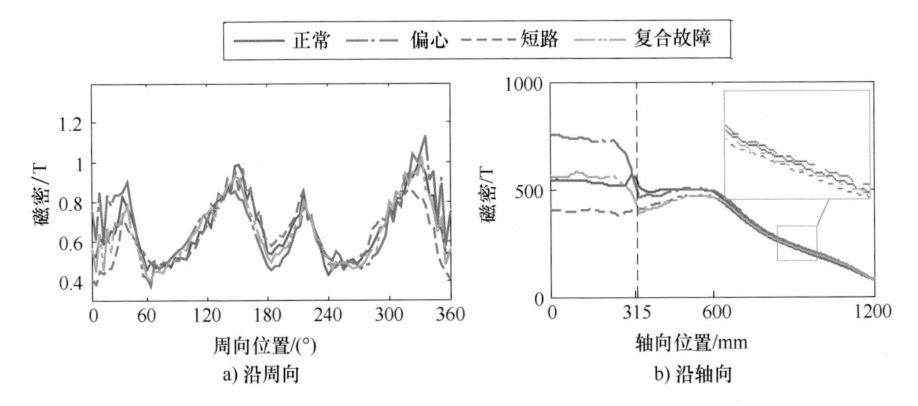

图 2.7-2　气隙磁密分布

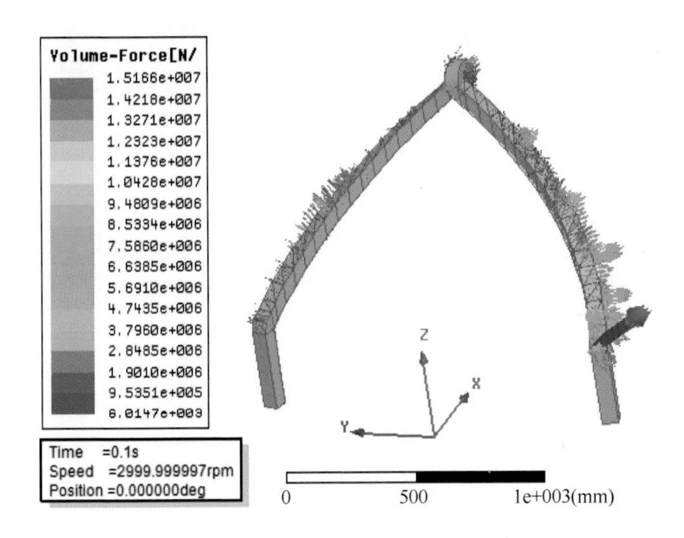

图 2.7-3　34 号端部线圈电磁力分布图

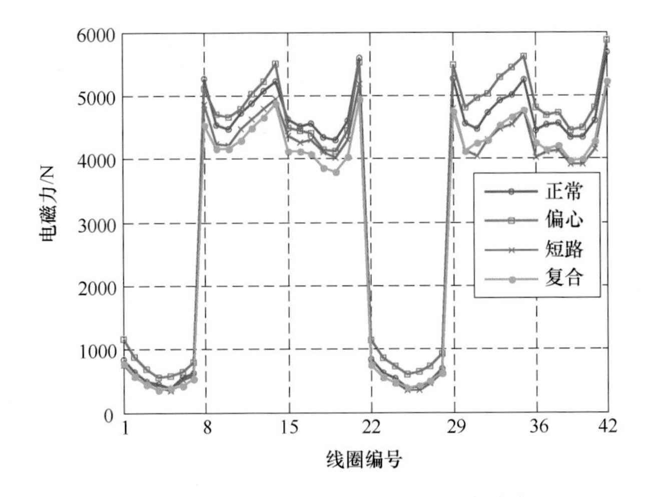

图 2.7-4　故障前后端部绕组电磁力分布

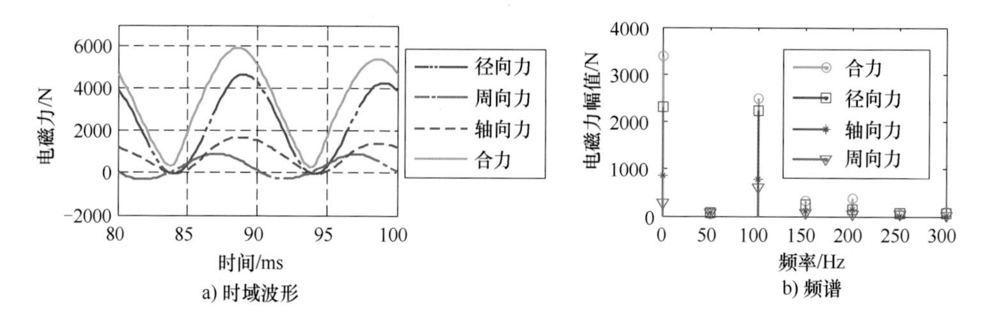

图 2.7-5　34 号端部线圈电磁力及频谱

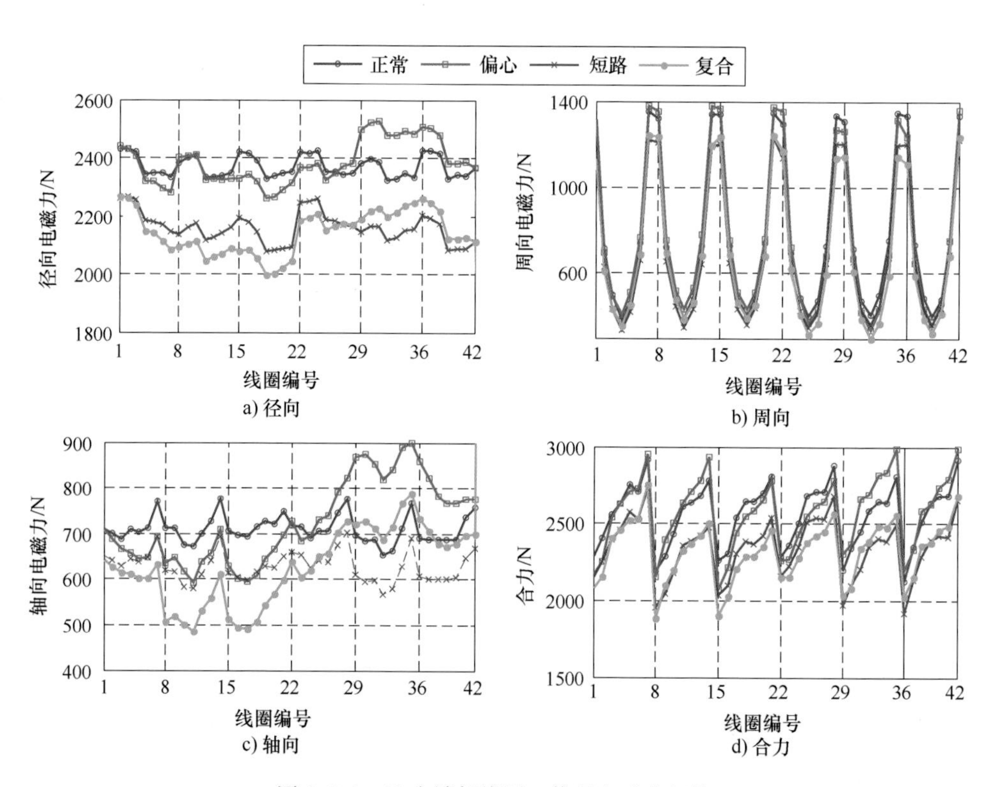

图 2.7-6　42 个端部线圈二倍频电磁力幅值

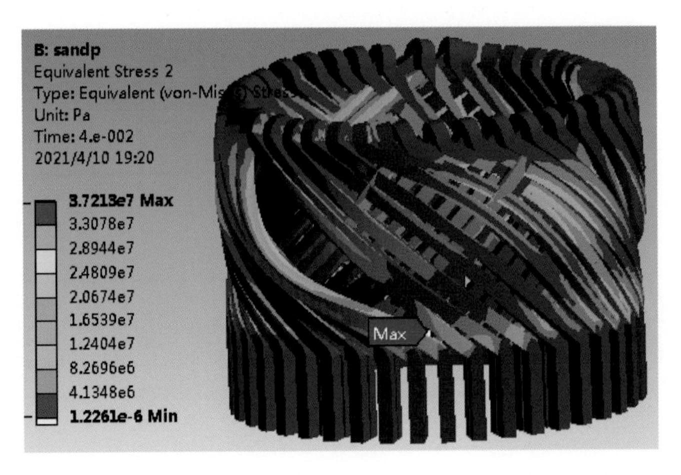

图 2.7-7 复合故障时端部线圈应力分布（应力最大时刻）

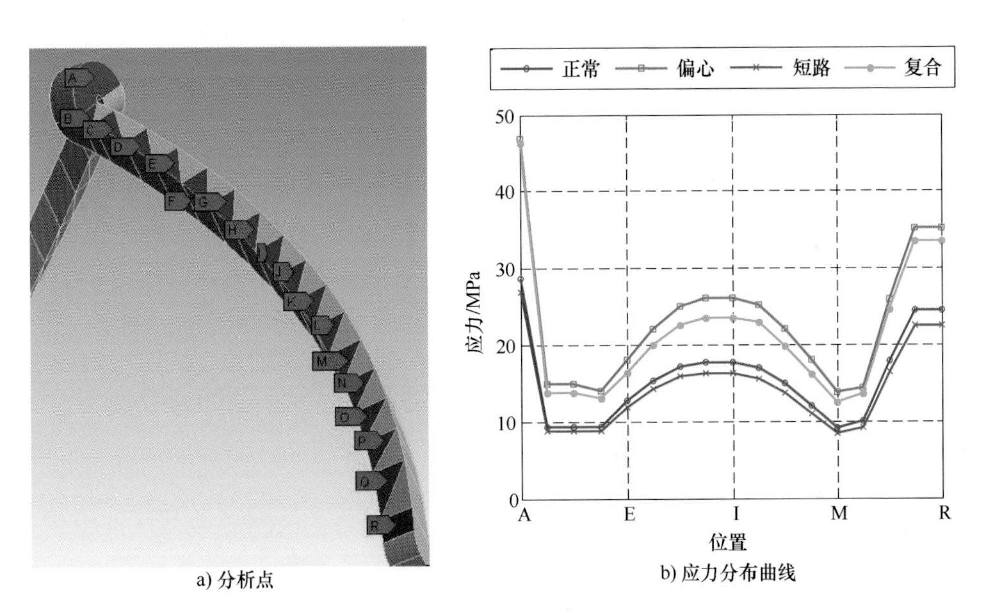

a) 分析点

b) 应力分布曲线

图 2.7-8 34 号上层渐开线最大应力分布曲线

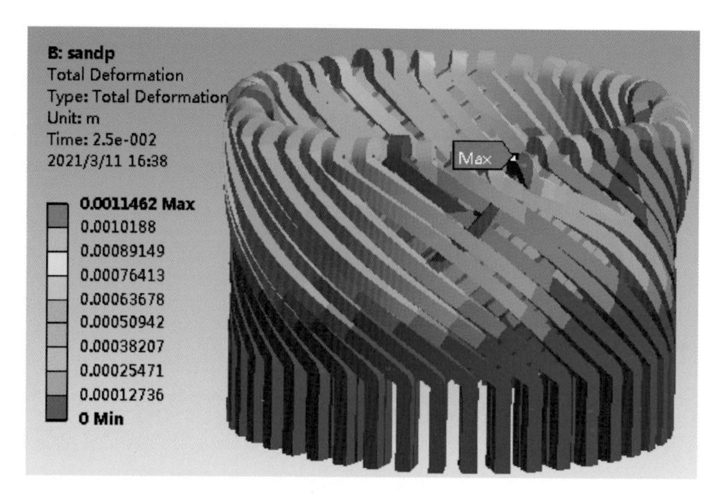

图 2.7-9　复合故障时端部线圈最大位移

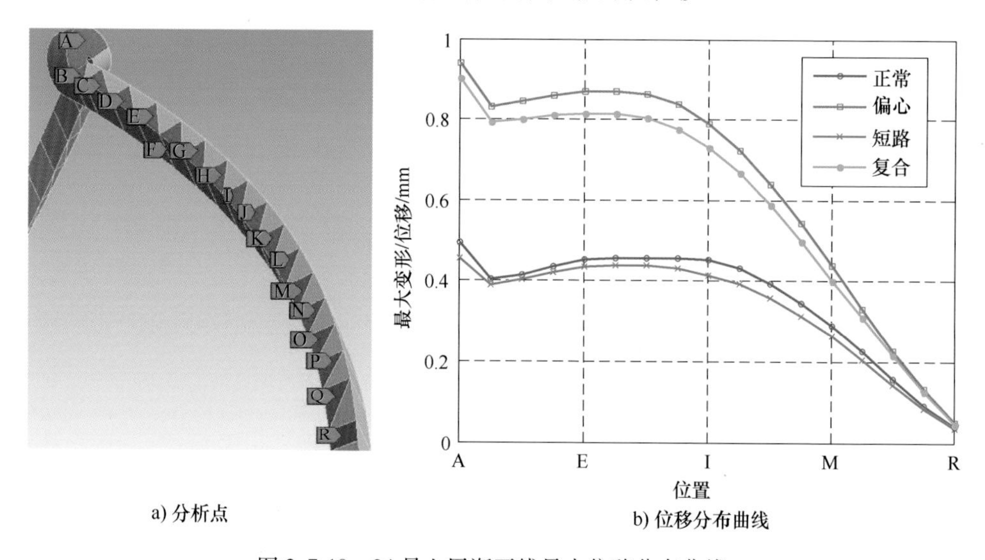

图 2.7-10　34 号上层渐开线最大位移分布曲线

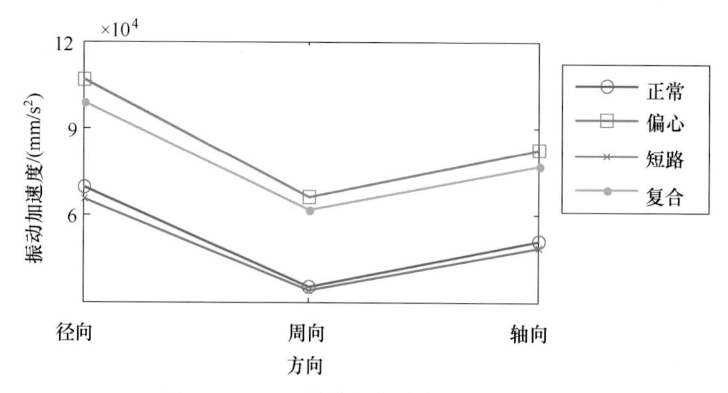

图 2.7-13　34 号线圈振动加速度二倍频

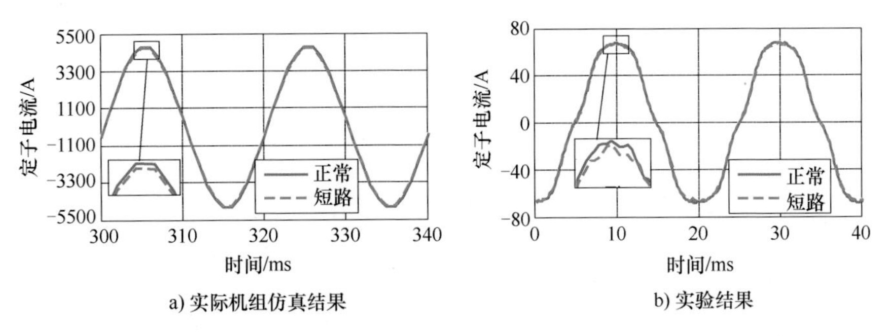

a) 实际机组仿真结果　　b) 实验结果

图 2. 7-16　定子电流对比

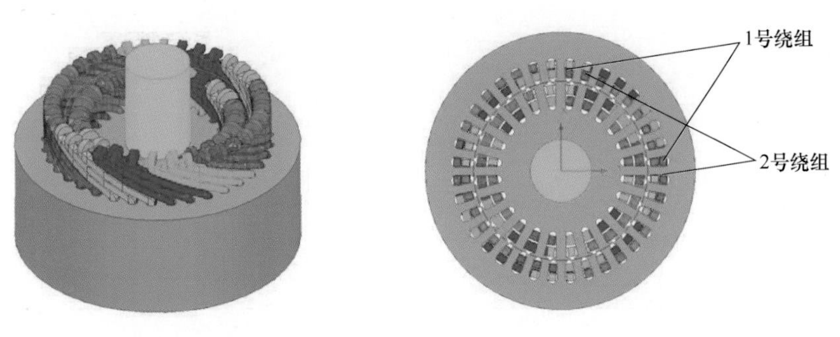

图 3. 9-1　双馈发电机 3D 模型　　图 3. 9-2　定子绕组编号

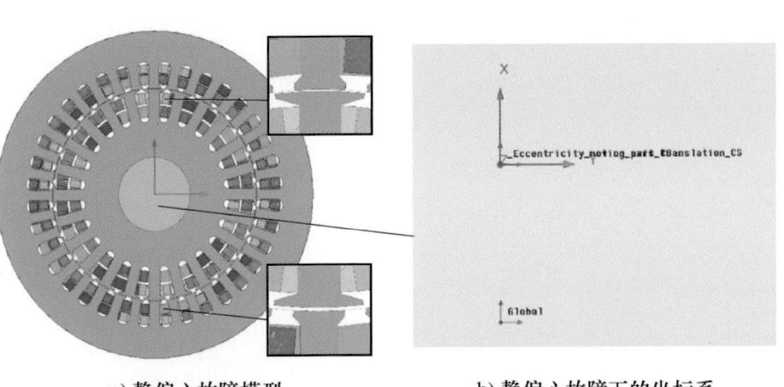

a) 静偏心故障模型　　b) 静偏心故障下的坐标系

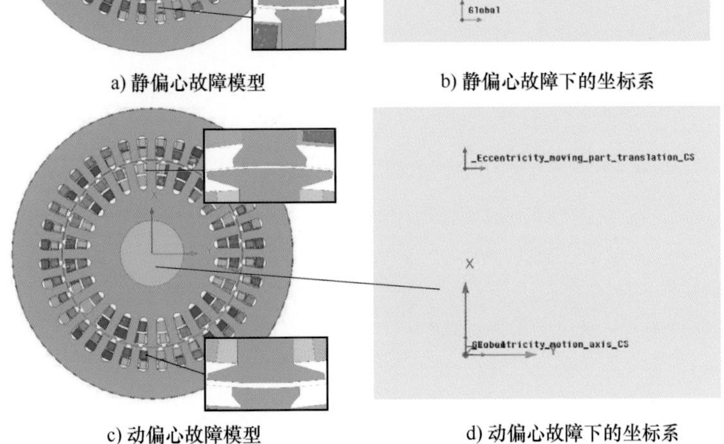

c) 动偏心故障模型　　d) 动偏心故障下的坐标系

图 3. 9-3　偏心故障设置示意

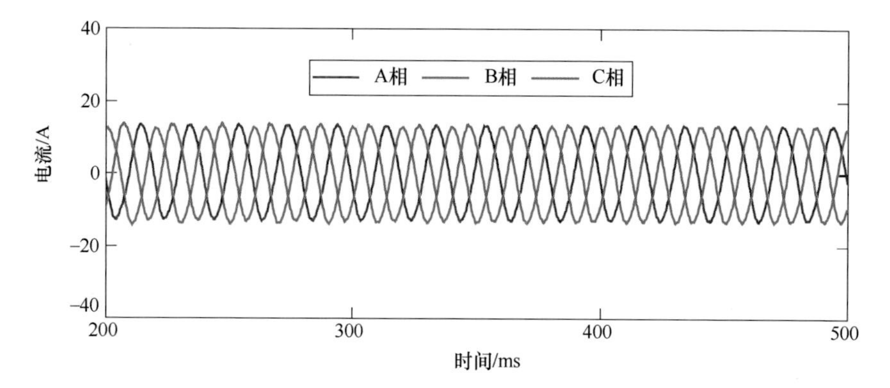

图 3. 9-4　正常工况下定子电流时域图

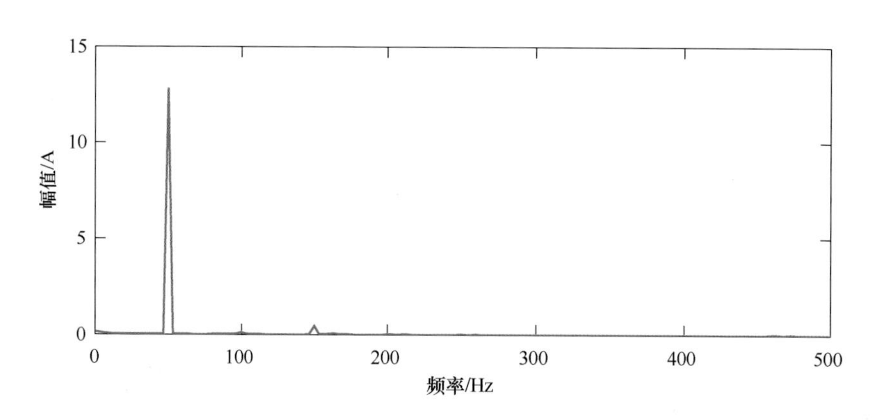

图 3. 9-5　正常工况下定子 A 相电流频谱

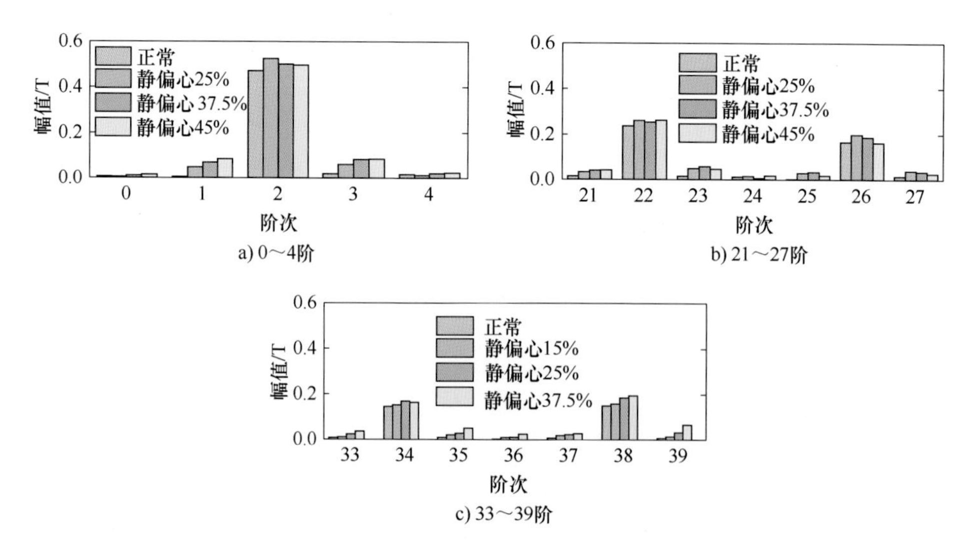

图 3. 9-20　不同静偏心故障程度下电机中部周向气隙磁密阶次谱比较

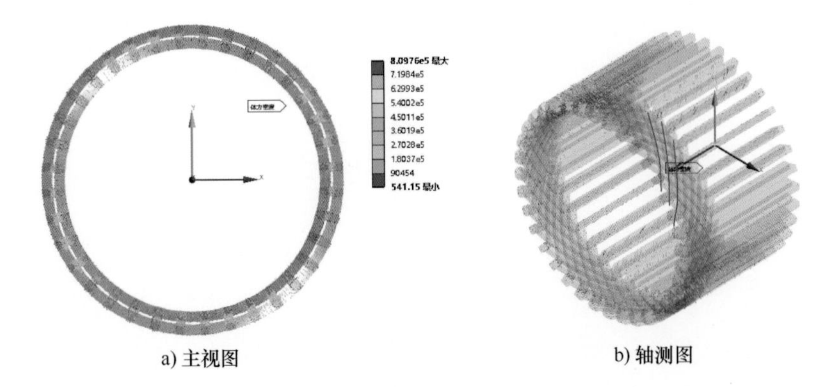

a) 主视图　　b) 轴测图

图 3. 9-28　导入的定子绕组电磁力密度

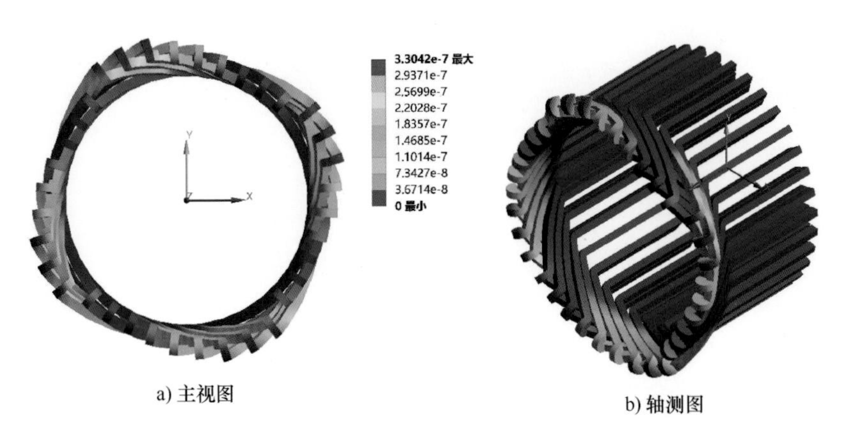

a) 主视图　　b) 轴测图

图 3. 9-29　正常工况下定子绕组的位移

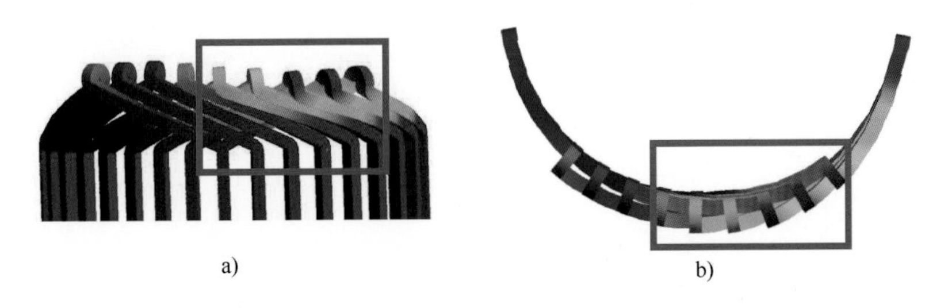

a)　　b)

图 3. 9-30　正常工况下部分定子绕组位移

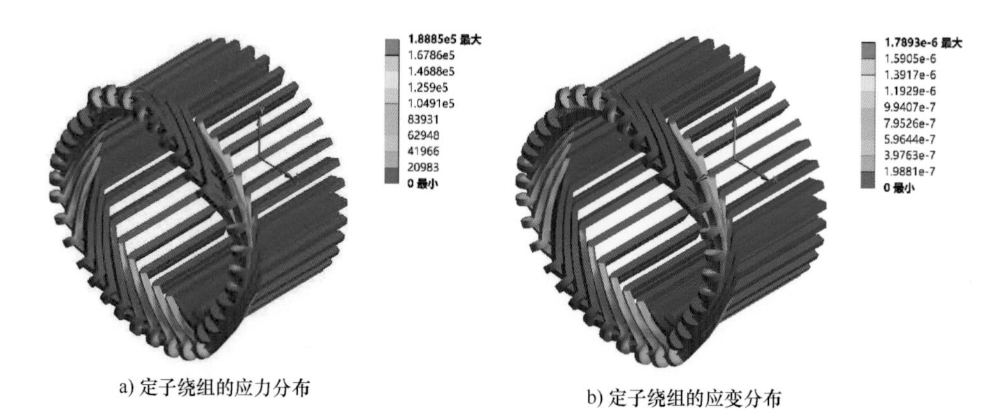

a) 定子绕组的应力分布　　b) 定子绕组的应变分布

图 3.9-31　定子绕组的静力学响应

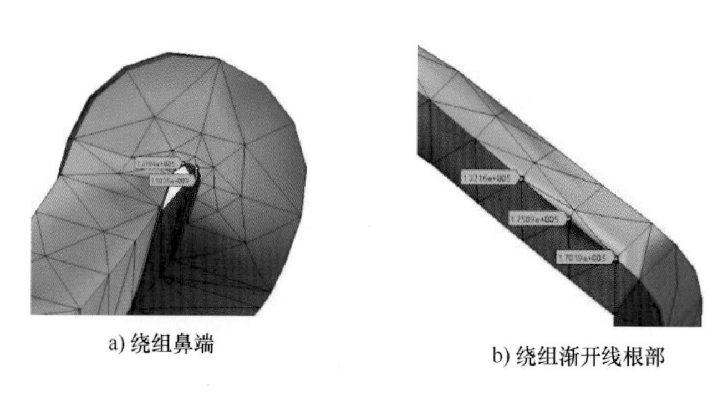

a) 绕组鼻端　　b) 绕组渐开线根部

图 3.9-32　正常工况下定子绕组应力集中位置所取的分析点示意

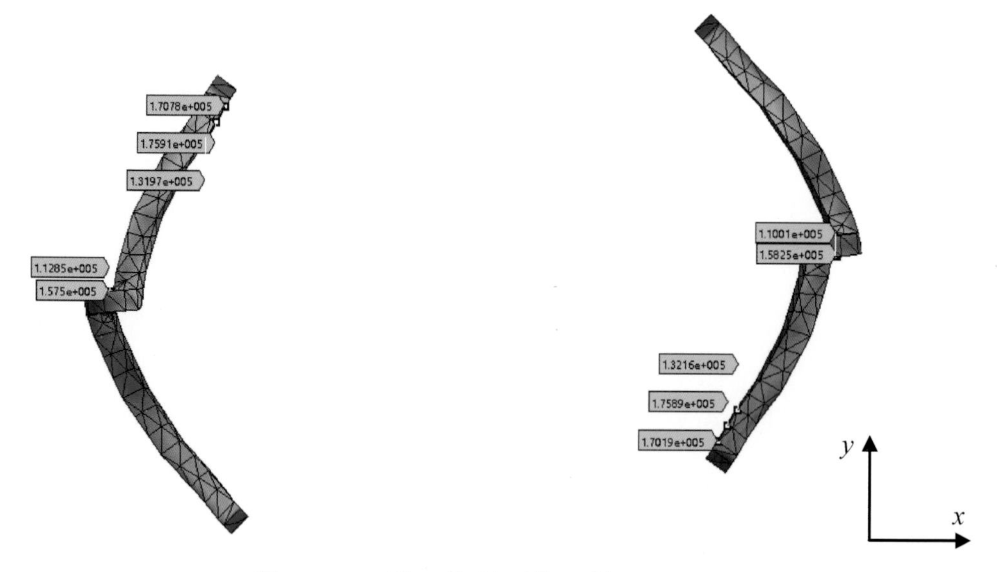

图 3.9-33　正常工况下定子绕组端部的应力分布

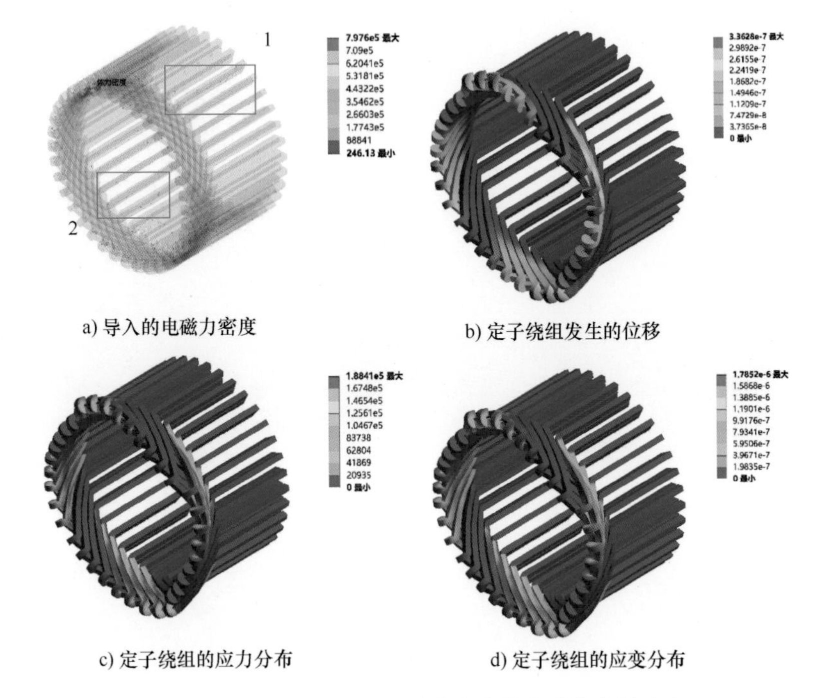

a) 导入的电磁力密度　　b) 定子绕组发生的位移

c) 定子绕组的应力分布　　d) 定子绕组的应变分布

图 3. 9-34　定子绕组的电磁力密度分布及静力学响应

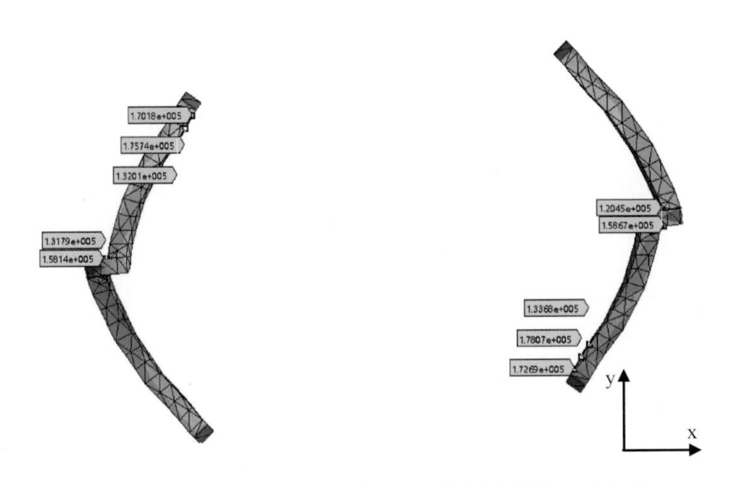

图 3. 9-35　静偏心故障工况下定子绕组端部的应力分布

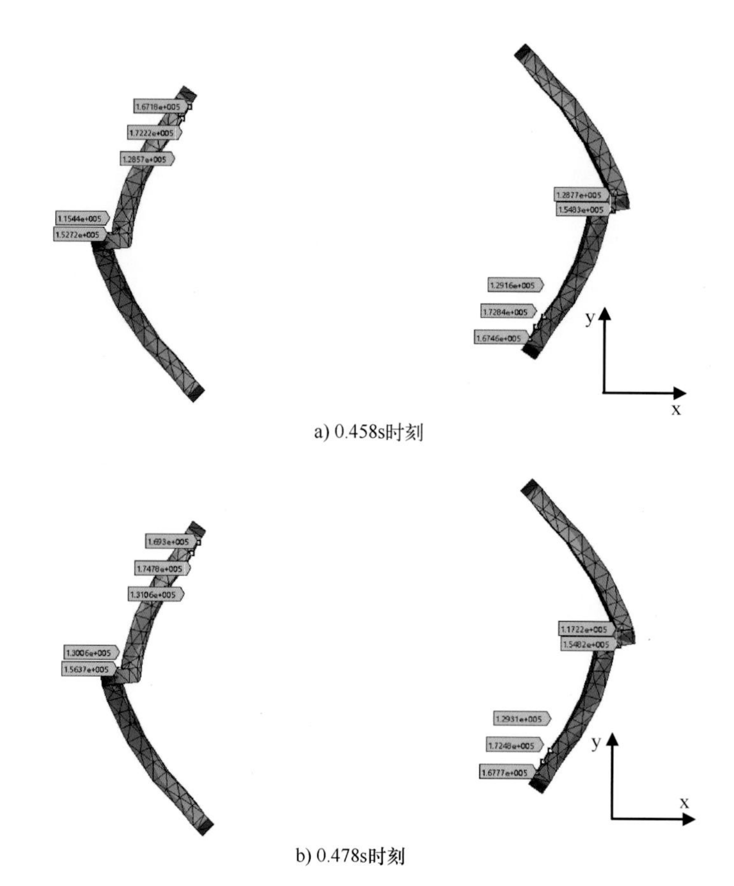

a) 0.458s时刻

b) 0.478s时刻

图 3. 9-36　动偏心故障工况下定子绕组端部的应力分布

现代电机典藏系列

机电故障下发电机定子绕组电磁力及振动特性分析

蒋宏春　绳晓玲　著

机械工业出版社

发电机的稳定运行对电力的可靠供应尤为关键，保障大容量机组的安全运行意义重大。发电机定子端部绕组或其结构件一旦损坏，就会引发事故。发电机定子绕组端部损坏造成的故障不易监测，一般情况下会突然出现，一旦出现端部故障，需要大量的人力和时间进行修复。因此，此类故障会造成巨大的维修成本及停机损失，需要采取有效措施进行预防。为了获取端部绕组的疲劳破坏和振动磨损特性，本书主要对发电机定子绕组电磁力及机械响应进行研究。

本书分为3篇，共10章。第1篇主要对发电机及其常见机电故障进行简单介绍，分析研究背景及现状。第2篇主要针对一对极的QFSN-600-2YHG汽轮发电机和三对极的MJF-30-6故障模拟机，在正常运行、气隙静偏心、转子绕组匝间短路以及气隙静偏心与转子绕组匝间短路复合故障下，对发电机定子端部绕组的电磁力和机械响应进行理论分析、仿真计算和实验验证。第3篇主要以华北电力大学双馈风力发电实验台中的双馈发电机为研究对象，通过理论分析、仿真计算、实验相互验证的思路，来对双馈发电机在正常工况、气隙静偏心故障工况以及气隙动偏心故障工况下定子绕组电磁力特性以及力学响应特性进行研究。

本书适合机械或电力工程专业以及电机设计与维护人员阅读。

图书在版编目（CIP）数据

机电故障下发电机定子绕组电磁力及振动特性分析 / 蒋宏春，绳晓玲著. -- 北京 : 机械工业出版社，2024. 10. -- (现代电机典藏系列). -- ISBN 978-7-111-76504-2

Ⅰ. TM31

中国国家版本馆CIP数据核字第2024R9T589号

机械工业出版社（北京市百万庄大街22号　邮政编码100037）

策划编辑：吕　潇　　　责任编辑：吕　潇　赵玲丽

责任校对：潘　蕊　李小宝　　封面设计：鞠　杨

责任印制：郜　敏

中煤（北京）印务有限公司印刷

2024年11月第1版第1次印刷

169mm×239mm · 11.25印张 · 16插页 · 194千字

标准书号：ISBN 978-7-111-76504-2

定价：89.00元

电话服务

客服电话：010-88361066

010-88379833

010-68326294

网络服务

机　工　官　网：www.cmpbook.com

机　工　官　博：weibo.com/cmp1952

金　书　网：www.golden-book.com

机工教育服务网：www.cmpedu.com

前　言

发电机的稳定运行对电力的可靠供应尤为关键，保障大容量机组的安全运行意义重大。发电机定子端部绕组或其结构件一旦损坏，就会引发事故。发电机定子绕组端部损坏造成的故障不易监测，一般情况下会突然出现，而且一旦出现端部故障，需要大量的人力和时间进行修复。因此，此类故障会造成巨大的维修成本及停机损失，需要采取有效措施进行预防。传统的方法是通过提高端部绕组绝缘支架的刚度和强度，或增加绑扎件数量来减小端部绕组的疲劳破坏和振动磨损，从而保障发电机运行的稳定性和安全性。但是这种做法容易造成材料的浪费，增加生产安装的复杂程度，导致发电机加工成本的增高。

为了获取端部绕组的疲劳破坏和振动磨损特性，本书主要对发电机定子绕组电磁力及机械响应进行了理论推导、仿真计算和实验分析。通过精确计算发电机端部绕组在各种运行状态下产生的电磁力以及由此激发的机械响应，获得了各部位的最大应力和振动特性。所得数据及结论用于端部绕组结构的优化设计、加工工艺改进、明确检修关键位置，可以在一定程度上降低发电机的制造及维修成本。

本书内容共分为 3 篇，共 10 章。第 1 篇主要对发电机及其常见机电故障进行简单介绍，分析研究背景及现状。第 2 篇主要针对一对极的 QFSN-600-2YHG 汽轮发电机和 3 对极的 MJF-30-6 故障模拟机，在正常运行、气隙静偏心、转子绕组匝间短路以及气隙静偏心与转子绕组匝间短路复合故障下，对发电机定子端部绕组的电磁力和机械响应进行理论分析、仿真计算和实验验证。第 3 篇主要以华北电力大学双馈风力发电实验台中的双馈发电机为研究对象，通过理论分析、仿真计算、实验相互验证的思路，来对双馈发电机在正常工况、气隙静偏心故障工况以及气隙动偏心故障工况下定子绕组电磁力特性以及力学响应特性进行研究。其中第 1 篇由蒋宏春和绳晓玲共同撰写，第 2 篇由蒋宏春撰写，第 3 篇由绳晓玲撰写。高洪男和韩旭超分别协助完成了第 3 章和第 9 章的仿真计算。

本书响应新工科背景下多学科交叉人才培养，涉及机械力学场和电磁场的耦合，适用于机械或电力工程专业本科生的知识拓展或研究生的学业辅助，对相关专业的工程技术人员也有一定的参考价值。

在撰写本书的过程中，我们收集了最新的研究数据和成果，并进行了深入的分析和探讨，希望为读者全面地理解和认识本书所涵盖的主题提供帮助和指导。本书仍有许多不足之处，期待读者在阅读过程中能够提出宝贵的意见和建议，以便我们进一步完善和提高。

目 录

第3篇　双馈风力发电机定子绕组力学特性分析

第1篇　总　论

第 1 章
发电机结构及常见机电故障简介

1.1 汽轮发电机结构简介

随着时代的进步与发展，人们对电力的需求也在逐渐增加，而发电机作为发电系统中重要组成部分，已经得到了研究人员的关注并取得了众多成果。传统的主力发电形式为火力发电，其采用的汽轮发电机大多为同步电机，主要由转子、定子及其他辅助部件组成，如图 1. 1-1 所示。

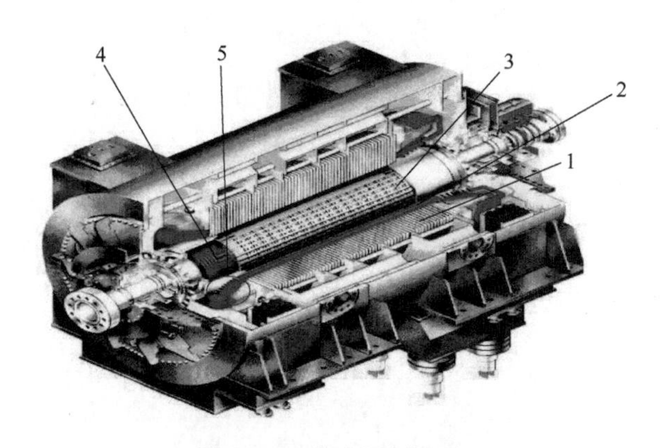

图 1. 1-1　发电机剖视图

1—定子铁心　2—定子绕组　3—转子铁心　4—励磁绕组　5—定子端部绕组

转子铁心一般由高强度、导磁性良好的合金钢锻造而成，并在圆周上开有槽。其中槽距大的面为大齿，也就是磁极所在位置。转子绕组通常采用冷拉含银无氧铜线，组成绕组的线圈有多匝，每匝由若干并联导线绕制而成。转子绕组固定于转子铁心外圆周的齿槽内，两端通过集电环接到励磁电源，在转子圆周上形成磁极，转子转动时便会产生旋转的磁场。

定子是发电机中重要的组成结构，其本身也是一个比较复杂的机械结构，其部件组成主要包括绕组、铁心、机座等。定子铁心由高磁导率、低损耗的无取向冷轧硅钢板冲制并经绝缘处理的扇形片叠装而成，采用圆形定位螺杆、夹紧环、绝缘穿心螺杆、端部无磁性齿压板和分块压板的紧固结构。定子绕组作为产生电流的载体，主要是由铜合金制成的定子线棒。其直线段嵌放在定子铁心内圆周的槽内，多用槽楔固定，各层绕组间及绕组与槽间还有垫条进行隔离绝缘。端部悬于槽外，形成篮式结构，由绑扎带等进行辅助固定。

1.2　双馈式风力发电机简介

目前各国在提倡发展的同时还大力提倡环保，风力发电因此得到了重视。据全球风能理事会（Global Wind Energy Council，GWEC）统计，2021 年全球风电新增并网容量 93.6GW，全球累计风电装机容量 837GW，同比增长 12%。我国在 2020 年提出了“双碳”目标，即“碳中和、碳达峰”，并且在《2030 年前碳达峰行动方案》中，将能源绿色低碳转型行动作为一项重点任务，提出了到 2030 年，风电、太阳能发电总装机容量达到 12 亿 kW 以上的目标。不难看出，全球以及我国的风电开发必将进入高速发展阶段。而作为当前广泛应用机型的双馈风力发电机组，其主要部件之一的双馈发电机也得到了学者们的广泛关注。

双馈风力发电机（简称双馈发电机）一般由绕线转子异步发电机在转子电路上带交流励磁器组成。双馈发电机的主要结构一般包括转轴、定子（定子铁心和绕组）、转子（转子铁心和绕组）、电刷、集电环、端盖、电刷罩、机座以及冷却散热系统等，如图 1.1-2 所示。

转子铁心的槽内嵌放着转子绕组，在转轴上安装 3 个集电环，3 个集电环之间，环与转轴之间都是互相绝缘的，转子绕组的三根引出端线通过转轴的凹槽连接到 3 个集电环上。一般在转轴上安装两个轴流风扇用于发电机散热。

转子安装在定子内，由固定在机座两端的端盖支撑，转子轴承安装在端盖上。在转子集电环一侧安装着电刷罩，3 个电刷固定在电刷罩内，刷握上的弹簧紧压着碳质电刷，保持电刷与集电环紧密接触。

风电机组使用的双馈发电机运行方式为变速恒频，变速是为了适应风速的变化，恒频是为了满足并网的需求。必须要通过变流装置与电网频率保持同步才能并网。同步转速以下，转子励磁输入功率，定子侧输出功率；同步转速之上，转子和定子均输出功率，所以称为双馈运行。变桨距变速恒频双馈异步发电机是大型风力发电机组的主流机型，虽然其噪声和故障率高、传动效率稍低、成本较高，但其技术比较成熟，应用较为广泛。

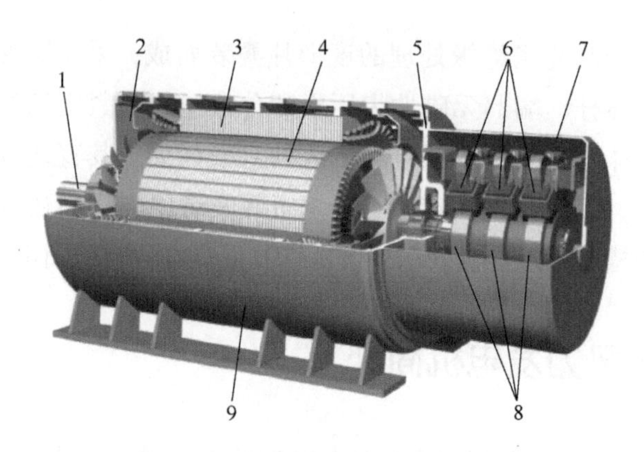

图 1.1-2 双馈发电机主要结构（引自 www.pengky.cn）

1—转轴 2—前端盖 3—定子 4—转子 5—后端盖 6—电刷 7—电刷罩 8—集电环 9—机座

双馈发电机定子绕组直接接入电网，转子绕组由变流器供给三相低频励磁电流。当转子绕组通过三相低频电流时，在转子中形成一个低速旋转磁场，这个磁场的旋转速度与转子的机械转速相叠加，使其等于定子的同步转速。从而在发电机定子绕组中感应出相应于同步转速的工频电压。

当风速变化时，发电机转子转速随之而变化。在变化的同时，相应改变转子电流的频率和旋转磁场的速度，以补偿电机转速的变化，保持输出频率恒定不变。双馈风力发电系统由于电力电子变换装置容量较小，通常 20%~30%，很适合用于大型变速恒频风电系统。

如图 1.1-3 所示，转子绕组外接转差频率变流器实现交流励磁。当发电机转子机械频率 f_Ω 变化时，控制励磁电流频率 f_2 来保证定子输出频率 f_1 恒定，即

$$f_1 = n_p f_\Omega + f_2 \tag{1-1}$$

式中，n_p 为发电机极对数。

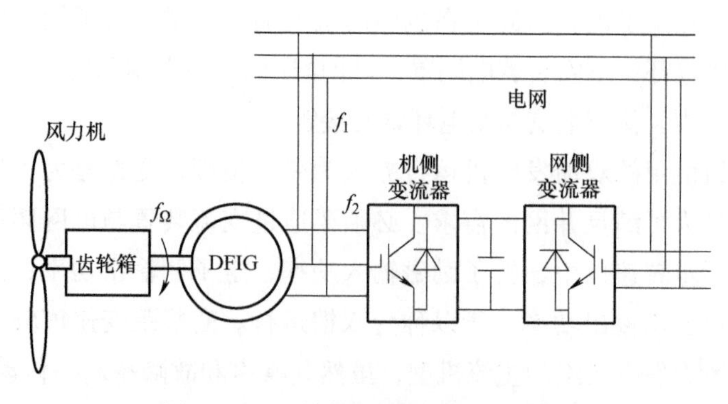

图 1.1-3 双馈风力发电机组工作原理

1.3　发电机常见机电故障

在实际运行过程中，发电机除了正常运行状态外，还有很大的概率处于非正常运行状态。

气隙偏心即转子轴线与定子轴线之间存在一定的偏移量，它是发电机常见的一种机械故障。由于转子刚度不足、定子铁心变形等原因，几乎所有的电机都存在着一定的气隙偏心现象。尤其是大型汽轮发电机，由于其轴系支撑部件为滑动轴承，气隙静偏心是不可避免的。一般而言，当气隙偏心值与气隙平均值之比达到10%时，才认为是气隙偏心故障。气隙偏心故障一般分为三种，即静偏心、动偏心以及混合偏心，其中前两种为气隙偏心故障的基本类型，混合偏心为基本偏心类型的组合。静偏心故障时，转子轴线与定子轴线是相对静止的，径向气隙长度不会随时间而变化。动偏心故障时，转子轴线不再静止，而是围绕定子轴线在运动，此时的径向气隙长度分布会随时间而改变。

电机绕组匝间短路是指电机绕组内部相邻线圈匝之间的短路现象。由于电机设计不合理，如线圈间距过小等，容易导致线圈相碰而发生短路；此外制造工艺不良或铜线结构缺陷造成匝间绝缘损坏、机械应力下造成的疲劳破坏或是绝缘老化，使得绕组匝间极易出现短路现象，它是发电机实际工作过程中出现频率较高的一种电气故障。匝间短路分为定子绕组匝间短路和转子绕组匝间短路，本书主要研究转子绕组匝间短路的情况。

第 2 章
发电机绕组力学特性研究概述

2.1 发电机定子绕组力学特性研究的目的和意义

随着电力需求的增加，电机的容量和尺寸也在逐渐增加。发电机的稳定运行对电力的可靠供应尤为关键，保障大容量机组的安全运行意义重大。

发电机转子转动时便会产生旋转的磁场，定子绕组的直线段通过切割磁力线产生电压和电流。定子端部绕组在周期性电流和磁场的综合作用下会产生电磁力，从而激发出相应的交变应力和振动。当发电机的容量增大时，端部磁场和定子电流也随之变化，导致作用在定子绕组上的电磁力迅速增大。因此其交变应力数值也会增大，相应地端部绕组的股线疲劳断裂风险随之升高；同时，电磁力的增大还会加剧端部绕组振动，极易造成绕组和引线的绝缘磨损。实际工作过程中，这些疲劳断裂和振动磨损普遍存在，当它们发展到一定程度，会造成线圈短路，最终导致电压波形畸变，造成机组的振动，还可能进一步发展为极为恶劣的接地故障，损坏铁心，甚至烧伤轴颈轴瓦，带来巨大的经济损失。

定子端部绕组或其结构件一旦损坏，就会引发事故，这种情况在国内外经常出现。1987 年 1 月，陡河发电厂的 20 万 kW 某机组的励磁机侧出现了定子绕组端部引线处烧坏的现象，进而造成了相间短路故障。两年后该机又多次发现端部线圈振动磨损、空心导线疲劳断裂、内冷水箱氢气泄漏等现象。新昌电厂在 2011 年对某机组进行检修时，定子绕组端部绑扎结构出现松动，甚至部分螺纹连接出现脱落现象。针对此情况，工作人员及时采用绑绳进行了加固。两年后在对同一机组进行检修时，紧固件松动现象再次出现，多根定子线棒磨损严重，于是将全部端部绑绳和部分线棒进行了更换。如果在机组等级检修时不能及时发现问题并进行正确的维护，将对设备造成重大的损伤。20 世纪 50、60 年代，法英等国投入运行的大容量机组后，在第一次检修时就发现了定子绕组绝缘的磨损现象。分析后发现，事故的发生是由定子端部绕组的固定不良引起的。

于是，端部绕组的固定约束成为了各大厂商的重点研究课题。20 世纪 70 年代，澳大利亚新南威尔士电厂投入运行的发电机，仅运行十年后就频繁发生端部绕组事故。经过多次试验，最终得出导致端部绕组疲劳断裂和绝缘磨损的主要因素是二倍频成分。图 1. 2-1 展示了几种不同的电机端部绕组破坏情况，端部绕组的破坏主要发生在鼻端、渐开线中部及根部。

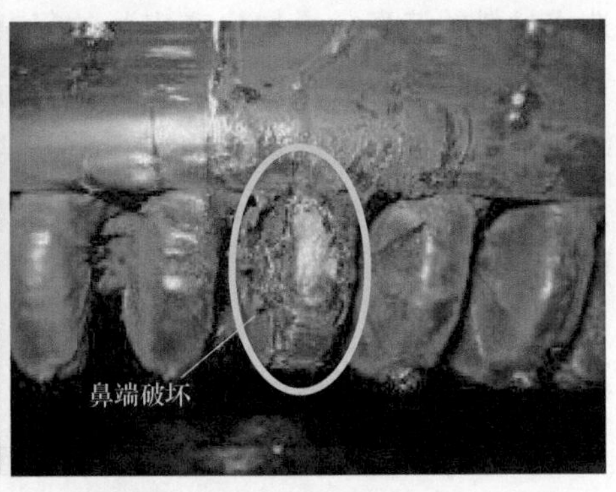

a) 鼻端破坏

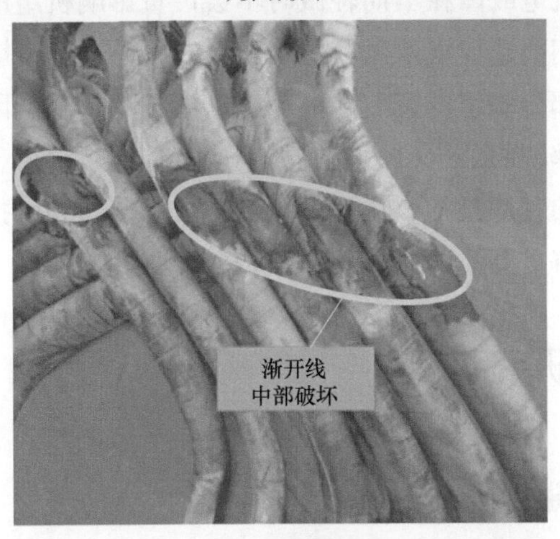

b) 渐开线中部破坏

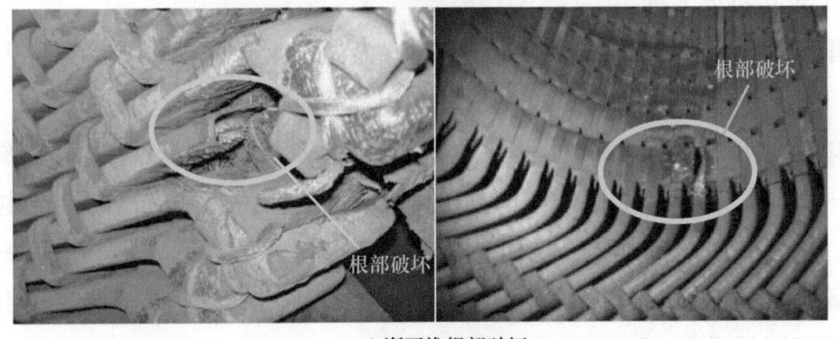

c) 渐开线根部破坏

图 1. 2-1　端部绕组破坏

发电机定子绕组端部损坏造成的故障不易监测，一般情况下会突然出现。而且一旦出现端部故障，需要大量的人力和时间进行修复。因此，此类故障会造成巨大的维修成本及停机损失，需要采取有效措施进行预防。传统的方法是通过提高端部绕组绝缘支架的刚度和强度，或增加绑扎件数量来减小端部绕组的疲劳破坏和振动磨损，从而保障发电机运行的稳定性和安全性。但是这种做法容易造成材料的浪费，增加生产安装的复杂程度，导致发电机加工成本的增高。通过精确计算发电机端部绕组在各种运行状态下产生的电磁力及由此激发的机械响应，获得各部位的最大应力和振动特性，用于端部绕组结构的优化设计、加工工艺改进、明确检修关键位置，可以在一定程度上降低发电机的制造及维修成本。

总之，发电机端部绕组在变化的电磁力激励下，会产生相应的交变应力和振动。经过较长时间的频繁反复作用，将造成端部绕组的疲劳破坏和绝缘磨损，并进一步引发事故。而气隙静偏心和转子绕组匝间短路是发电机常见的两种机电故障。这两种机电故障在早期轻微时不会严重影响机组的运行，发电机可以带病工作，但它们会造成气隙磁场的畸形分布，并进一步影响端部绕组的电磁力及机械响应，部分绕组的疲劳破坏和振动磨损会加剧。因此，对发电机在这两种故障前后端部绕组的电磁力及机械响应特性进行分析，可以获取绕组疲劳破坏和绝缘磨损的相应规律，从而为绕组的失效预防和磨损监测提供依据。因此这方面研究具有重要的学术价值和实际指导意义。

2.2 国内外研究动态

2.2.1 绕组电磁力研究

1. 理论推导方面

国内外学者在定子绕组电磁力推导方面做了大量的工作，具有代表性的主要有 3 种：毕奥—萨伐尔法、麦克斯韦方程组法和气隙磁导法。

单继聪等将定子端部线圈等效为多个平均等分的直线段，利用镜像原理和毕奥—萨伐尔定律，得出了定子绕组的镜像电流及由此感应出的端部电磁场表达式，最后利用安培力公式得到了端部绕组电磁力的表达式。胡宇达等将某大型汽轮发电机定子绕组的电流展开为傅里叶级数，基于麦克斯韦方程组得到了定子端部区域磁感应强度的表达式及端部绕组电磁力的方程。鲍晓华等以大型异步电动机为对象，运用同样的方法推导了端部磁密和线圈的电磁力密度方程。ZHANG B J 等根据麦克斯韦方程组，建立了大型汽轮发电机端部绕组复杂三维形状表面边界区域载流导体感应的磁场和电磁力的数学模型，并用积分方程法计算了对称、不对称、突然短路和不同功率因数下定子绕组端部的电磁力，此方法非常适合处理复杂几何形状。

上述两种方法均需要用到定子电流的公式，由于偏心和定转子绕组匝间短路时定子绕组电流的时间描述较为复杂，因此在此类机电故障下，端部绕组电磁力公式推导受到限制。部分学者通过对短路电流反向磁动势的计算和偏心气隙磁导的分析，利用气隙磁导法研究了汽轮发电机在气隙静偏心和定转子绕组匝间短路的单一故障和各种机电复合故障下定子和转子的表面磁拉力，推导了转子绕组匝间短路和静偏心下定子绕组直线段电磁力，这些文献采用的方法为故障时端部绕组电磁力的理论推导提供了借鉴。

2. 仿真计算方面

由于有限元仿真结果更加直观和精细，因此有限元法得到了越来越多的青睐。学者们通过不同的有限元分析软件研究了正常运行时不同电机结构参数和运行参数下，以及相间短路故障下多种电机对象的端部绕组电磁力。

具有代表性地，LAZARNS V S 等比较了毕奥—萨伐尔法、2D 有限元和 3D 有限元方法在发电机端部漏磁场分析中的结果，对比分析表明，2D 有限元法在结构优化方面性能更加优越，但 2D 有限元无法解决结构复杂的端部绕组受力问题。KIM K C 等对比分析了毕奥—萨伐尔法与 3D 有限元方法在端部绕组电磁力计算方面的性能，发现 3D 有限元对于分析饱和磁场的端部绕组电磁力更加适用。目前，用于电磁分析的 3D 有限元软件种类繁多，Ansoft maxwell 软件和 COMSOL Multiphysics 软件是比较常用的两种。借助有限元软件，学者们研究了不同电机对象的端部磁场及绕组电磁力。例如，LIN R R 深入研究了 3D 模型下的某 6 极感应电机端部绕组电磁力分布；TATEVOSYAN A A 基于三相感应电机分析了同步电机的端部磁场；LIANG Y 计算了交流电机的定子绕组电磁力；LI Y P 等分析了大型水轮发电机的阻尼绕组、核能发电机端部绕组、变压器绕组、汽轮发电机端部绕组的电磁力密度场。

此外，研究人员还提出和发掘了一些其他的电磁力仿真方法，例如，CHAN C C 等提出了一种准三维有限元法，对 100MW 发电机端部绕组的磁密和径向电磁力分量沿轴向的分布情况进行了研究，此方法在存储空间和时间效率方面体现出比传统的 3D 有限元更优越的性能，适合计算大型汽轮发电机端部绕组电磁力，但计算结果的精确度较低；ZHANG J 等提出了一种将三维有限元与电路方程组耦合的数值计算方法，得到了 600MW 汽轮发电机在三相短路后的端部电流场和电磁力，该方法在分析非正常运行状态下的电磁特性方面具有一定的便捷性。

仿真结果显示，电机运行状态和参数均会影响端部绕组的电磁力特性。FANG Y 分析了大型潜水电机在稳态和瞬态运行时的电磁力密度分布特性；SALON S J 等分析了汽轮发电机端部绕组的稳态和瞬态电磁力随负载和功率因数的变化；ZENG C 研究了一台 1550MW 核能发电机端部绕组渐开线部分在额定工作阶段和进相工作阶段的电磁力。除了运行状态，其他参数，比如转子转速、功率因数、定子饱和度、磁场分布、绕组联结方式和形状等也会影响端部绕组电磁力的数值。通过分析不同时刻不同线棒的电磁力，合肥工业大学鲍晓华等发现电磁力常在渐开线的根部出现突变。为了减小电磁力的突变，LIANG Y 基于电磁力的特性，设计了一种新型的定子绕组形状。此外，GHAEMPANAH A 等通过数值仿真的方法得出了端部渐开线锥度及阶梯结构对电磁力的分布影响；BAO X H 等提出，合理选择超导特性、绕组层数、节距系数对于降低绕组电磁力有着重要的作用，HUANG X L 分析了端部磁场分布在冲击载荷作用下的变化情况；孔维星等分析发现相电流达到峰值时，汽轮发电机定子端部绕组电磁力根部最大。

与正常运行相比，故障状态下的电磁力特性将产生变化，目前此方面的研究集中于对相间短路时定子绕组的电磁力特性分析。例如，ALBANESE R 进行了电磁—结构耦合的三维有限元模型数值仿真分析，计算了三相突然短路时定子绕组最大电流，通过积分公式获得了端部绕组的电磁力密度分布；吴疆等以 ANASYS 为平台，以 600MW 汽轮发电机为仿真对象，分析了在三相短路电流激励下，端部绕组电磁力随绕组位置的变化；郑志勇等得出了三种相间短路状态下，不同位置的端部电磁场和绕组电磁力随时间的变化特点。除此之外，LI W 等人发现，异相同步会引起端部磁场的巨大改变，此时定子中会产生脉冲电流，从而影响端部绕组的受力。

2.2.2 绕组机械响应研究

在电磁力激发下，绕组会产生相应的机械响应。研究人员重点关注了正常运行及相间短路故障时，端部绕组的应力、应变、位移和振动。

具有代表性地，BAO X H 和 FANG Y 分别以汽轮发电机和潜水电动机为对象，分析了 A 相电流最大时刻端部绕组的静态电磁力密度、等效应力及位移，得出了端部绕组中出现最大应力和最大位移的位置及数值；RICHARD N 等以 600MW 汽轮发电机为对象，分析了其端部绕组在几个不同时刻的电磁力密度及位移；STERMECKI A 等分析了感应电机的端部绕组周期内的最大 Mises 应力及位移。作为补充，OHTAGURO M 研究了端部绕组的应变，并用应变塞尺进行了验证。

除了应力和位移，绕组的振动也是一个关键的响应参数。LU Y 利用多体耦合方法，分析了轴流式永磁同步电机 3 种不同类型端部绕组的电磁力和振动；江旭等对某大型汽轮发电机实例进行了端部振动的对比分析，发现汽机端振动大于励磁端，径向振动大于切向。PATEL M R 等人利用光学位移传感器测量了一个两极电机的端部绕组振动，发现径向振动幅值约为 76~102μm，而在进相功率因数下运行时，振动将会增加到 185μm。事实上很多大型电机已经安装了类似的光电传感器，例如光纤加速度传感器来检测端部绕组的径向振动。对于大型电机来说，行业标准要求在设计中使定子绕组的固有频率尽量避开电磁力激励的主频率，相应地，许多学者采用不同方法对发电机端部绕组的固有频率进行了计算和分析。例如，胡宇达等将复杂的端部渐开线绕组整体简化为圆锥壳模型，建立了简化模型的基本运动方程和振动控制方程，得到了不同支架数目对椭圆、三瓣、四瓣和五瓣模态固有频率的影响；赵洋等在 ABAQUS/CAE 中建立了某 600MW 大型汽轮发电机模型，利用试验测得的各构件材料的相关力学性能参数，得到了端部整体结构的椭圆模态和三瓣模态的固有频率，分析了线棒截面尺寸、径向支架刚度及连接件的绑定约束等对固有频率的影响；为了挖掘更加全面的结论，MORI D 等人对两个感应电机进行了电磁力计算，用锤击法测得了固有频率，发现固有频率与径向电磁力的 4 阶模态相关；YANG H 等人则以一个 3 对极双层叠绕组的永磁同步电机为研究对象，提出了频率和相应的径向电磁力谐波的模态之间的关系；MERKHOUF A 等计算了铁心和绕组的自然频率，发现随着压簧结构的复杂程度的增加，自然频率的数量增加，但幅值会下降。

关于故障下的机械响应研究，主要集中于相间短路状态下的绕组应力、变形和振动。例如，陈伟梁等利用电机绕组结构、电流、磁场等的对称特性和矩阵摄动法，分析了定子绕组端部在各种相间短路时的平动、转动位移和模态；ZHAO Y 将三相短路情况下随时间和空间变化的电磁力应用于 ABAQUS/CAE 中建立的端部绕组三维有限元模型，分析了绕组的结构和材料参数对其应力、位移和模态的影响；ALBANESE R 等研究了发电机三相短路时定子端部绕组振动变形、静态应力及主要振型。

2.2.3 气隙偏心和绕组匝间短路故障下的机电特性

目前，大部分文献侧重于此类故障下的发电机的电磁特性及定转子铁心振动特性研究，对于气隙偏心及定转子绕组匝间短路时端部绕组的电磁力及机械响应研究则相对较少。轻微的绕组匝间短路和气隙偏心现象出现时，电机仍然可以运行较长的一段时间，因此此类机电故障经常被忽略。但随着短路和偏心程度的加剧，电机的机电特性会产生可观的变化。

1. 气隙偏心故障下的机电特性

气隙偏心故障导致了气隙磁密不同，这为使用磁场检测线圈来诊断气隙偏心故障提供了理论依据。WANG H F 等针对感应电机，分析并验证了使用磁场检测线圈区分偏心故障的可行性；阚超豪等针对无刷双馈电机，利用解析法分析了其在正常情况与故障情况下的气隙磁场，得到了谐波特征，并且通过在有限元软件中建立的电机以及检测线圈的模型，验证了磁场检测线圈监测磁场谐波特征的有效性；武盾针对永磁同步电机进行分析，利用磁场检测线圈的感应电动势作为故障特征量，同时还对故障时检测线圈上感应电势的谐波情况进行了研究，从而实现对永磁同步电动机气隙偏心故障的诊断。

更进一步，不均匀的气隙磁密会导致铁心表面不平衡的磁拉力并产生振动。ZHANG G Y 等发现，转子偏心时会造成磁场畸形，导致转子不平衡磁拉力增大，且其方向会随着偏心角度的改变而发生偏移；武玉才等通过有限元软件对水轮发电机和汽轮发电机的转子动、静偏心情况进行了计算，分析了偏心程度对不平衡磁拉力大小和方向的影响，并在一定的偏心程度下分析了发电机有功、无功功率变化对不平衡磁拉力的影响；MICHON M 等基于气隙磁场 2D 分析技术的简单修改，提出了一种预测永磁无刷电机不平衡磁拉力的方法；何玉灵等分析了气隙偏心故障下汽轮发电机的不平衡磁拉力，讨论了振动幅度与气隙偏心故障程度的关系，提出了一种应用汽轮发电机定子通频振动烈度与特定频率成分振动幅值比对来鉴定气隙偏心故障程度的方法，能较为客观地鉴定出发电机偏心故障程度；GUO D 等推导了三相同步发电机静偏心引起的不平衡磁拉力解析式，并分析了转子的振动响应；HAWWOOI C 等对双馈发电机气隙偏心情况下的不平衡磁拉力进行了推导并提出了抑制的方法。另外，气隙静偏心故障下电磁转矩也会发生变化，径向偏心会造成电磁转矩频率成分的增加及各次谐波幅值的增大，而轴向偏心与此相反。同时，偏心后定转子绕组直线段的电磁力在气隙变小处增大，在气隙增大处变小。XU M X 等对不同种类偏心故障，尤其是动偏心以及复合偏心故障对于双馈发电机端部绕组的振动特性进行了定性的分析；HE Y L 等还对定、转子整体受偏心故障影响的振动特征进行了分析。

此外，气隙偏心故障还会表现在电气量中，定子绕组上会产生感应谐波和并联支路环流，转子上会产生轴电压，也为气隙偏心故障诊断提供了依据。如 MERABET H 等建立了正常以及混合偏心故障下双馈发电机的数学模型，并在 MATLAB/Simulink 平台中进行了仿真，结果表明气隙混合偏心故障会体现在定子电流中；武瑞兵考虑到电机低频运行时发生故障的特征频率与电源频率之间的差值较小，采用传统的 3 层小波包分解法不能满足频率细化的要求，因此对电机在正常和故障两种运行状态下的定子电流信号进行了 8 层小波包分解，细化了电机电流低频段序列，提取出能够较为准确反映电机故障的特征向量；左志文等提出了一种针对感应电动机定子电流包络线的 Morlet 小波分析新方法，有效消除了频谱泄漏和噪声干扰的影响；何玉灵等采用解析法进行了理论推导和实验验证，得到了气隙偏心故障对定子绕组并联支路环流的影响；李永刚等通过使用 Ansoft 有限元分析软件对调相机建模分析，也指出了气隙偏心对于并联支路环流特性的影响；此外，ZHOU Y 等还分析了不同种类的偏心故障对于不同并联支路数电机的影响。同时，刘飞等发现偏心会导致定子电流特征频率幅值的增大，并提出了一种基于电流信号的偏心检测方法；EHYA H 从电压电流的谐波成分、效率、温度、电磁转矩波动 4 方面对偏心检测方法进行了汇总。

2. 匝间短路故障下的机电特性

同样，转子绕组匝间短路也会造成磁场的畸形，并进一步引发铁心的不平衡磁拉力及振动。

电磁特性方面，武玉才等通过端部漏磁通在线检测的方法，发现发电机发生内部匝间短路故障时，气隙磁动势会出现新的频率成分。基于此原理，孙宇光等发明了一种新型探测线圈，用于匝间短路故障的识别，当转子绕组匝间短路时，探测线圈端口电压出现偶数次或分数次谐波，而定子绕组匝间短路时，端口电压只包含奇次谐波。转子绕组匝间短路后气隙磁动势的变化又会引起转子表面磁拉力的频率变化，这种变化与短路后的定子电流频率及转子的极对数有关。

另外，在机械特性方面，电机的实际电磁功率与虚功计算值之间的差会随着转子匝间短路的发生而增大。而当定子绕组匝间短路时，转子的平均电磁转矩会减小。为避免转子绕组匝间短路可能带来的恶性故障和严重经济损失，LI Y G 等提出了 BP 神经网络和在线监测的方法来识别转子绕组匝间短路；万书亭等提出一种基于定转子振动特性的复合诊断方法来确定转子绕组匝间短路的位置和程度。

3. 复合故障下的机电特性

在复合故障方面，何玉灵等针对汽轮发电机和双馈式风力发电机分析了气隙动静偏心与定转子绕组匝间短路组成的各种机电复合故障下并联支路内部环流的电势差、电磁转矩特性和不平衡电磁力。除此之外，学者们还研究了气隙偏心和定转子绕组匝间短路时励磁电流、磁密、定子电流、电压等。

可见，现有文献对气隙偏心和匝间短路故障下定子端部绕组电磁力和振动特性的研究较少。有文献发现绕组电磁力的偶数倍频成分的增幅会随着定子绕组匝间短路程度的增加而变大；当气隙静偏心和定子绕组匝间短路同时出现时，短路匝中心与最小气隙位置越近，线圈的电磁力幅值越大；转子匝间短路会造成定子绕组电磁力奇数倍频成分幅值的增加。以上结论忽略了极对数对短路匝反向磁动势的影响，因此应用受到限制。

2.3 本书主要研究内容

为了获取端部绕组的疲劳破坏和振动磨损特性，本书主要对定子绕组电磁力及机械响应进行理论分析、仿真计算和实验验证，研究思路如图 1.2-2 所示。主要在以下 3 个方面开展研究工作。

1. 绕组电磁力理论分析

推导各运行状态下的气隙磁动势和单位面积磁导，进而得到气隙磁密变化特性；根据电磁感应定律分析定子绕组在不同运行状态下的电流公式，并基于安培力公式建立发电机定子绕组所受电磁力的解析表达式。

2. 绕组电磁力仿真计算

在 ANSYS Workbenchs 平台的 Maxwell 电磁分析模块针对不同运行状态建立发电机的三维有限元仿真模型，对气隙磁密和定子绕组电磁力进行瞬态有限元仿真计算，获取各状态下的气隙磁密变化数据、各定子线圈的电磁力激励数据。

将瞬态电磁力密度导入至 ANSYS Workbench 平台中的 Structual 结构分析模块，进行电磁—结构耦合计算；研究端部绕组渐开线上不同位置的最大应力和位移特性，并分析故障对各部位应力和位移的影响，得到绕组疲劳破坏和振动磨损的分布规律；获取各状态下端部绕组的振动响应数据，并通过傅里叶变换得到其频率成分组成及幅值变化特性。

3. 端部绕组振动响应实验验证

在故障模拟发电机上对定子端部绕组在径向、切向和轴向的振动加速度数据进行测试，对比分析不同故障对端部绕组振动频率组成成分和幅值的影响，并通过对比验证理论分析和仿真结果的正确性。

在整体架构上，本书第 1 篇简单介绍发电机结构及常见机电故障，概述绕组力学特性仿真软件及建模分析步骤。第 2 篇主要针对一对极的 QFSN-600-2YHG 汽轮发电机和三对极的 MJF-30-6 故障模拟机，在正常运行、气隙静偏心、转子绕组匝间短路以及气隙静偏心与转子绕组匝间短路复合故障下，对发电机定子端部绕组的电磁力和机械响应进行理论分析、仿真计算和实验验证。第 3 篇主要以华北电力大学双馈风力发电实验台中的双馈发电机为研究对象，对其在正常工况、气隙静偏心故障工况和气隙动偏心故障工况下定子绕组电磁力特性以及力学响应特性进行研究。

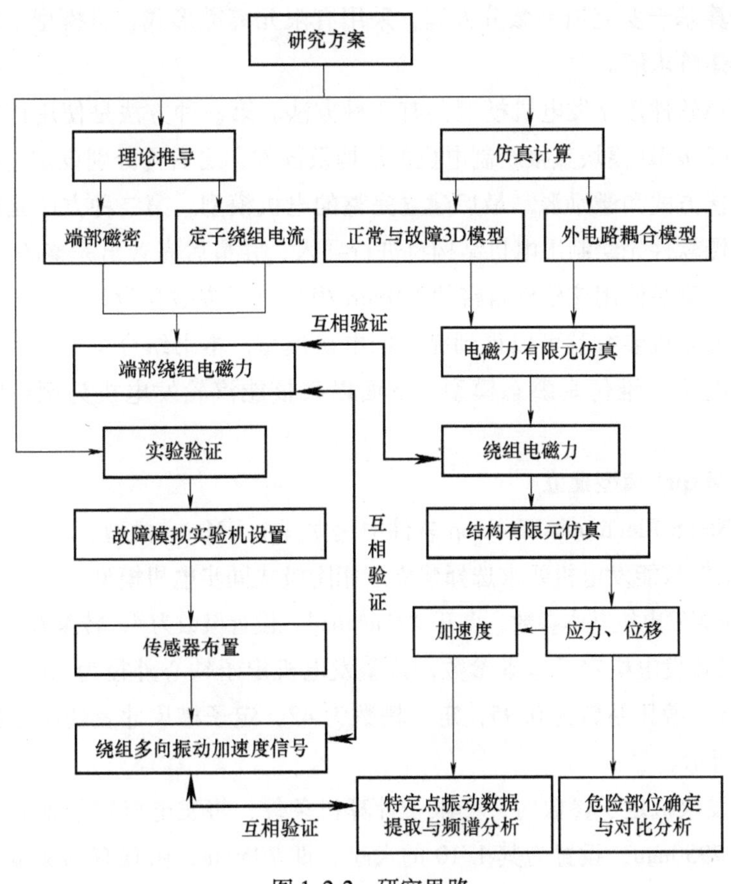

图 1.2-2　研究思路

第3章 基于 ANSYS Workbench 的机电系统建模

3.1 Maxwell 电磁力仿真模块

ANSYS 是一款计算机数值模拟的仿真软件，其中的 Maxwell 模块主要用于 2D 或 3D 的电磁仿真，包括电机、激励器、变压器以及其他电气和机电设备等。其仿真计算基于麦克斯韦微分方程，采用有限元离散形式，将模型中的电磁场计算变为矩阵求解。

利用该软件建立发电机模型共有 3 种方法。第一种方法是使用该软件自带的 Maxwell2D/3D 模块直接绘制电机的结构及部件，之后再分别设定电机绕组的材料、连接方式和激励源，最后建立完整的电机模型。第二种方法是使用其他专业的绘图软件先绘制出电机结构再进行导入，并最后完善出完整的电机模型。第三种方法则是使用该软件自带的 RMxprt 模块进行参数化设计，该方法只需要输入已知的电机参数就可以得到完整的电机模型，本书结合第一种和第三种方法生成发电机三维仿真瞬态模型。下面以某核能汽轮发电机为例说明其建模过程。

1. RMxprt 模型建立

在 ANSYS Electronics Desktop 软件中建立一个 RMxprt 模型。

1）根据核能发电机要求选择建立三相隐极式同步电机模型。

2）设置发电机基本参数，点开“Machine”，设置极数为 4，转速为 1500r/min。

3）设置发电机定子基本参数，该型发电机定子铁心外径为 3500mm，内径为 2160mm，叠压系数为 0.95，定子槽数为 42，定子槽尺寸及绕组参数设置如图 1.3-1 所示。

设置发电机定子参数时，受限于计算机条件，将发电机定子铁心的长度由原要求的 7950mm，设置为其 1/10 的大小，即 795mm，由现有的文献可知其满足分析要求。

Name	Value	Unit	Evaluated...
Outer Diameter	3500	mm	3500mm
Inner Diameter	2160	mm	2160mm
Length	795	mm	795mm
Stacking Factor	0.95		
Steel Type	DW310_35		
Number of Slots	42		
Slot Type	6		
Lamination Sectors	0		
Press Board Thickness	0	mm	
Skew Width	0		0

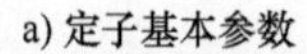

a) 定子基本参数

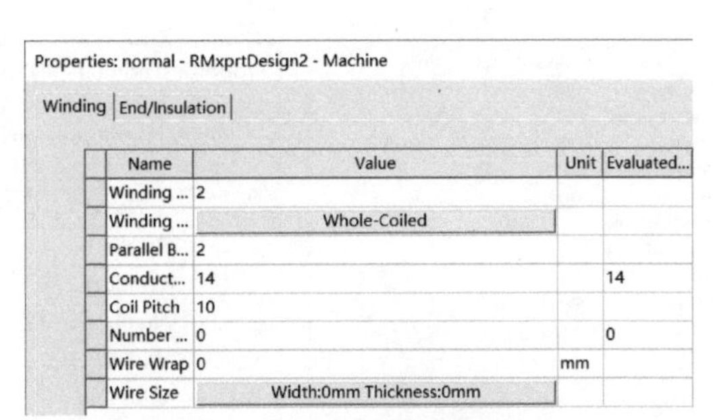

Properties: normal - RMxprtDesign2 - Machine

Winding | End/Insulation

Name	Value	Unit	Evaluated...
Winding ...	2		
Winding ...	Whole-Coiled		
Parallel B...	2		
Conduct...	14		14
Coil Pitch	10		
Number ...	0		0
Wire Wrap	0	mm	
Wire Size	Width:0mm Thickness:0mm		

b) 定子绕组基本参数

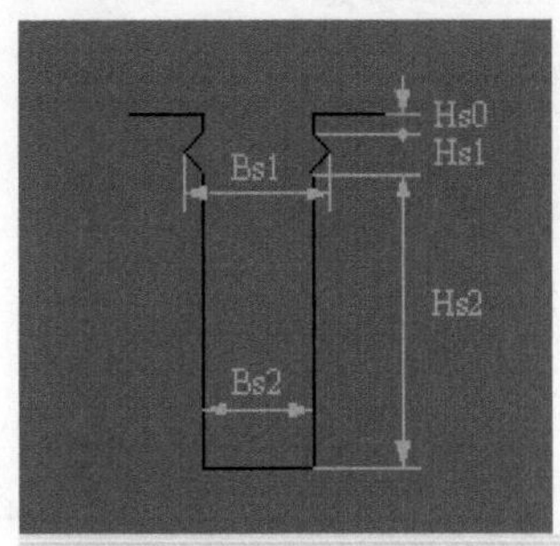

Name	Va...	Unit	Evaluated...
Auto Desi...	☐		
Hs0	5	mm	5mm
Hs1	10	mm	10mm
Hs2	160	mm	160mm
Bs1	80	mm	80mm
Bs2	70	mm	70mm

c) 定子槽基本参数

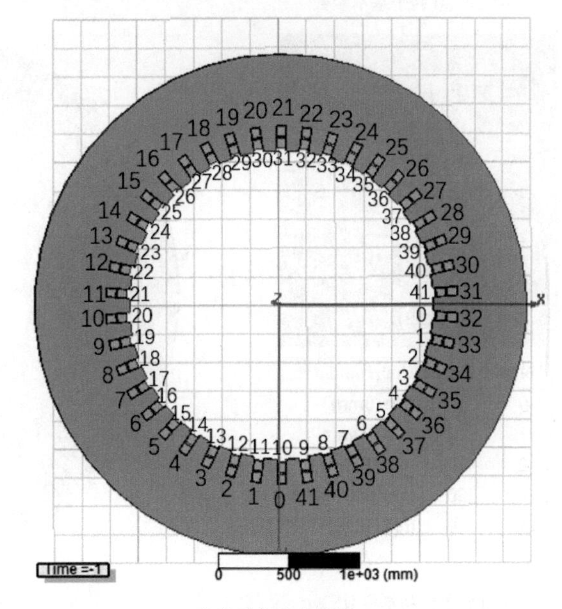

d) 定子绕组布置图

图 1.3-1　定子相关参数设置

4）设置发电机转子基本参数，该型发电机转子铁心外径为 1950mm，内径为 800mm，叠压系数为 0.95，转子虚槽数为 72，转子实槽数为 48，转子槽尺寸及转子绕组参数设置如图 1.3-2 所示。

5）设置求解参数，并检查无误后进行求解，如图 1.3-3 所示。

2. 三维模型建立

在 ANSYS Electronics Desktop 软件中由已经建立的 RMxprt 模型求解并生成其 3D 模型。

1）RMxprt 模型求解完成后，生成 3D 模型，并进行网格划分，如图 1.3-4 所示。3D 模型继承了“RMxprt”模块自动生成的四面体网格，并运用了 3 种操

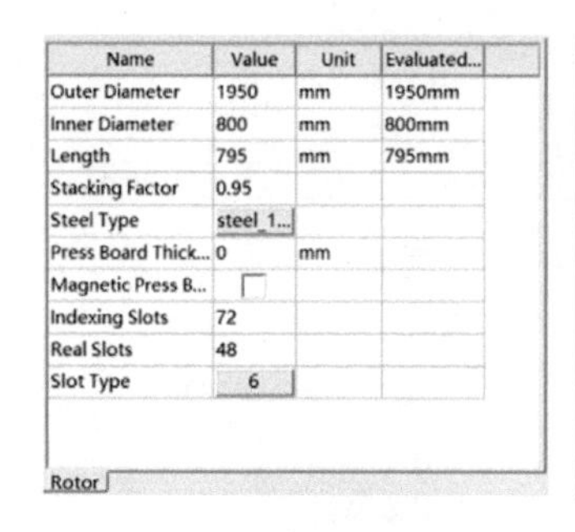

Name	Value	Unit	Evaluated...
Outer Diameter	1950	mm	1950mm
Inner Diameter	800	mm	800mm
Length	795	mm	795mm
Stacking Factor	0.95		
Steel Type	steel_1...		
Press Board Thick...	0	mm	
Magnetic Press B...			
Indexing Slots	72		
Real Slots	48		
Slot Type	6		

Rotor

a) 转子基本参数

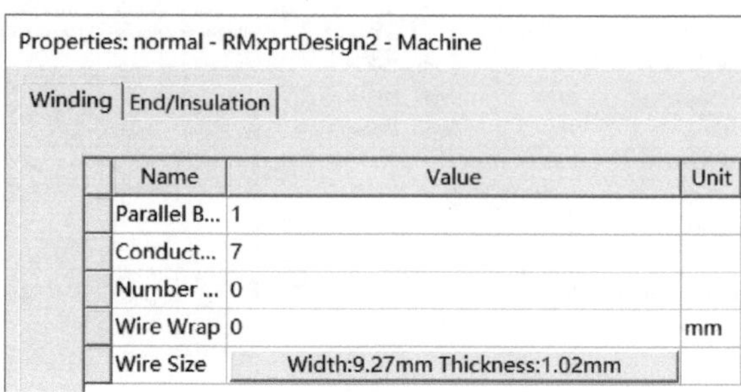

Properties: normal - RMxprtDesign2 - Machine

Winding | End/Insulation

Name	Value	Unit
Parallel B...	1	
Conduct...	7	
Number ...	0	
Wire Wrap	0	mm
Wire Size	Width:9.27mm Thickness:1.02mm	

b) 转子绕组基本参数

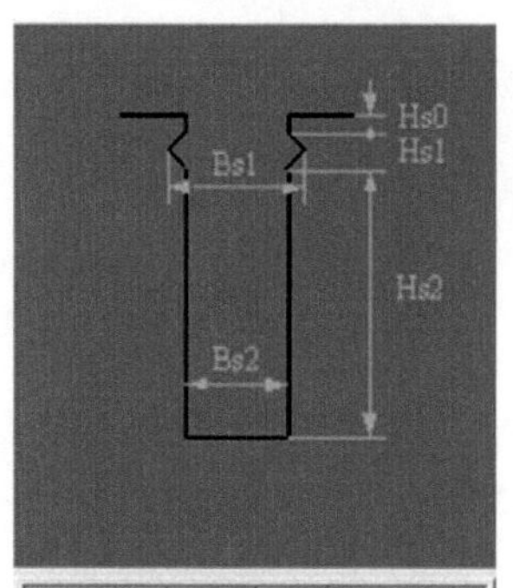

Name	Value	Unit	Evaluated...
Hs0	5	mm	5mm
Hs1	10	mm	10mm
Hs2	100	mm	100mm
Bs1	50	mm	50mm
Bs2	40	mm	40mm

c) 转子槽基本参数

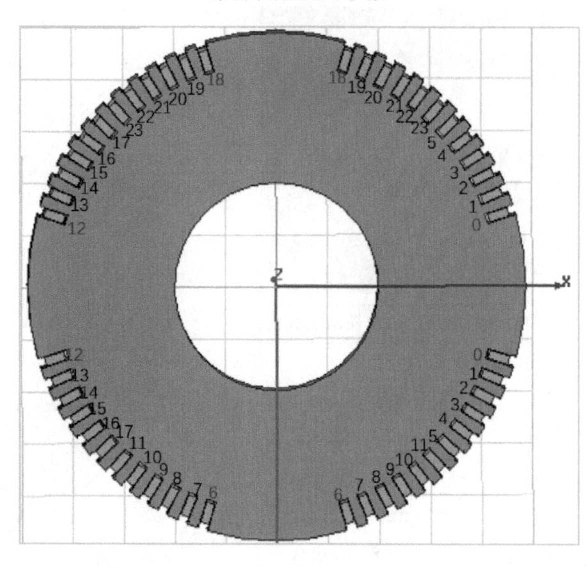

d) 转子绕组布置图

图 1.3-2　转子相关参数设置

作进行网格细化：

①“on selection/length based”：控制实体表面网格的三角形尺寸。转子绕组最大长度为 80mm；定子绕组最大长度为 150mm；其他对象最大长度为 620mm。

②“surface approximation based”：细化具有曲面的几何体。应用在定转子绕组上，允许四面体法线偏移量 30°。

③“cylindrical gap based”：使网格无限接近其内部的几何实体外形，用于求解定转子铁心之间气隙。

2）设置转子绕组的激励和匝数，使用电流激励，其中输入的直流电按额定电流 5889A，支路数是 1 条。设置转子每槽匝数，近大齿处（0、6、12、18 号

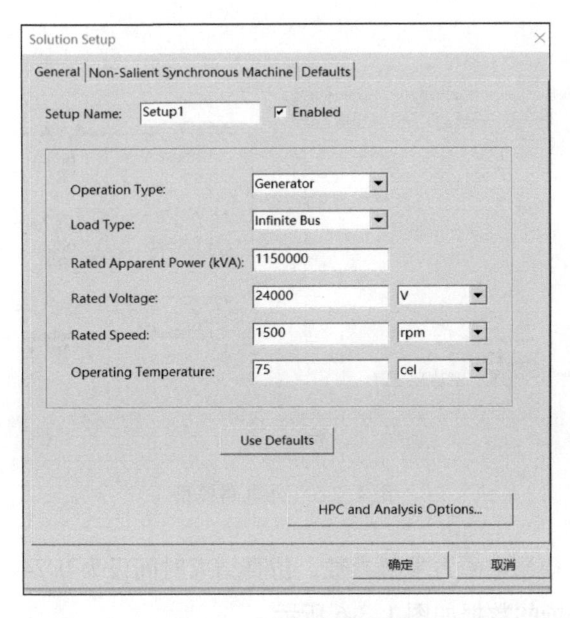

图 1.3-3　求解参数设置

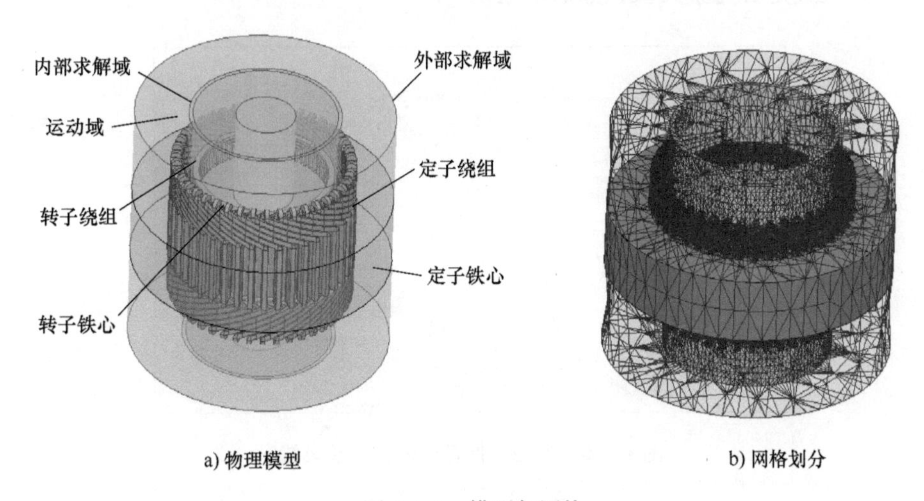

a) 物理模型　　b) 网格划分

图 1.3-4　模型与网格

绕组）为 6，其他槽为 7，转子槽位置如图 1.3-2d 所示。

3）设置定子绕组 A 相、B 相、C 相绕组的激励类型为外电路，来模拟它的负载情况，可通过编辑或导入的形式使物理模型与外电路耦合，如图 1.3-5 所示。

4）加载其求解力的参数，由于本书是研究定子绕组的电磁力及力学响应，故需要将 42 根定子绕组以电磁力的参数形式加载到 parameters 中。

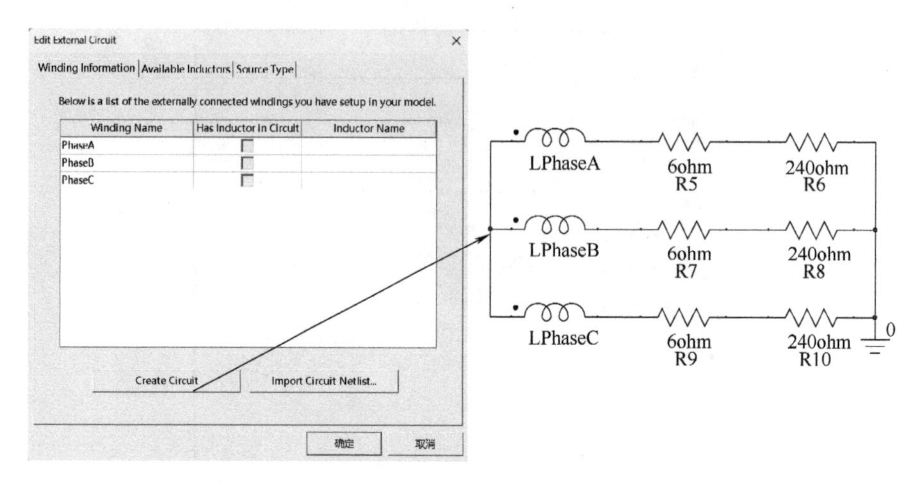

图 1.3-5　外电路模型

5）设置 3D 模型电磁力求解参数，仿真结束时间设为 0.24s，步长为 0.001s。其中需要保存的场的数据如图 1.3-6 所示。

6）检查是否完整无误，然后求解。

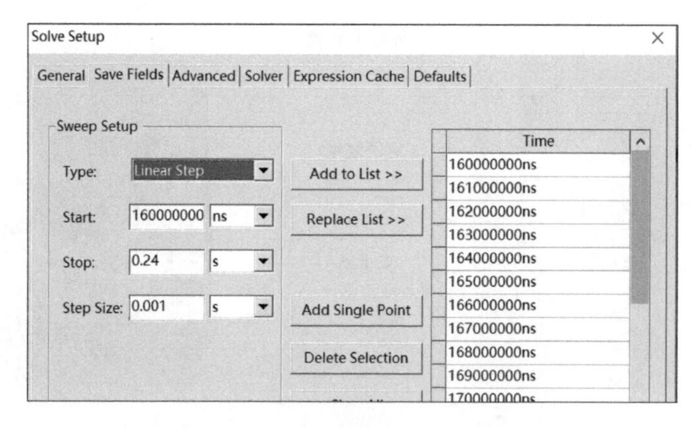

图 1.3-6　电磁力保存时间与步长设置

3.2　Structual 机械结构力学仿真模块

将 3.1 节建立的实体模型和求解得到的绕组电磁力仿真结果导入到 ANSYS Structural 模块中，建立出瞬态响应分析模型。其详细步骤如下：

1）模型数据导入：选择电磁力仿真文件并确认导入 B 位置（见图 1.3-7）的 Maxwell3D 模块；找到 Transient Structural 模块，然后用鼠标左键点住并拖动到

C 位置；连接 B2（Geometry）与 C3（Geometry）、B4（Solution）与 C5（Setup），将导入的模型数据共享到 ANSYS 的 Transient Structural 模块中。

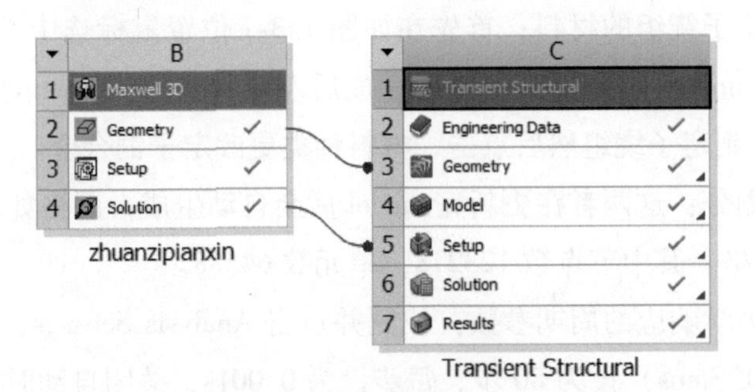

图 1.3-7　模型耦合图

2）补充模型所需的材料：双击图 1.3-7 的 C2（Engineering Data），并点击第一项到如图 1.3-8 所示位置。找到铜合金（Copper Alloy），并点击加号将它们添加到材料库中。

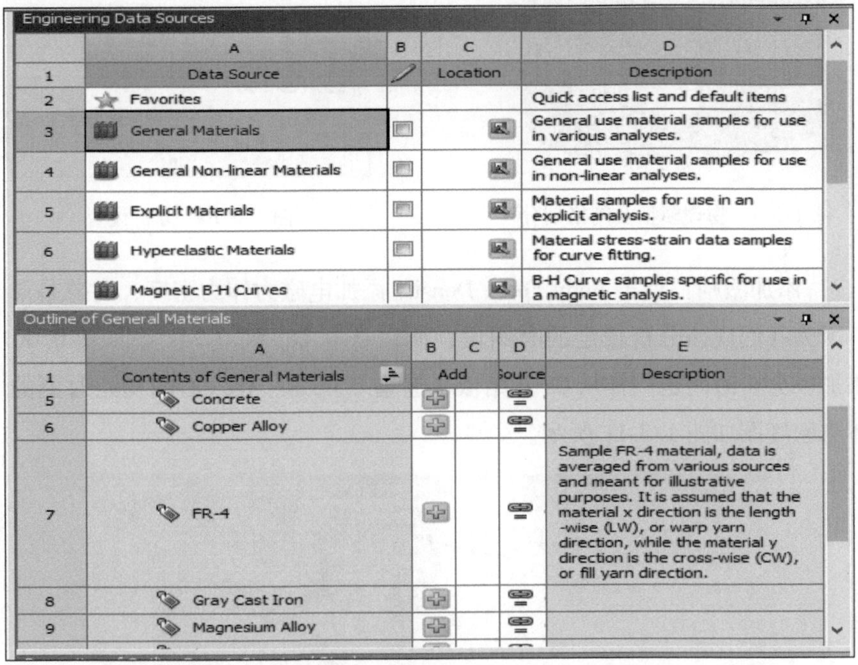

Engineering Data Sources

	A	B	C	D
1	Data Source		Location	Description
2	Favorites			Quick access list and default items
3	General Materials			General use material samples for use in various analyses.
4	General Non-linear Materials			General use material samples for use in non-linear analyses.
5	Explicit Materials			Material samples for use in an explicit analysis.
6	Hyperelastic Materials			Material stress-strain data samples for curve fitting.
7	Magnetic B-H Curves			B-H Curve samples specific for use in a magnetic analysis.

Outline of General Materials

	A	B	C	D	E
1	Contents of General Materials	Add		Source	Description
5	Concrete				
6	Copper Alloy				
7	FR-4				Sample FR-4 material, data is averaged from various sources and meant for illustrative purposes. It is assumed that the material x direction is the length-wise (LW), or warp yarn direction, while the material y direction is the cross-wise (CW), or fill yarn direction.
8	Gray Cast Iron				
9	Magnesium Alloy				

图 1.3-8　添加材料

3）设置所研究的具体模型：首先右击图 1.3-7 的 C3（Geometry），选择 update，进行更新，待更新完成后双击 C3（Geometry），进入模型设置位置。因为本书研究的是定子绕组的力学响应分析，所以需要将无关结构和边界全部删除，其结果如图 1. 3-9 所示。

4）设置定子绕组的材料；首先在如图 1. 3-7 位置鼠标选中 C4（model）然后右击，选择 update 进行更新，更新完成后左键双击 C5（Setup）；进入后，打开 Geometry 找到定子绕组然后点击，材料种类更改定子铜合金。

5）网格划分：这两者在更新完 model 后会自动生成，网格如图 1. 3-9 所示。采用四面体网格，其中节点数 123278，单元数 64588。

6）设置力学响应的周期参数：找到并点击 Analysis Settings，将力学响应分析（Number Of Steps）设为 80 步，每步设为 0. 001s，关闭自动时间（Auto Time Stepping）步长，将时间的步长设为 0. 0005s，如图 1. 3-10 所示。

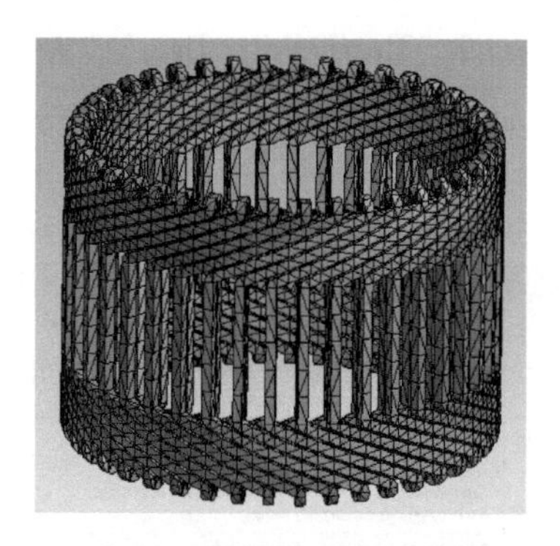

图 1. 3-9　物理模型及网格划分

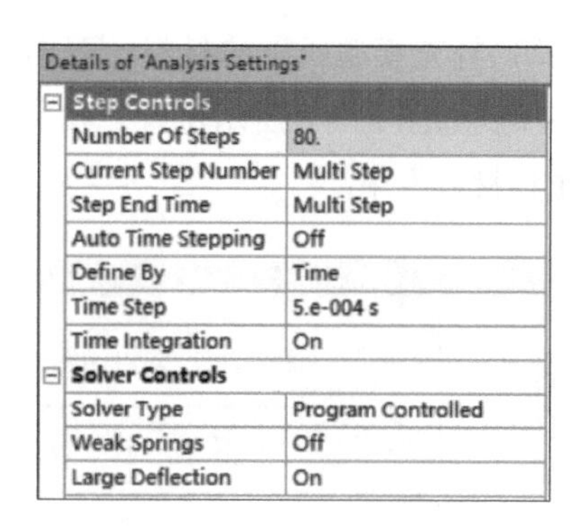

Details of "Analysis Settings"

Step Controls	
Number Of Steps	80.
Current Step Number	Multi Step
Step End Time	Multi Step
Auto Time Stepping	Off
Define By	Time
Time Step	5.e-004 s
Time Integration	On
Solver Controls	
Solver Type	Program Controlled
Weak Springs	Off
Large Deflection	On

图 1. 3-10　分析设置

7）添加激励：点击 Body Force Density 添加电磁力体力密度，对象是所有实体。因为我们应该分析稳定的时间段，所以从 0. 16s 到 0. 24s 按步长 0. 001s 依次添加，分析时间也同样从 0s 开始依次递增 0. 001s。导入后的初始时刻的电磁力体力密度图如图 1. 3-11 所示。

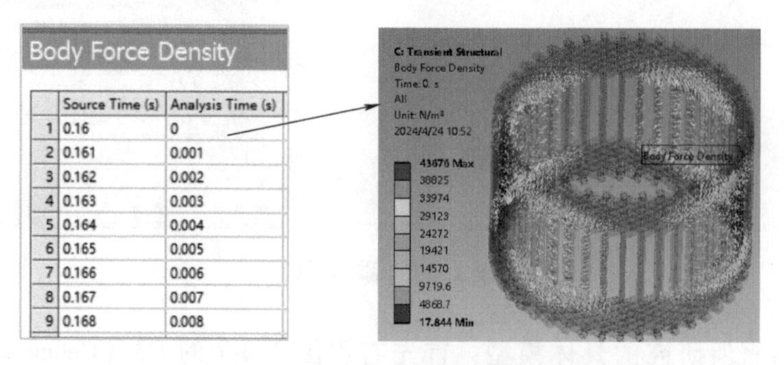

Body Force Density

	Source Time (s)	Analysis Time (s)
1	0.16	0
2	0.161	0.001
3	0.162	0.002
4	0.163	0.003
5	0.164	0.004
6	0.165	0.005
7	0.166	0.006
8	0.167	0.007
9	0.168	0.008

图 1. 3-11　电磁力导入（彩图见插页）

8）设置所需的约束：定子绕组直线段的4个面设置固定约束 Fixed Support。

9）计算所需的力学响应：主要在 Solution 中计算两种响应，分别为 Total Deformation（总体变形）和 Equivalent Strain（总应力分布），只需先选择计算目标和时间，然后点击 solve 计算即可得到所需目标该时间点的变形图或应力分布图。

第2篇　汽轮发电机定子绕组力学特性分析

第 4 章
正常运行时端部绕组电磁力及振动特性

4.1 正常运行时端部绕组电磁力及振动响应理论解析

4.1.1 正常运行时气隙磁密

发电机气隙磁动势由转子绕组磁动势和定子绕组磁动势叠加而成。转子绕组磁动势由各转子励磁线圈磁动势叠加而成。相邻两极 i 号线圈的磁动势叠加过程如图 2.4-1 所示。

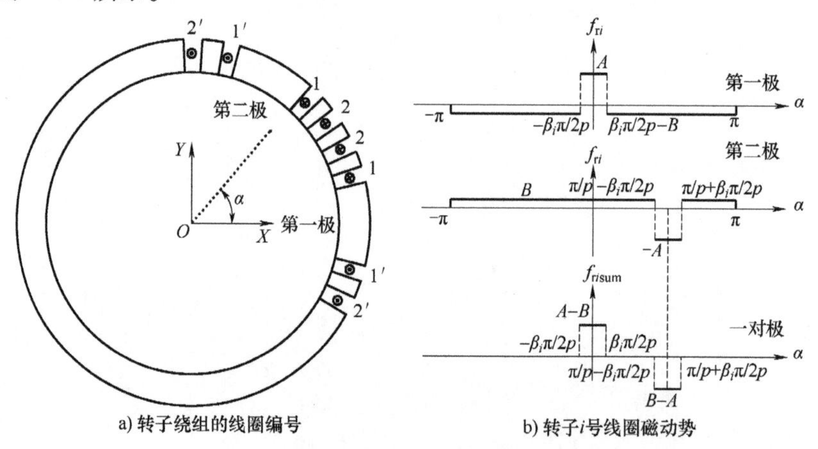

a) 转子绕组的线圈编号　　b) 转子i号线圈磁动势

图 2.4-1　转子励磁线圈及磁动势分布图

根据磁通守恒定律，相邻两极 i 号线圈的磁动势可以表达为

$$f_{ri}(\alpha)=\begin{cases}\text{第一极}\begin{cases}A & [-\beta_i\pi/2p,\beta_i\pi/2p]\\-B & \text{其他}\end{cases}\\\text{第二极}\begin{cases}-A & [\pi/p-\beta_i\pi/2p,\pi/p+\beta_i\pi/2p]\\B & \text{其他}\end{cases}\\A=I_{r}w_{ri}(1-\beta_i/2p)\\B=I_{r}w_{ri}\beta_i/2p\end{cases}\tag{4-1}$$

式中，i 为线圈编号；I_{r} 为转子电流（A）；$w_{\mathrm{r}i}$ 为 i 号线圈的匝数；β_i 为 i 号线圈的短距比；p 为极对数；α 为周向位置。

通过图 2.4-1b 可知，一对极的 i 号线圈磁动势叠加后可以表达为

$$f_{\mathrm{risum}}(\alpha)=\begin{cases}A-B & [-\beta_i\pi/2p,\beta_i\pi/2p]\\ B-A & [\pi/p-\beta_i\pi/2p,\pi/p+\beta_i\pi/2p]\\ 0 & \text{其他}\end{cases} \tag{4-2}$$

由于 p 对极的 i 号线圈磁动势叠加后是周期为 $2\pi/p$ 的函数，可以描述为

$$f_{\mathrm{r}ip}(\alpha)=\begin{cases}A-B & [-\beta_i\pi/2p,\beta_i\pi/2p]\\ B-A & [-\pi/p,\beta_i\pi/2p-\pi/p]\cup[\pi/p-\beta_i\pi/2p,\pi/p]\end{cases} \tag{4-3}$$

所有线圈磁动势叠加后可得转子绕组磁动势，进行傅里叶级数展开后，可以表达为

$$\begin{cases}f_{\mathrm{r}}(\alpha)=\sum\limits_{i=1}^{n_{\mathrm{r}}}f_{\mathrm{r}ip}=\sum\limits_{i=1}^{n_{\mathrm{r}}}\left[\dfrac{A_0}{2}+\sum\limits_{n=1}^{\infty}(A_n\cos np\alpha+B_n\sin np\alpha)\right]\\ A_0=\dfrac{p}{2\pi}\int_{-\pi/p}^{\pi/p}f_{\mathrm{r}ip}\mathrm{d}\alpha=0\\ A_n=\dfrac{p}{\pi}\int_{-\pi/p}^{\pi/p}f_{\mathrm{r}ip}\cos np\alpha\mathrm{d}\alpha=\dfrac{4p}{n\pi}(A-B)\sin(n\beta_i\pi/2)\\ B_n=\dfrac{p}{\pi}\int_{-\pi/p}^{\pi/p}f_{\mathrm{r}ip}\sin np\alpha\mathrm{d}\alpha=0\end{cases} \tag{4-4}$$

式中，n_{r} 为转子每极槽数。

因为转子以角速度 ω_{r} 转动（电角频率 $\omega=p\omega_{\mathrm{r}}$），所以转子绕组磁动势可以写作

$$\begin{cases}f_{\mathrm{r}}(\alpha,t)=\sum\limits_{i=1}^{n_{\mathrm{r}}}\sum\limits_{n=1}^{\infty}\dfrac{4p(A-B)}{n\pi}\sin(n\beta_i\pi/2)\cos np(\omega_{\mathrm{r}}t-\alpha)\\ \qquad=\sum\limits_{n=1,3,5\cdots}F_{\mathrm{r}n}\cos np(\omega_{\mathrm{r}}t-\alpha)\\ \qquad=\sum\limits_{n=1,3,5\cdots}F_{\mathrm{r}n}\cos n(\omega t-\alpha p)\\ F_{\mathrm{r}n}=\sum\limits_{i=1}^{n_{\mathrm{r}}}\dfrac{4p(A-B)}{n\pi}\sin(n\beta_i\pi/2)\end{cases} \tag{4-5}$$

式中，$F_{\mathrm{r}n}$ 为转子绕组磁动势 n 次谐波幅值。

由式（4-5）可知，转子磁动势只包含 n 次谐波成分（$n=1,3,5\cdots$）。以一对极的 QFSN-600-2YHG 汽轮发电机（$\omega=\omega_{\mathrm{r}}=50\mathrm{Hz}$，详见 4.2 节）为例，其转

子绕组磁动势分布及频谱图如图 2.4-2 所示。由图可知，其转子绕组磁动势为阶梯波，0°和 180°大齿所在位置（详见图 2.4-7a）转子磁动势最大；频谱只包含奇次谐波，且 1 次谐波幅值最大，其他高次谐波较为微弱。

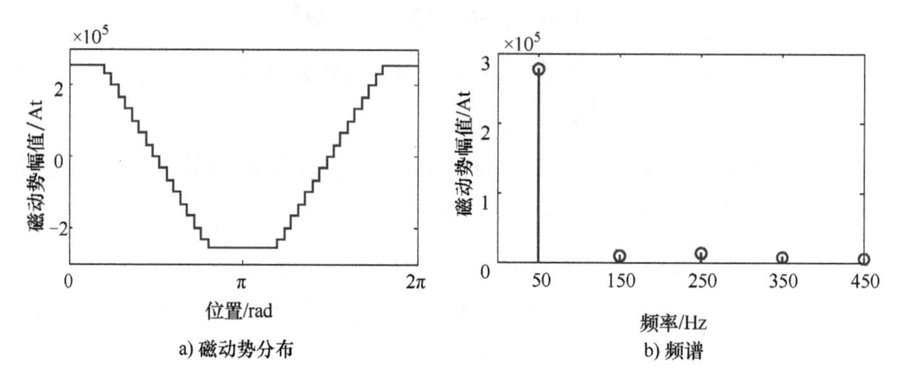

a) 磁动势分布　　b) 频谱

图 2.4-2　转子绕组磁动势

气隙主磁密可以由气隙磁导和励磁绕组磁动势的乘积得到

$$B_{\mathrm{r}}(\alpha,t)=f_{\mathrm{r}}(\alpha,t)\Lambda_0=\Lambda_0\sum_{n=1,3,5\cdots}F_{\mathrm{r}n}\cos np(\omega_{\mathrm{r}}t-\alpha) \tag{4-6}$$

式中，Λ_0 为正常气隙单位面积磁导（$\mathrm{H/m^2}$），$\Lambda_0=\mu_0/\delta_0$（μ_0 和 δ_0 分别为真空磁导率和正常气隙大小）。

由电磁感应定律可知，定子电流可以近似描述为

$$\begin{cases} I(t)=E(t)/Z=\dfrac{2pq}{a}w_{\mathrm{s}}k_{\mathrm{w}}B_{\mathrm{r}}Lv/Z=\dfrac{2pq}{a}w_{\mathrm{s}}k_{\mathrm{w}}f_{\mathrm{r}}\Lambda_0Lv/Z \\ \quad =\dfrac{2pq}{a|Z|}\sum\limits_{n=1,3,5\cdots}w_{\mathrm{s}}k_{\mathrm{w}n}F_{\mathrm{r}n}\Lambda_0Lv\cos[np(\omega_{\mathrm{r}}t-\alpha)-\psi-\pi/2] \\ \quad =\sum\limits_{n=1,3,5\cdots}I_n\cos[np(\omega_{\mathrm{r}}t-\alpha)-\psi-\pi/2] \\ \quad =\sum\limits_{n=1,3,5\cdots}I_n\cos[n(\omega t-p\alpha)-\psi-\pi/2] \\ I_n=\dfrac{2pq}{|Z|a}w_{\mathrm{s}}k_{\mathrm{w}n}F_{\mathrm{r}n}\Lambda_0Lv \\ k_{\mathrm{w}n}=\dfrac{\sin n(90^\circ\cdot y/\tau)\sin(nq\alpha_1/2)}{q\sin(n\alpha_1/2)} \end{cases} \tag{4-7}$$

式中，E 为定子绕组相感应电动势（V）；L 为绕组直线段的长度（m）；v 为线棒切割磁力线的速度（m/s）；Z 为阻抗；q 为每极每相槽数；w_{s}为每个线圈串联匝数；ψ 为电机的内功角；I_n为电流 n 次谐波幅值（A）；a 为定子绕组并联支路

条数；k_{wn}为n次谐波绕组系数；y为定子绕组的节距（m）；τ为定子绕组的极距（m）；α_1为定子槽间角。

QFSN-600-2YHG汽轮发电机的绕组系数如图2.4-3所示，1次谐波绕组系数最大。

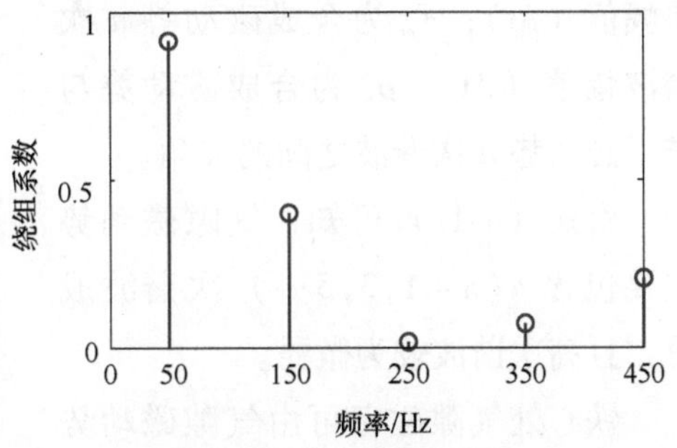

图2.4-3　绕组系数图

定子绕组磁动势可由各定子线圈磁动势叠加而成，为便于说明，以整距线圈为例，单个定子线圈磁动势可描述为

$$f_{\mathrm{scoil}}(\alpha)=\begin{cases}0.5Iw_{\mathrm{s}} & [-0.5\pi,0.5\pi]\\ -0.5Iw_{\mathrm{s}} & [0.5\pi,1.5\pi]\end{cases} \tag{4-8}$$

由于高次谐波幅值较小，为方便公式推导和分析，忽略高次谐波，傅里叶级数展开后可得

$$f_{\mathrm{scoil}}(\alpha)=\sum_{m=1,3,5}^{\infty}\frac{2Iw_{\mathrm{s}}}{\pi m}\sin\left(\frac{m\pi}{2}\right)\cos m\alpha\approx\frac{2Iw_{\mathrm{s}}}{\pi}\cos\alpha \tag{4-9}$$

一相绕组磁动势等于一对极下的双层短距线圈组的磁动势，考虑线圈的节距及分布，所以三相定子绕组的磁动势可写作

$$\begin{cases}f_{\mathrm{s}}(\alpha,t)=\sum\limits_{n=1,3,5\cdots}F_{\mathrm{s}n}\cos[np(\omega_{\mathrm{r}}t-\alpha)-\psi-0.5\pi]\\ \qquad\quad=\sum\limits_{n=1,3,5\cdots}F_{\mathrm{s}n}\cos[n(\omega t-\alpha p)-\psi-0.5\pi]\\ F_{\mathrm{s}n}=\dfrac{3}{2}\times\dfrac{2I_n(2qw_{\mathrm{s}})}{\pi}k_{\mathrm{w}n}\cos\alpha=\dfrac{6I_nqw_{\mathrm{s}}}{\pi}k_{\mathrm{w}n}\cos\alpha\end{cases} \tag{4-10}$$

由式（4-10）可知，定子绕组磁动势仅含n次谐波成分（$n=1,3,5\cdots$）。定转子绕组基波磁动势合成情况如图2.4-4所示，为便于分析，忽略高次谐波，合成气隙磁动势可以表达为

$$\begin{cases}f(\alpha,t)=\sum\limits_{n=1,3,5\cdots}F_{\mathrm{r}n}\cos np(\omega_{\mathrm{r}}t-\alpha)+F_{\mathrm{s}n}\cos[np(\omega_{\mathrm{r}}t-\alpha)-\psi-0.5\pi]\\ \qquad\quad=\sum\limits_{n=1,3,5\cdots}F_{\mathrm{c}n}\cos n(\omega t-\alpha p-\rho_n)\\ \qquad\quad\approx F_{\mathrm{c}1}\cos(\omega t-\alpha p-\rho_1)\\ F_{\mathrm{c}1}=\sqrt{F_{\mathrm{s}1}^2\cos^2\psi+(F_{\mathrm{r}1}-F_{\mathrm{s}1}\sin\psi)^2}\\ \rho_1=\arctan\dfrac{F_{\mathrm{s}1}\cos\psi}{F_{\mathrm{r}1}-F_{\mathrm{s}1}\sin\psi}\end{cases} \tag{4-11}$$

式中，F_{sn}为定子绕组 n 次谐波磁动势幅值（At）；F_{rn}为转子绕组 n 次谐波磁动势幅值（At）；F_{cn}为合成磁动势 n 次谐波幅值（At）；ρ_n 为合成磁动势与转子磁动势 n 次谐波之间的夹角。

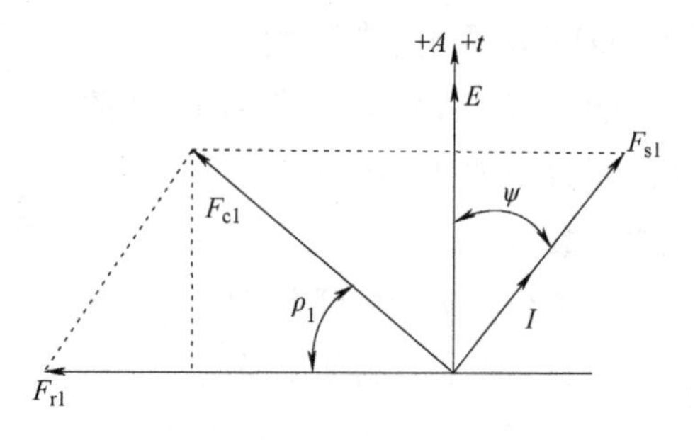

图 2.4-4 气隙磁动势

由式（4-11）可知，气隙磁动势主要包含 $n(n=1,3,5\cdots)$ 次谐波成分，且高次谐波较为微弱。

铁心处气隙磁密可由气隙磁动势和气隙磁导相乘而得到

$$
\begin{aligned}
B(\alpha,t)&=f(\alpha,t)\Lambda_0=\Lambda_0\sum_{n=1,3,5\cdots}F_{cn}\cos np(\omega_r t-\alpha-\rho_n/p)\\
&=\Lambda_0\sum_{n=1,3,5\cdots}F_{cn}\cos n(\omega t-\alpha p-\rho_n)\\
&\approx\Lambda_0 F_{c1}\cos(\omega t-\alpha p-\rho_1)
\end{aligned}
\tag{4-12}
$$

式中，Λ_0 为正常气隙磁导，$\Lambda_0=\mu_0/\delta_0$（δ_0 为正常气隙，μ_0 为真空磁导率）。

可见，气隙磁密只包含 n 次谐波成分（$n=1$、3、5…），例如：一对极电机气隙磁密包含奇次谐波，三对极电机气隙磁密包含 $3\omega_r$、$9\omega_r$、$15\omega_r$谐波成分，即各奇次谐波。忽略高次谐波时，气隙磁密随时间呈余弦变化规律。

4.1.2 正常运行时端部绕组电磁力

由于端部磁场是漏磁场，其磁密要小于气隙内的磁密，故增加一个系数f_k对磁密进行修正，根据安培力定律，可得端部绕组 K 点处的电磁力为

$$
\begin{cases}
\vec{F}_{Ik}=f_k\vec{B}\times\vec{I}\mathrm{d}l=\{\overrightarrow{F_{Ikx}},\overrightarrow{F_{Iky}},\overrightarrow{F_{Ikz}}\}\mathrm{d}l\\
F_{Ik}(\alpha_I+\alpha_k,t)=f_k BI\sin\theta_k\mathrm{d}l\\
\qquad=\dfrac{pq}{a|Z|}f_k w_s Lv\Lambda_0^2\mathrm{d}l\sin\theta_k\\
\qquad\quad\displaystyle\sum_{n=1,3,5\cdots}\sum_{j=1,3,5\cdots}\begin{matrix}k_{wn}F_{rn}F_{cj}\cos p[(n+j)(\omega_r t-\alpha_I)-j\alpha_k-j\rho_n/p-\psi-0.5\pi]\\+\cos p[(n-j)(\omega_r t-\alpha_I)-j\alpha_k-j\rho_n/p+\psi+0.5\pi]\end{matrix}\\
\qquad\approx\dfrac{f_k pqw_s k_{w1}LvF_{c1}F_{r1}\Lambda_0^2\sin\theta_k\mathrm{d}l}{a|Z|}\\
\qquad\quad[\cos p(\alpha_k+\rho_1/p-\psi-0.5\pi)+\cos p(2\omega_r t-2\alpha_I-\alpha_k-\rho_1/p-\psi-0.5\pi)]
\end{cases}
\tag{4-13}
$$

式中，F_{Ikx}、F_{Iky}、F_{Ikz}为 K 点电磁力的直角坐标分量；α_I为第 I 号定子线圈上层直

线段的位置，例如 34 号线圈的位置为 α_{34}，详见 4.2.1 节图 2.4-8a；$\alpha_I+\alpha_k$为 K 点的周向位置，见图 2.4-8a；$\mathrm{d}l$ 为微弧段长度；θ_k为 K 点磁密与电流之间的夹角。

通过坐标变换和积分计算可以获得端部线圈的径向、周向和轴向电磁力及电磁力合力：

$$\begin{cases} F_{\mathrm{Ir}}=\int_{l_{\mathrm{end}}}(F_{\mathrm{I}kx}\cos\theta+F_{\mathrm{I}ky}\sin\theta)\,\mathrm{d}l \\ F_{\mathrm{It}}=\int_{l_{\mathrm{end}}}(-F_{\mathrm{I}kx}\sin\theta+F_{\mathrm{I}ky}\cos\theta)\,\mathrm{d}l \\ F_{\mathrm{Ia}}=\int_{l_{\mathrm{end}}}F_{\mathrm{I}kz}\mathrm{d}l \\ F_{\mathrm{I}}=\sqrt{\left(\int_{l_{\mathrm{end}}}F_{\mathrm{I}kx}\mathrm{d}l\right)^2+\left(\int_{l_{\mathrm{end}}}F_{\mathrm{I}ky}\mathrm{d}l\right)^2+\left(\int_{l_{\mathrm{end}}}F_{\mathrm{I}kz}\mathrm{d}l\right)^2} \end{cases} \tag{4-14}$$

式中，F_{Ir}、F_{It}、F_{Ia}为径向、周向和轴向电磁力；θ 为 K 点圆柱坐标的向量角，$\theta=\alpha_I+\alpha_k$；l_{end}为端部线圈曲线；F_I为电磁力合力。

由式（4-13）可见，端部绕组电磁力包含直流及 $2p\omega_\mathrm{r}$（即 2ω）频率成分；若考虑磁动势的高次谐波，电磁力还应包含其他微弱的 $2np\omega_\mathrm{r}(n=2,3\cdots)$ 频率成分，如 $4p\omega_\mathrm{r}$、$6p\omega_\mathrm{r}$、$8p\omega_\mathrm{r}$（即 4ω、6ω、8ω）等频率成分。例如，对于 1 对极电机来说，其端部绕组电磁力主要包含 $2\omega_\mathrm{r}$、$4\omega_\mathrm{r}$、$6\omega_\mathrm{r}$等频率成分；对于 3 对极电机来说，端部绕组电磁力主要包含 $6\omega_\mathrm{r}$、$12\omega_\mathrm{r}$、$18\omega_\mathrm{r}$等频率成分。

4.1.3　正常运行时端部绕组振动响应

1. 应力与位移分析

电磁力作用下，端部绕组会产生一定的应力和位移。以端部绕组上层渐开线为例，可以将其简化为悬臂梁，如图 2.4-5 所示。其中，F_{1x}、F_{1y}为定子铁心提供的支反力，F_{2x}、F_{2y}为由下层绕组造成的拖拽力。z 向力作用下，绕组产生拉应力。x 和 y 向力作用下，绕组产生弯曲应力和剪应力。由于拉应力和剪应力较小，在此仅分析弯矩造成的弯曲应力。

根据静力平衡方程可得

$$\begin{cases} M_{\mathrm{nose}x}=F_{1x}l-\int_0^l F_{\mathrm{I}kx}(l-z)\,\mathrm{d}z=0 \\ F_{1x}+F_{2x}-\int_0^l F_{\mathrm{I}kx}\mathrm{d}z=0 \\ M_{\mathrm{nose}y}=F_{1y}l-\int_0^l F_{\mathrm{I}ky}(l-z)\,\mathrm{d}z=0 \\ F_{1y}+F_{2y}-\int_0^l F_{\mathrm{I}ky}\mathrm{d}z=0 \end{cases} \tag{4-15}$$

式中，l 为端部绕组渐开线轴向长度；M_{nosex}、M_{nosey} 为鼻端位置在 xz、yz 平面的力矩。

则 K 点的最大弯曲应力为

$$\begin{cases}\sigma_b = M_k / W \\ M_k = \sqrt{M_{kx}^2 + M_{ky}^2} \\ M_{kx} = F_{1x}z - \int_0^{z_k} F_{Ikx}(z_k - z)\,dz \\ M_{ky} = F_{1y}z - \int_0^{z_k} F_{Iky}(z_k - z)\,dz \end{cases} \tag{4-16}$$

式中，W 为绕组的抗弯截面系数；M_k 为 K 点合力矩；M_{kx}、M_{ky} 为 K 点在 xz、yz 平面的力矩；z_k 为 K 点的轴向位置。

绕组在弯曲应力作用下会产生弯曲位移，其挠度方程为

$$\begin{cases} f''(z) = \dfrac{M(z)}{E_w I_m} \\ f(0) = 0 \\ f'(0) = 0 \end{cases} \tag{4-17}$$

式中，$f(z)$ 为挠曲位移函数；E_w 为绕组的弹性模量；I_m 为惯性矩。

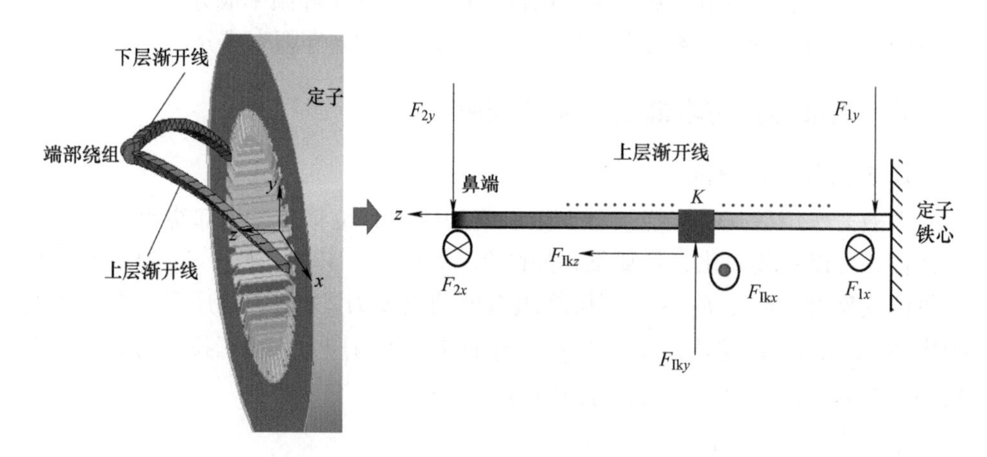

图 2.4-5　悬臂梁模型

2. 振动响应分析

电磁力作用下，端部绕组会产生周期性位移，即振动。定子—绕组系统的简化振动响应模型如图 2.4-6 所示，由于直线段位于定子铁心槽内，且由槽楔固定，因此，可以忽略直线段所受电磁力对端部绕组振动响应的影响。其振动响应方程可以描述为

$$m\ddot{d}(t)+c\dot{d}(t)+kd(t)=F_{\mathrm{I}}(t) \tag{4-18}$$

式中，m 为端部绕组的质量；c 为绑扎带产生的阻尼系数；k 为绕组的刚度系数；$F_{\mathrm{I}}(t)$ 为正常运行时端部绕组所受电磁力；$d(t)$、$\dot{d}(t)$、$\ddot{d}(t)$ 为绕组的位移、速度和加速度。

可见，端部绕组的振动加速度同电磁力一样，应包含 $2p\omega_r$ 频率成分和其他微弱的 $2np\omega_r(n=2,3\cdots)$ 频率成分。

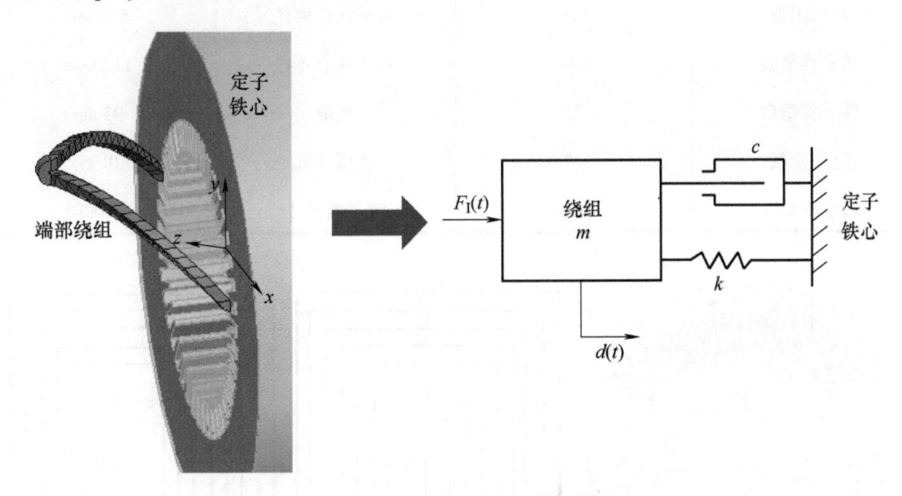

图 2.4-6　定子—绕组系统模型

4.2　正常运行时电磁—结构有限元数值仿真

本节主要对 1 对极的 QFSN-600-2YHG 汽轮发电机和 3 对极的 MJF-30-6 故障模拟机进行正常运行时电磁力及机械响应仿真计算。

4.2.1　仿真模型与参数设置

1. QFSN-600-2YHG 汽轮发电机

主要参数见表 2.4-1，转子、定子绕组分布及接线图如图 2.4-7 和图 2.4-8 所示。

表 2.4-1　QFSN-600-2YHG 汽轮发电机关键参数

参数	数值	参数	数值
额定功率	667MVA	额定励磁电流	4128A
额定电压	20000V	定子每相匝数	7

（续）

参数	数值	参数	数值
额定转速	3000r/min	转子每槽匝数	8（1和16号槽为6）
极对数	1	定转子铁心长度	6300mm
定子绕组联结方式	2Y	定子铁心内径	1316mm
节距	17	定子铁心外径	2674mm
功率因数	0.9	转子铁心内径	500mm
转子虚槽数	50	转子铁心外径	1130mm
转子实槽数	32	气隙	93mm
定子槽数	42	叠压系数	0.95
转子槽尺寸	60×40	定子槽尺寸	160×70

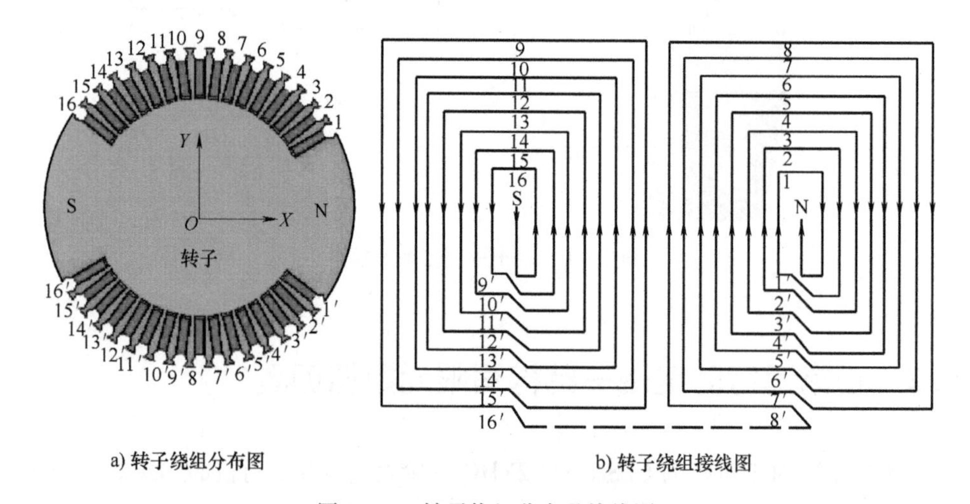

a) 转子绕组分布图　　b) 转子绕组接线图

图 2.4-7　转子绕组分布及接线图

定子绕组采用双层叠绕组，直线段固定于定子槽内，端部悬于定子铁心外部，形成双层篮式结构。端部绕组在结构上可分为根部、渐开线和鼻端3部分，如图2.4-8c所示。为便于描述，端部线圈以其上层直线段所在定子槽号命名，例如在图2.4-8a中，34号线圈是指由34号槽上层直线段、9号槽下层直线段，以及连接它们的渐开线部分所构成的线圈。

首先在ANSYS Electromagnetics软件中进行3D瞬态电磁力有限元仿真计算。由于铁心长度长达6300mm，网格划分过程中极易造成内存耗尽和卡顿死机。为合理利用计算机资源，本节取定转子铁心长度的1/10，即630mm进行计算，对

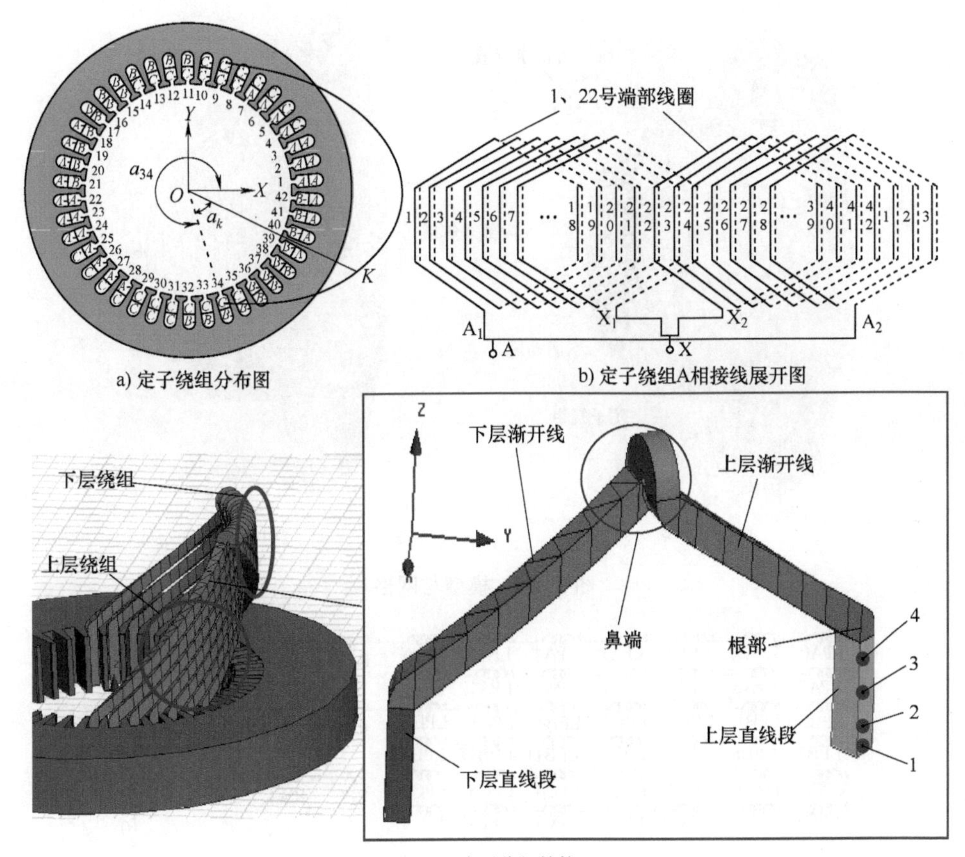

a) 定子绕组分布图

b) 定子绕组A相接线展开图

c) 定子绕组结构

图 2.4-8　定子绕组分布及接线图

应的半物理模型如图 2.4-9a 所示。网格划分如图 2.4-9b 所示，简化模型共产生 197352 个网格，详细统计见表 2.4-2。仿真过程中与物理模型相耦合的外电路模型如图 2.4-10 所示。

仿真过程中转子励磁电流设置为额定励磁电流 4128A，转子转速设为同步转速 3000r/min，计算时步步长为 0.0005s，仿真时间定为 0.12s。初始时刻，转子 N 极大齿位于 0°，如图 2.4-7 所示。

表 2.4-2　网格统计

转子铁心	定子铁心	外部求解域	内部求解域	运动域	定子绕组直线段（单根）	定子端部线圈（单个）	转子绕组
8836	8312	97055	24935	22034	35~66	573~806	8836

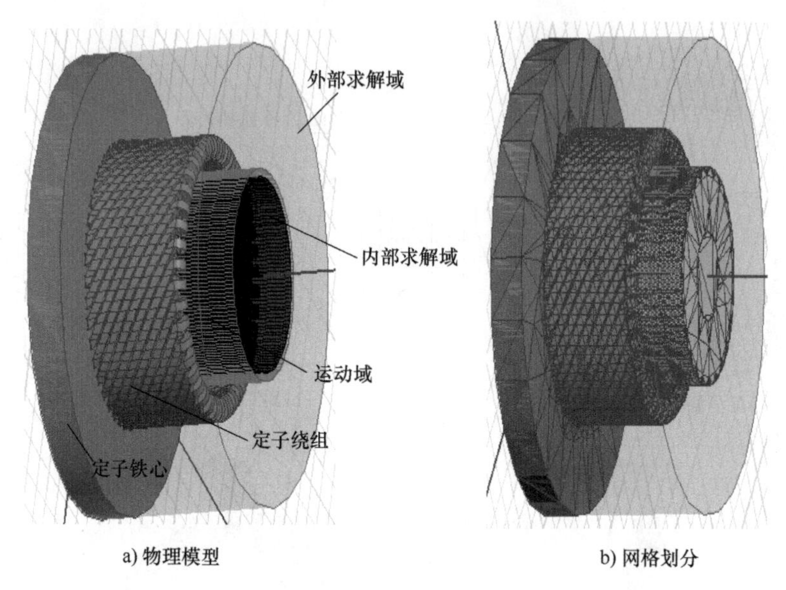

a) 物理模型　　b) 网格划分

图 2.4-9　模型与网格

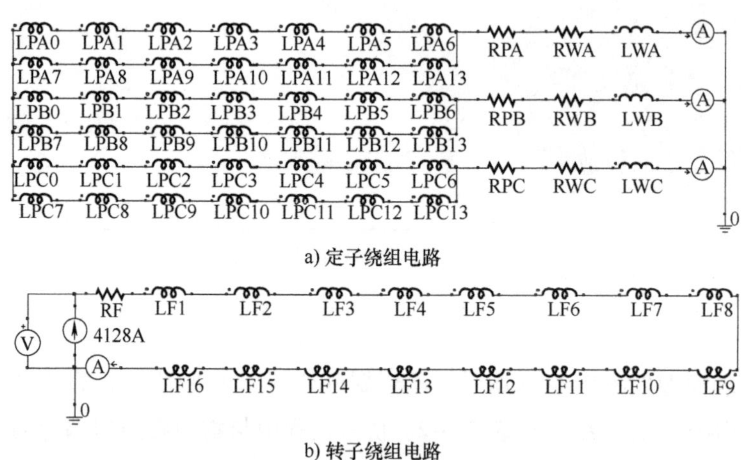

a) 定子绕组电路

b) 转子绕组电路

图 2.4-10　外电路模型

在 ANSYS Electromagnetics 中求解得到电磁力后，在 ANSYS Workbench 平台将定子绕组的物理模型及其体积力密度数据导入到 Transient Structural 模块中，进行瞬态机械结构有限元仿真计算。电磁力计算结果显示，电机于第 4 个周期后进入稳定运行状态，因此导入 0.08~0.12s 的电磁力，如图 2.4-11 所示，对绕组进行 0.04s 时长（2 个周期）的机械响应计算。

绕组材料设置为铜，其杨氏模量为 1.1×10^5MPa，泊松比为 0.34，屈服强度 280MPa。将绕组直线段设置为固定约束，如图 2.4-11 所示。剖分生成六面体网

格，单根绕组网格单元数目 511，节点数目 1230。

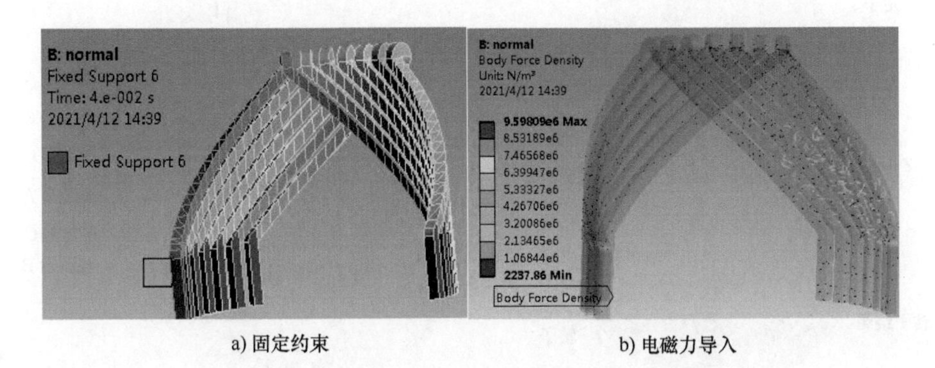

a) 固定约束　　b) 电磁力导入

图 2.4-11　结构有限元分析前处理（彩图见插页）

2. MJF-30-6 故障模拟机组

该机组发电机的主要参数见表 2.4-3。在 ANSYS Electromagnetics 中建立的物理模型、定转子绕组布置及接线如图 2.4-12 所示，对应的外电路耦合模型如图 2.4-13 所示。仿真计算过程中转子励磁电流设置为额定值 1.8A，转子转速设为 1000r/min，步长设为 0.001s，仿真计算时长为 0.36s。网格剖分设置同上，共剖分网格数量为 146787。电磁力数据导入至 ANSYS Workbench 结构分析模块后，采用自动划分网格方式进行剖分，单个定子线圈网格单元数为 517，节点数为 1082。

表 2.4-3　MJF-30-6 故障模拟机主要参数

参数	数值	参数	数值
额定容量	30kVA	额定励磁电流	1.8A
额定电压	400V	定子每槽匝数	72
额定转速	1000r/min	转子每槽匝数	88
极对数	3	铁心长度	220mm
定子绕组联结方式	2Y	定子铁心内径	1230mm
节距	8	定子铁心外径	2400mm
功率因数	0.8	转子铁心内径	500mm
转子虚槽数	42	转子铁心外径	1228.3mm
转子实槽数	30	气隙长度	0.85mm
定子槽数	54	叠压系数	0.95

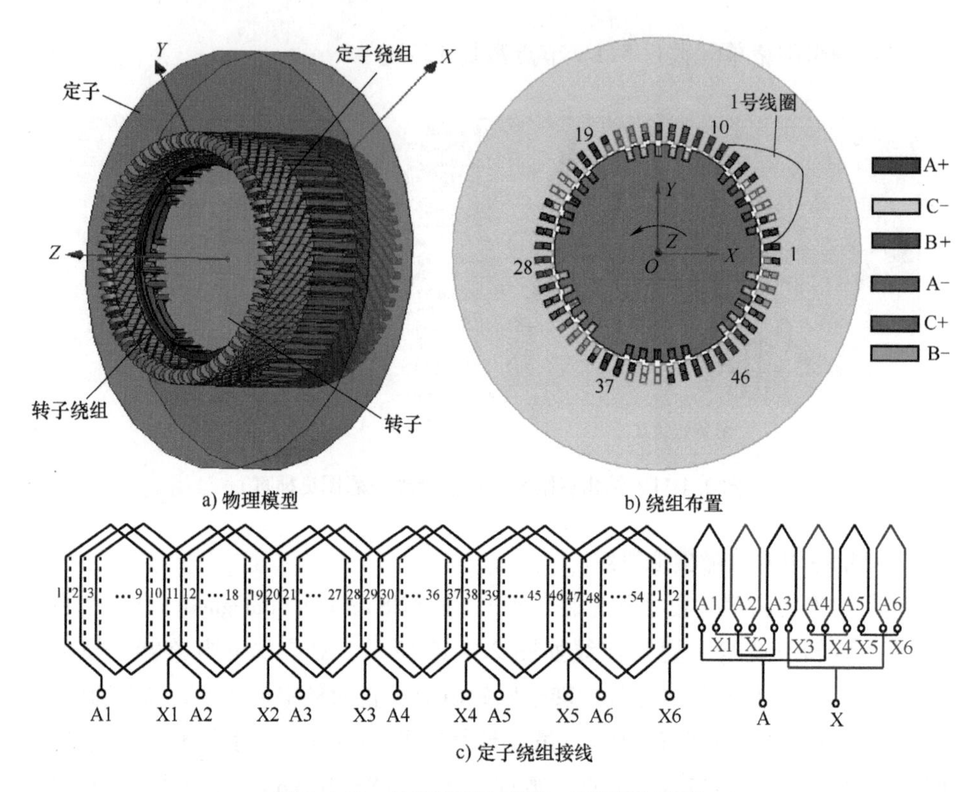

图 2.4-12 物理模型与接线（彩图见插页）

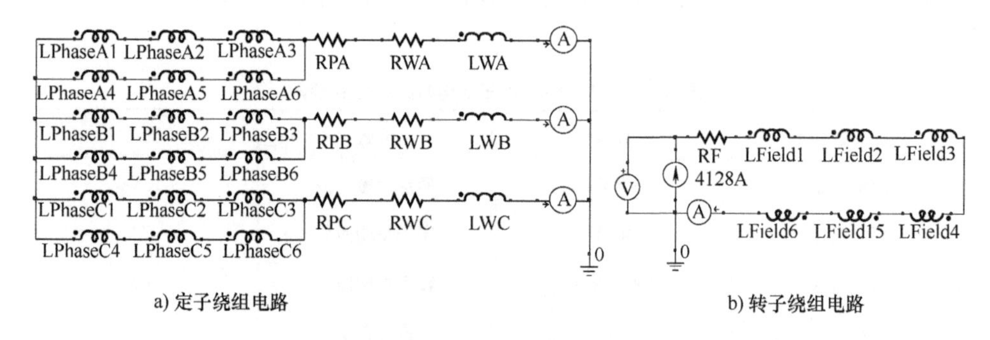

图 2.4-13 外电路模型

4.2.2 正常运行时气隙磁密分析

本节主要对 ANSYS Electromagnetics 中得到的气隙径向磁密频谱特性、综合磁密沿轴向及周向的变化趋势进行分析。

1. QFSN-600-2YHG 汽轮发电机（转子机械转频 50Hz，$p=1$）

正常运行时，0°位置径向气隙磁密变化曲线及频谱图如图 2.4-14 所示。由图可知，磁密随时间近似呈余弦变化规律，最大值出现在 82ms，落后于转子大齿指向 0°的时间；其频谱包含明显的 50Hz（基波）成分，还有微弱的 150Hz 和 250Hz（3 次和 5 次谐波）成分。这与理论分析中式（4-12）是吻合的。

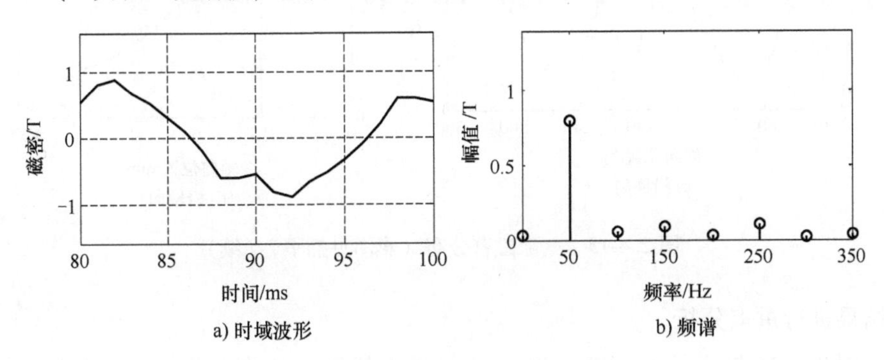

a) 时域波形　　b) 频谱

图 2. 4-14　径向磁密

$t=100$ms 时，气隙磁密分布如图 2. 4-15 所示，气隙磁密为三维矢量，在轴向、径向和切向均有分量。综合气隙磁密沿圆周方向的分布曲线如图 2. 4-15c 所示，0°位置气隙磁密沿轴向的分布曲线如图 2. 4-15d 所示，其中轴向位置 0 点为定子铁心轴向中心对称面。由图 2. 4-15c 可知，沿圆周方向磁密最大值位于 150°和 330°附近，与转子大齿位置（180°和 360°）存在一定的相位差，这是由于转子磁动势在大齿位置存在最大值，但定子磁动势落后于转子磁动势，见理论分析部分图 2. 4-4。另外，由于端部磁场为铁心漏磁场，所以图 2. 4-15d 中磁密随着与铁心中心距离的增大而减小。由于铁心半长为 315mm，0~315mm 处磁密最大，315~600mm 磁密略有减小，600mm 之后开始急剧减小。

由于仿真中转子静偏心的偏心角度为 0°，正好处于 34 号线圈的中心位置，所以 34 号线圈电磁力及机械响应变化最大。因此本节统一对 34 号线圈的仿真计

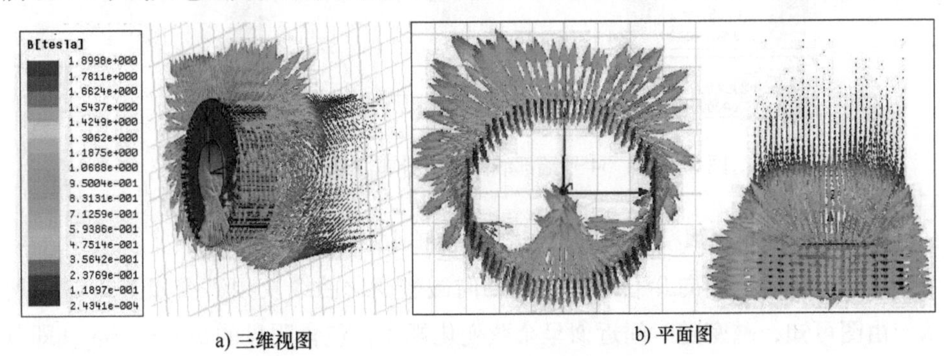

a) 三维视图　　b) 平面图

图 2. 4-15　气隙磁密分布（彩图见插页）

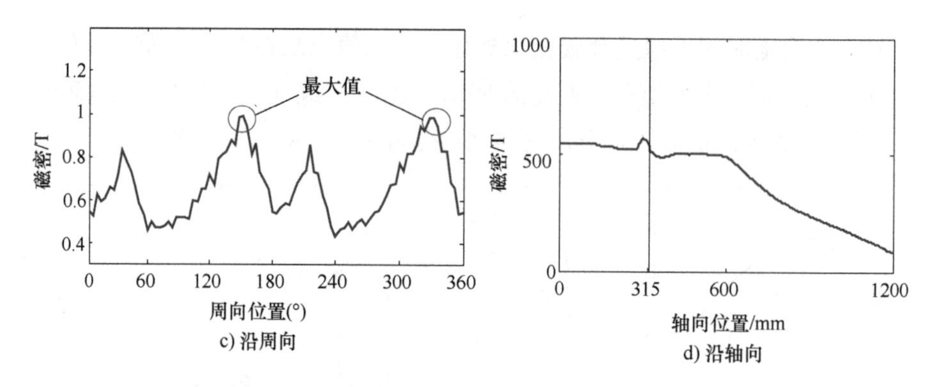

图 2.4-15 气隙磁密分布（彩图见插页）（续）

算结果进行重点分析。

图 2.4-16 展示了 $t=100$ms 时，34 号端部线圈（周向位置$-73°\sim73°$）的磁密分布。由图可知，上层渐开线根部磁密最大，因为此处距离铁心较近；下层渐开线中部磁密较大，这与磁密的周向分布有关，如图 2.4-15c 所示，$0\sim73°$范围内，最大值近似发生在 35°位置；而鼻端部分由于距离铁心最远，此处磁密较小。

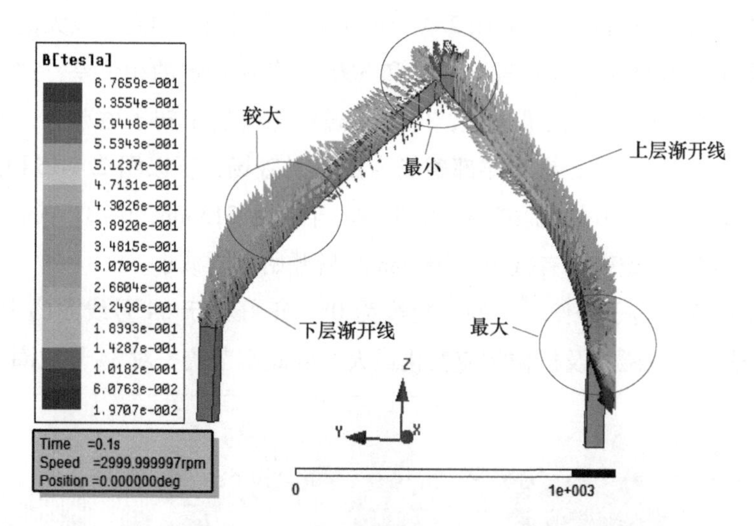

图 2.4-16 34 号端部线圈磁密分布（彩图见插页）

2. MJF-30-6 故障模拟机（转子机械转频 16.7Hz，$p=3$）

正常运行时，周向 0°位置处气隙径向磁密变化曲线及频谱图如图 2.4-17 所示。由图可知，磁密随时间近似呈余弦变化规律，包含明显的 50Hz（$3\omega_r$，即基波 ω）频率成分，和微弱的 150Hz 和 250Hz（$9\omega_r$和 $15\omega_r$，即 3ω 和 5ω）成分，此结论与理论分析结果是吻合的。

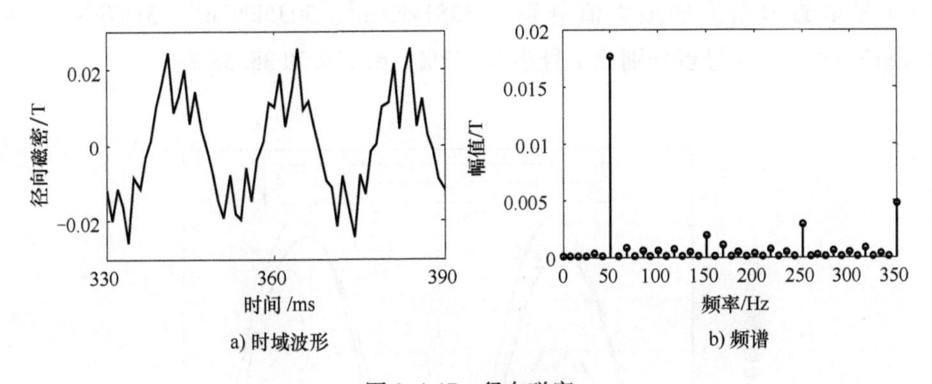

a) 时域波形　　b) 频谱

图 2. 4-17　径向磁密

4. 2. 3　正常运行时端部绕组电磁力分析

本节主要对 ANSYS Electromagnetics 软件中得到的端部绕组的电磁力密度、直线段和端部线圈的电磁力及其频谱特性进行分析。

1. QFSN-600-2YHG 汽轮发电机（转子机械转频 50Hz，$p=1$）

（1）简化模型可行性验证

下面通过 3D 简化模型得到的电流及直线段电磁力结果与 2D 模型计算结果的对比，来验证简化模型的可行性。

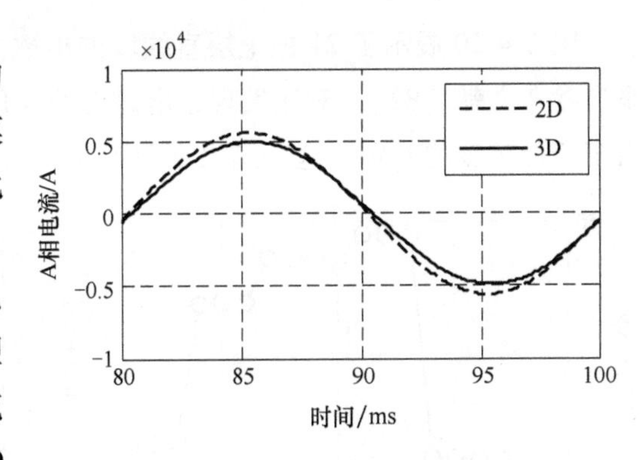

图 2. 4-18　A 相电流对比

定子电流是计算端部绕组电磁力的关键参数，3D 简化模型和 2D 模型算出的定子 A 相电流如图 2. 4-18 所示。由图可知，2D 计算结果大于 3D，这是因为 3D 计算中考虑了磁场的泄漏，从而造成了能量转化中的损失。但是两种结果中电流的变化趋势匹配良好，反应了 3D 简化模型的正确性。

在 1 号线圈上层直线段设置 4 个点，如图 2. 4-8c 所示，用来分析不同轴向位置电磁力密度的差异性。1-4 号点的轴向坐标分别为 0mm、40mm、160mm 和 280mm，各点电磁力密度在转子转动一个周期内的变化曲线如图 2. 4-19 所示。其中 1 号点的电磁力密度来自于 2D 模型计算结果，2~4 号来自于 3D 模型计算结果。由图可见，它们具有相同的正弦变化规律，频率为转子机械转频的 2 倍。1~4 号电磁力密度的最大值分别为 3381kN/m³、3035kN/m³、3167kN/m³ 和 2178kN/m³，2~4 号点分别比 1 号小 10. 23%、6. 33%和 35. 58%。

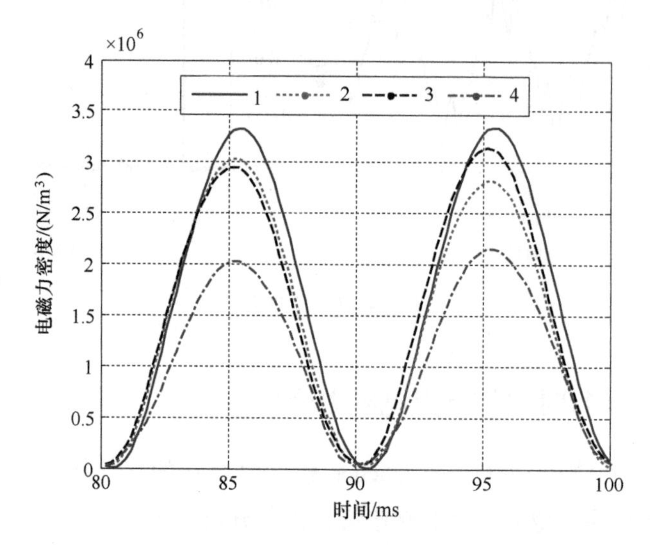

图 2. 4-19　直线段不同轴向位置电磁力密度（彩图见插页）

图 2. 4-20 展示了 21 根上层直线段的电磁力的计算结果，其中 2D 计算结果来自参考文献［82］。对比发现，电磁力的变化趋势非常相似，数值差异主要来自于所加负载的差别。这一结果证明了 3D 简化模型计算结果是可信的。

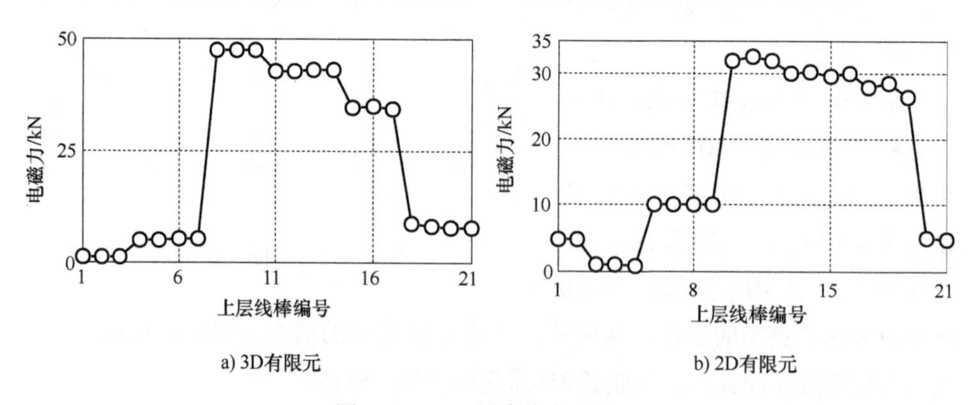

图 2. 4-20　上层直线段电磁力

（2）端部绕组电磁力

$t=100$ms 时，中心位于 0°位置的 34 号端部线圈的电磁力分布如图 2. 4-21 所示。

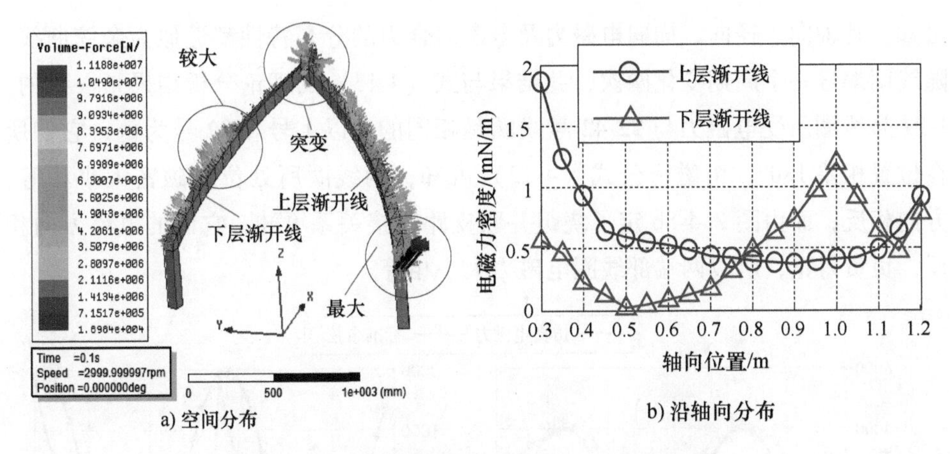

a) 空间分布　　b) 沿轴向分布

图 2.4-21　34 号端部绕组电磁力（彩图见插页）

由图 2.4-21 可见，上层渐开线电磁力大于下层，这是由于上层绕组与铁心的径向距离更近，磁密更大。另外，上层绕组根部电磁力密度最大，因为此处距离铁心较近，磁密较大；下层绕组中部电磁力较大，这与图 2.4-16 磁密分布是一致的；但鼻端处电磁力忽然增大，这是由于此处圆角过渡处电流近似沿铁心半径方向，与磁密夹角较大（见图 2.4-16）。两侧渐开线上所受电磁力径向分量均远离铁心，轴向分量均为指向端部，但周向分量方向相反。此外，得到了 A 相电流最大时刻 $t=85.4$ms 时电磁力密度沿轴向的分布曲线，如图 2.4-21b 所示，此分布结果与参考文献［11］非常相似，进一步验证了简化模型的可行性。

后处理时，在场计算器中通过坐标变换和积分计算获得单个线圈的径向、轴向、周向分力及合力。用到的场编辑语句如图 2.4-22 所示，其中，vfr、vft 和 vfa 分别表示径向、周向和轴向电磁力密度，径向力以背离 Z 轴为正，轴向力以 Z 轴方向为正，圆周力以转子转动方向（逆时针）为正。

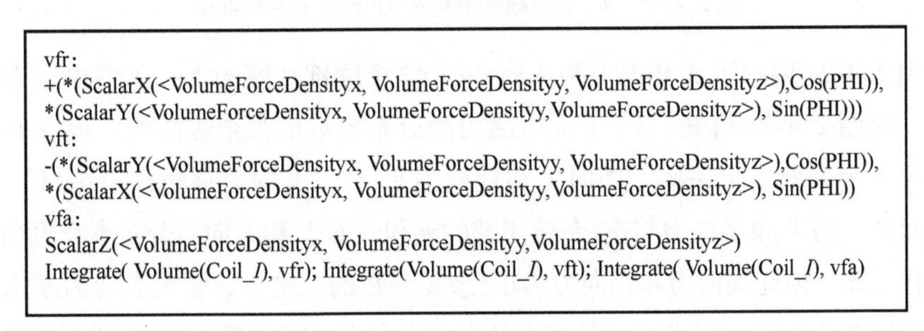

```
vfr:
+(*(ScalarX(<VolumeForceDensityx, VolumeForceDensityy, VolumeForceDensityz>),Cos(PHI)),
*(ScalarY(<VolumeForceDensityx, VolumeForceDensityy,VolumeForceDensityz>), Sin(PHI)))
vft:
-(*(ScalarY(<VolumeForceDensityx, VolumeForceDensityy, VolumeForceDensityz>),Cos(PHI)),
*(ScalarX(<VolumeForceDensityx, VolumeForceDensityy,VolumeForceDensityz>), Sin(PHI))
vfa:
ScalarZ(<VolumeForceDensityx, VolumeForceDensityy,VolumeForceDensityz>)
Integrate( Volume(Coil_I), vfr); Integrate(Volume(Coil_I), vft); Integrate( Volume(Coil_I), vfa)
```

图 2.4-22　场计算器后处理语句

$t=100$ms 时刻，42 个端部线圈的电磁力分布如图 2.4-23a～d 所示。由图 2.4-23

可知，其轴向、径向、周向电磁力及电磁力合力的分布特性都近似为余弦曲线，随线圈编号一个周期变化两次，此结果与式（4-13）的理论分析结果是一致的。1-21号线圈所受电磁力与22-42号线圈是相同的。以1号和22号为例，它们所在位置相差180°，由磁密公式（4-12）可知，两线圈所处位置磁密大小相等，方向相反；而由图2.4-8b定子绕组并联支路连接关系可知，它们的电流方向相反；负负得正，所以两端部线圈电磁力大小相等。

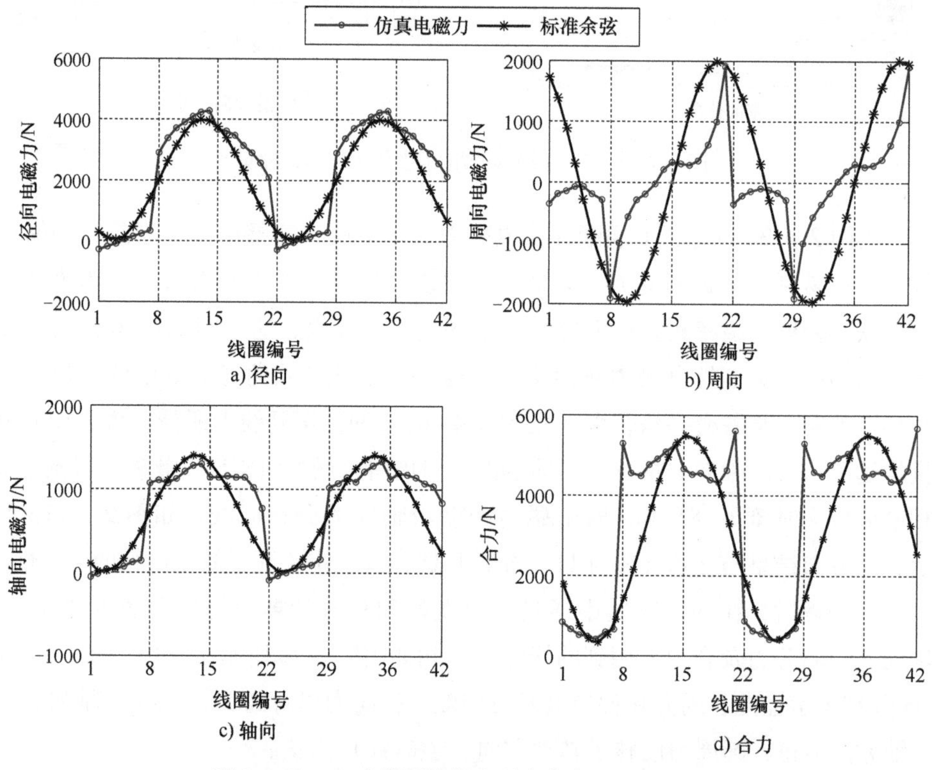

图2.4-23　42个线圈端部电磁力分布（$t=100\mathrm{ms}$）

图2.4-24展示了A相电流最大时刻时42个端部线圈的X和Y向电磁力分布曲线。由图2.4-24可知，X、Y向电磁力的分布也近似为余弦曲线，但它们随线圈编号一个周期变化一次。周向力和径向力是X和Y向力通过式（4-14）坐标变换而来，是X和Y向力与正/余弦函数的乘积，而X和Y向力分布本身也满足余弦变化规律，因此周向力和径向力为正/余弦函数的二次方，频率会变为原来的二倍。所以图2.4-23中轴向力、径向力及电磁力合力，随线圈编号一周期变化两次。

图2.4-25展示了34号线圈电磁力的时域波形及其频谱。由图2.4-25a可知，径向力和轴向力的方向随时间基本不变，径向力背离轴线，轴向力指向端部，

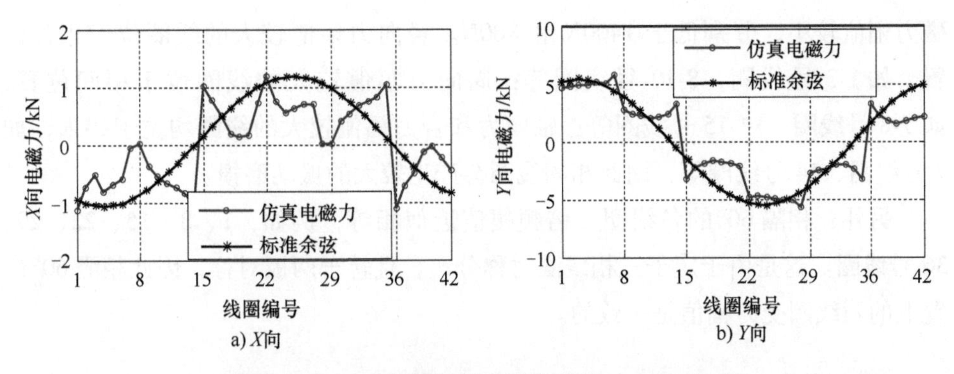

图 2.4-24　42 个线圈端部电磁力分布（$t=85.4$ms）

易造成端部线圈远离铁心方向的变形；周向力有明显的方向变化，线圈根部产生的弯曲应力近似满足对称循环，造成根部强度下降；同时，周向力平均值为正，即周向力作用下形成了沿转子转动方向的电磁转矩，使得端部线圈产生与转子转动方向相同的变形。另外，径向和轴向电磁力相位相近，周向力与之相差近 3/4 个周期，径向力和轴向力到达谷峰时，周向力处于平衡位置。这是因为对于径向力和轴向力来说，上、下层渐开线的方向是相同的，而两渐开线上周向力方向是相反的。所以径向合力和轴向合力分别为两渐开线径向力和轴向力之和；而周向合力为两渐开线上周向力之差。因此当两渐开线上电磁力均最大时，轴向和径向合力达到最大，但周向合力并未达到峰值。

由图 2.4-25b 可知，各向分力均有明显的直流常量和 100Hz（$2\omega_r$，2ω）分量，以及微弱的 200Hz（$4\omega_r$，4ω）分量，这与式（4-13）是相符的。

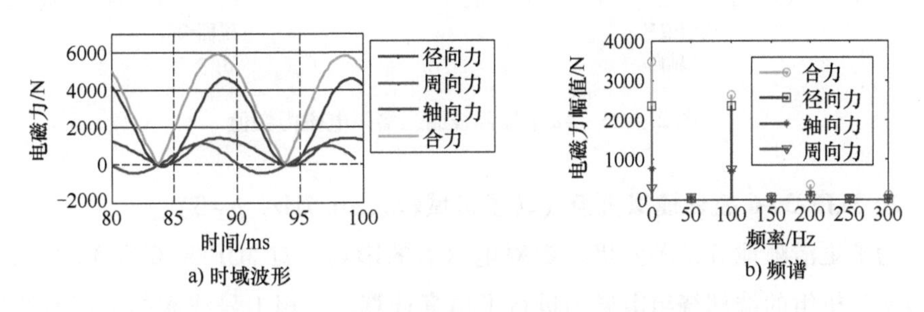

图 2.4-25　34 号端部线圈电磁力及频谱（彩图见插页）

由于直流常量不会引起振动，且其他高阶偶次谐波成分非常微弱，因此重点通过各线圈的 100Hz 分量分析各线圈的整体振动与磨损。42 个端部线圈的三向电磁力及电磁力合力的二倍频分量幅值如图 2.4-26 所示。

由图 2.4-26 可知，径向电磁力幅值最大，均超过了 2200N；周向和轴向电磁力幅值较小，分别低于 1400N 和 800N。径向力幅值较大的线圈位于相首位置，如 1-3 号线圈，8-10 号线圈等；周向力幅值较大的线圈位于相间位置，如 7-8 号线圈、14-15 号线圈等；轴向力和合力幅值较大的线圈均位于相末，如 7 号线圈、14 号线圈等，因此相间线圈会产生较大的振动磨损。

另外，相隔 60°的各线圈二倍频幅值近似相等，例如，1、8、15、22、29、36 号线圈。这是由于定子三相线圈对称分布，且转子两极对称，因此相隔 60°位置上的两线圈受力幅值是一致的。

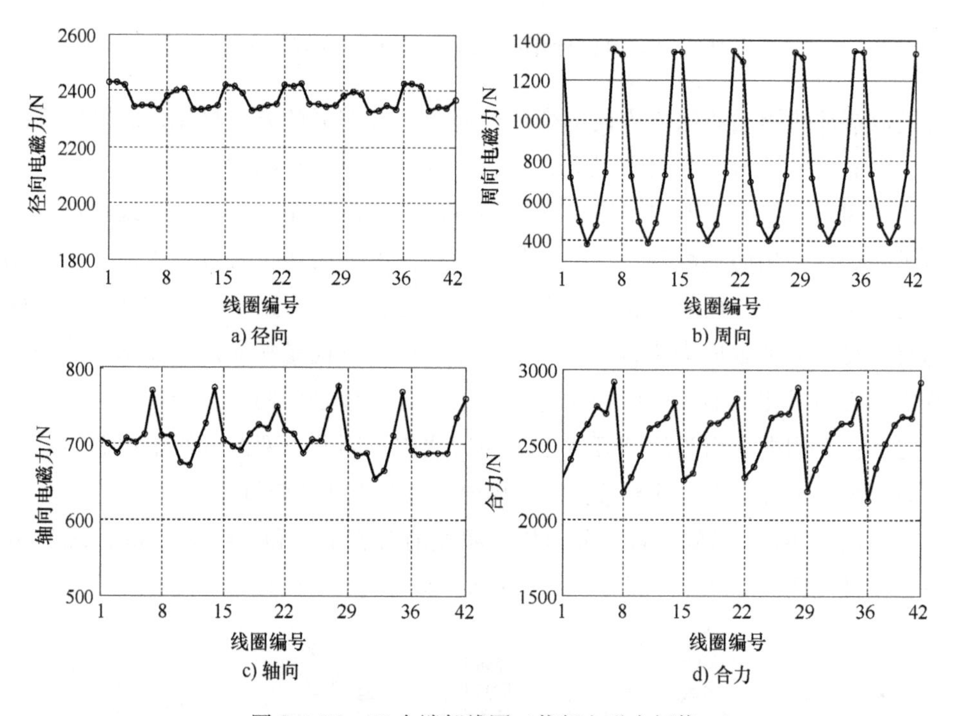

a) 径向　b) 周向　c) 轴向　d) 合力

图 2.4-26　42 个端部线圈二倍频电磁力幅值

2. MJF-30-6 故障模拟机组（转子机械转频 16.7Hz，$p=3$）

为了更清晰地分析不同极对数对电磁力的影响，对 MJF-30-6 型 3 对极故障模拟实验机组的端部绕组电磁力进行了仿真计算。A 相 1 号线圈的上层直线段、下层直线段和端部的电磁力及频谱图如图 2.4-27 所示。

由图 2.4-27a 可知，线圈上层直线段受力与端部绕组受力大小相近，下层直线段受力较小。由图 2.4-27b 可知，各部分电磁力的频谱均包含明显的 100Hz（$6\omega_r$，即 2ω）频谱成分和微弱的 200Hz（$12\omega_r$，即 4ω）频谱成分，这与式（4-13）的理论分析结果是一致的。

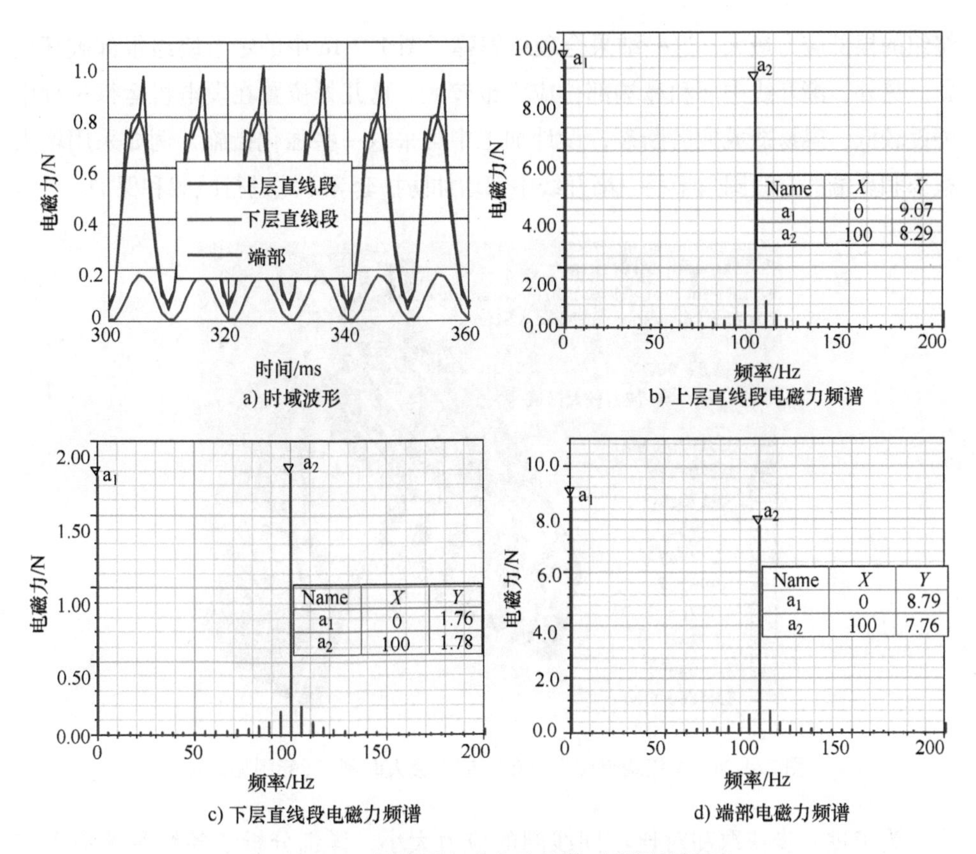

图 2.4-27　1 号线圈电磁力及频谱（彩图见插页）

4.2.4　正常运行时端部绕组振动特性分析

由于绕组上的应力为交变应力，反复循环作用下容易造成绕组材料的疲劳断裂，其中，最大应力是影响疲劳强度的关键参数。另外，绕组的周期性振动还会造成线圈之间的绝缘磨损，同样时间内振动位移越大，磨损会越快，寿命越短。因此，本节主要对端部绕组整体、单个线圈和上层渐开线各部位的最大应力和最大位移进行分析，从而获得端部绕组疲劳破坏及振动磨损的规律。另外，对特定点的加速度特性进行了分析，以反映振动与电磁力之间的映射关系，同时便于与实验数据进行对比。

1. 应力

（1）QFSN-600-2YHG 汽轮发电机（转子转频 50Hz，$p=1$）

鉴于定子绕组的三相对称性，在此仅分析 A 相端部绕组的机械响应。仿真计算得到的 A 相绕组的最大应力分布如图 2.4-28 所示。由图 2.4-28 可知，端部绕组的根部应力最大，这一结果合理地解释了图 1. 2-1c 中的定子绕组根部破坏现象。另外，渐开线中部和鼻端部位应力也较大。这几处位置在发电机运行过程中强度较低，容易造成疲劳断裂，设计加工中可采取一些强化措施，例如采用增大根部和鼻端的过渡圆角半径，渐开线中部增加防护套等方式进行减载和保护。

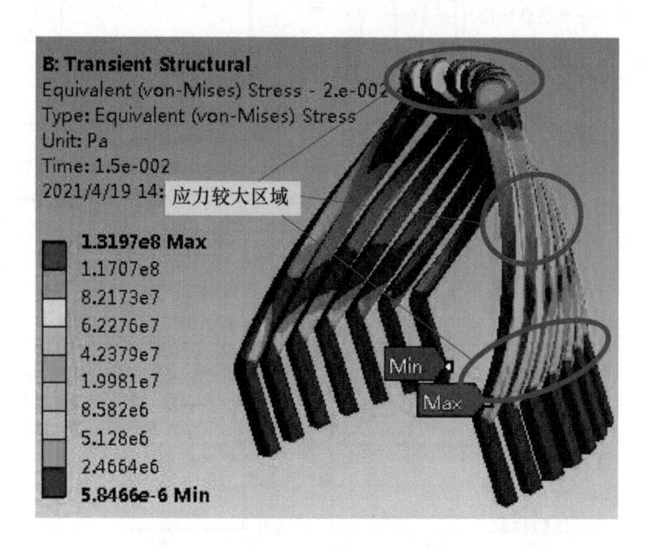

图 2. 4-28　A 相绕组应力分布（应力最大时刻）（彩图见插页）

为了进一步获取和对比不同线圈的应力大小，详细分析了各线圈的最大应力，如图 2. 4-29 所示，各线圈最大应力均发生在渐开线根部位置。

将各线圈最大应力发生时刻及应力值汇总，见表 2. 4-4。由表可知，同一相内各线圈的最大应力发生在不同时刻，但均在 A 相最大电流时刻（$t=15.4\text{ms}$）附近；其中相间线圈的应力较大，如 1 和 7 号，日常检测中应重点关注。

表 2. 4-4　A 相绕组最大应力及发生时刻

线圈编号	1	2	3	4	5	6	7
时刻/ms	15. 0	15. 0	15. 0	15. 0	15. 5	16. 0	16. 5
最大应力/MPa	132. 0	89. 9	89. 1	90. 0	92. 0	90. 3	118. 8

图 2. 4-30 展示了 34 号线圈几个不同时刻的应力分布图。由图 2. 4-30 可知，线圈的最大应力主要出现在渐开线的中部、根部和鼻端部位。为了更加详细地研究最大应力的分布特点，在 34 号线圈的鼻端和上层渐开线表面上设置了 17 个分析点（见图 2. 4-31），获取了各处的最大应力，结果如图 2. 4-32 所示。分析发现，鼻端 A 点、渐开线根部 R 点和渐开线中部 H-I 位置的最大应力较大。

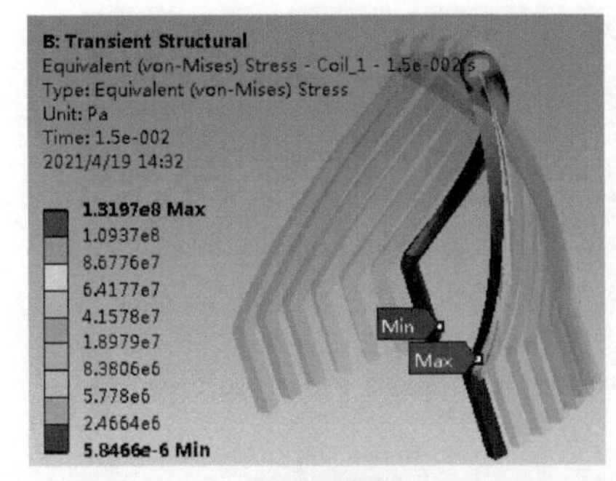

a) 1号线圈

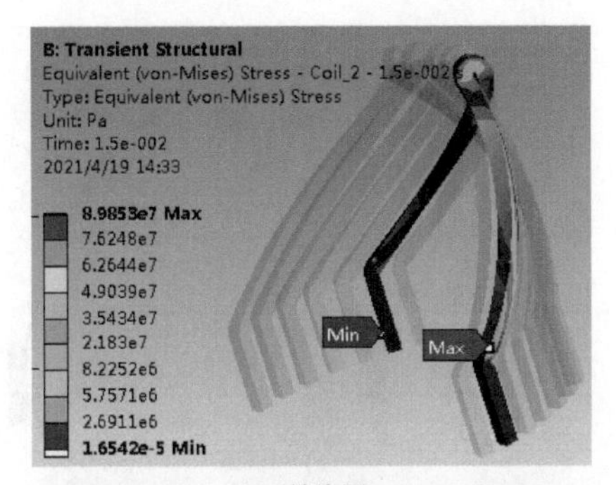

b) 2号线圈

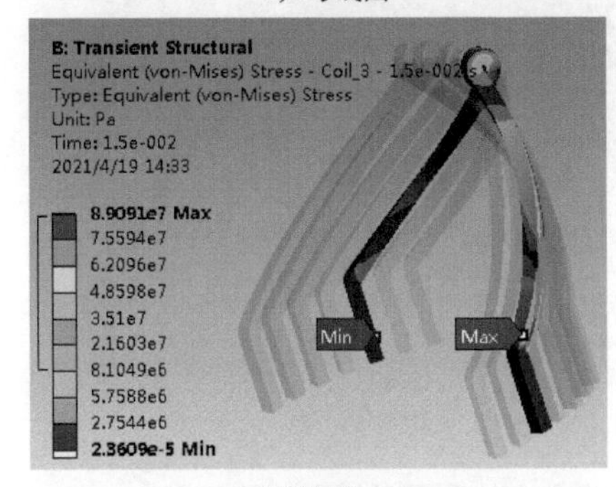

c) 3号线圈

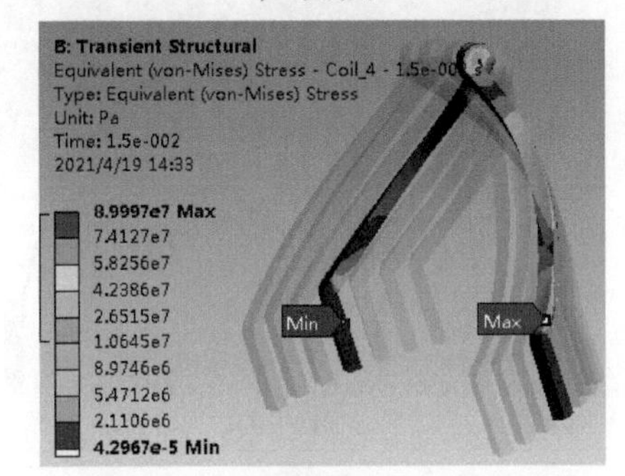

d) 4号线圈

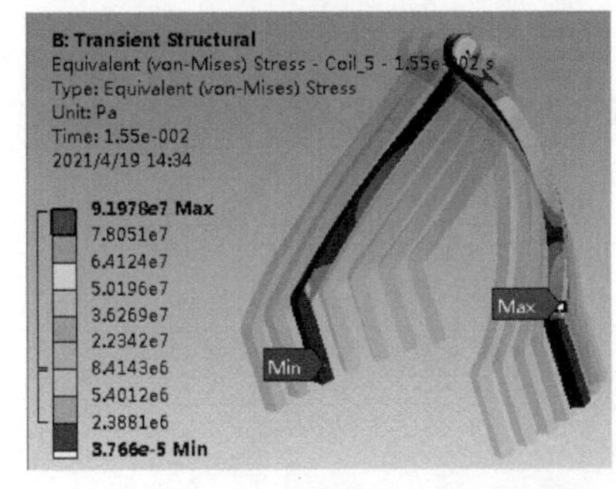

e) 5号线圈

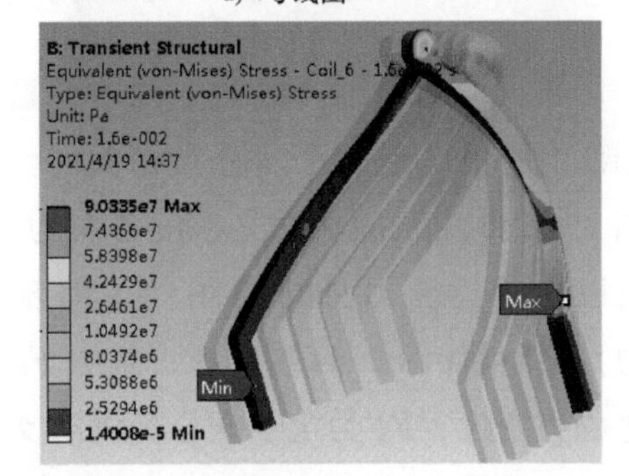

f) 6号线圈

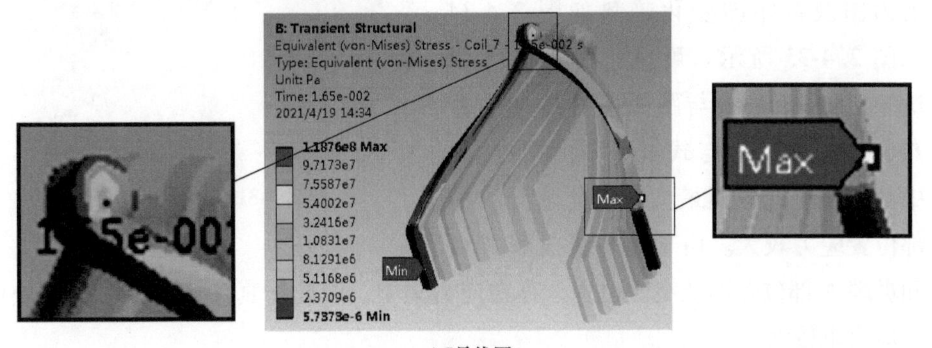

g) 7号线圈

图 2.4-29　A 相各线圈最大应力（彩图见插页）

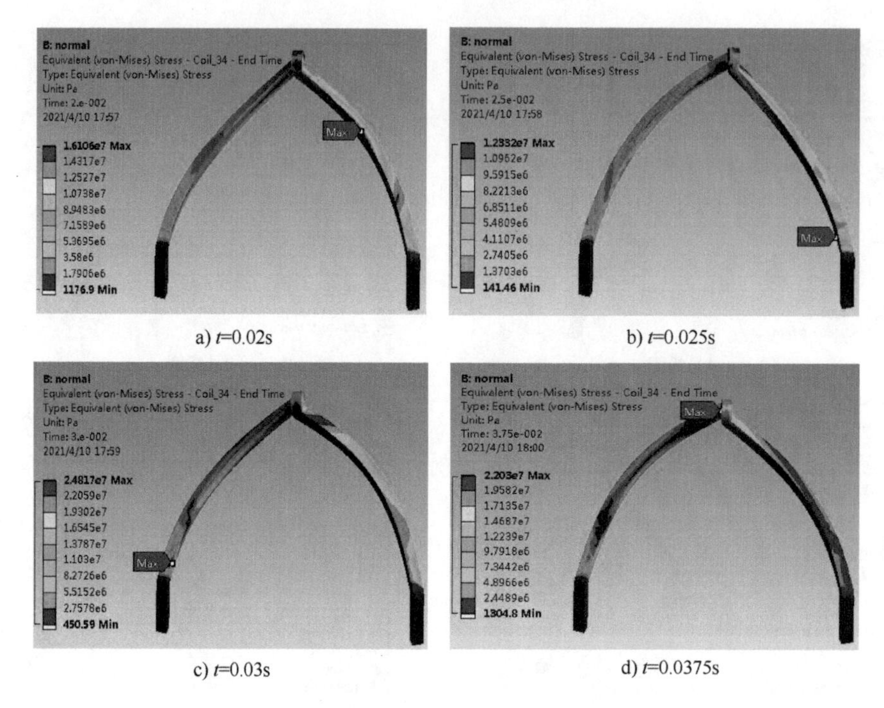

a) t=0.02s　　b) t=0.025s

c) t=0.03s　　d) t=0.0375s

图 2.4-30　34 号线圈不同时刻应力分布（彩图见插页）

最大应力沿渐开线的变化趋势是与端部绕组的电磁力密度分布相关的。以图 2.4-21b 中所示电磁力密度分布为例，可以绘制出受力分析简图（忽略轴向力），结果如图 2.4-33 所示，其中 F_{Ik} 为电磁力密度，F_1 为定子铁心提供的支反力，F_2 是由下层渐开线造成的拖拽力。剪力图及弯矩图变化趋势如图 2.4-34 和图 2.4-35 所示。可见，图 2.4-35 中 D—M 的弯矩分布与图 2.4-32 的应力分布非常相似，这与式（4-16）相吻合。中部 I 点附近弯矩最大，因此渐开线中部位置应力较大。由于渐开线根部 R 点和鼻端 A 部位是形状突变位置，存在应力集中，因此仿真计算结果中这两处位置应力也较大。

图 2.4-31　分析点布置

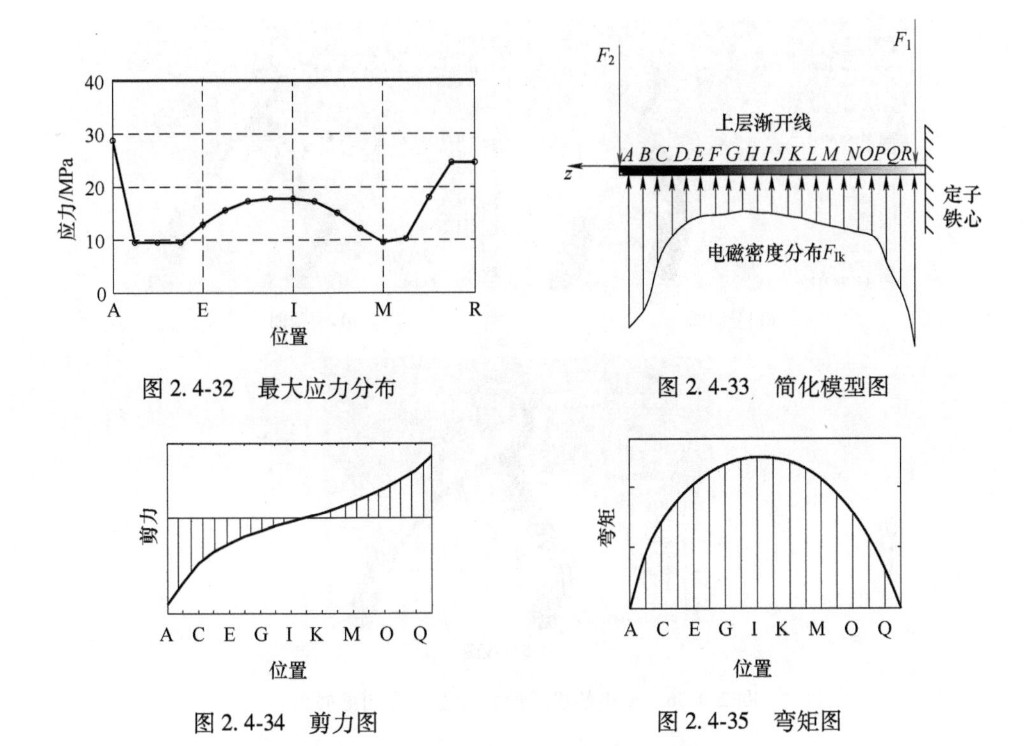

图 2.4-32　最大应力分布

图 2.4-33　简化模型图

图 2.4-34　剪力图

图 2.4-35　弯矩图

（2）MJF-30-6 故障模拟机（转子转频 16.7Hz，$p=3$）

图 2.4-36 详细展示了 A 相各线圈的最大应力，最大应力均发生在渐开线根部位置，鼻端芯部位置应力也较大，其中相间线圈 3 号的应力最大，这与 QFSN-600-2YHG 汽轮发电机模型所得结论是相同的。鉴于两模型的应力分布规律类似，MJF-30-6 故障模拟机端部绕组渐开线部分的最大应力分布不再赘述。

2. 位移

（1）QFSN-600-2YHG 汽轮发电机（转子机械转频 50Hz，$p=1$）

计算得到的 A 相绕组最大位移分布如图 2.4-37 所示。由图 2.4-37 可知，端部绕组的渐开线鼻端部位位移最大，渐开线中部位移次之。这一结果充分地解释了图 1.2-1a、b 中的端部绕组磨损现象。这几处位置在发电机运行中振动幅值较大，容易造成绝缘材料的错位性磨损，设计加工中可采取一些耐磨措施，如增加防护涂层等。

为深入分析各个线圈的最大位移差异，本节还详细分析了各线圈的最大位移情况，结果如图 2.4-38 所示，各线圈最大位移均发生在鼻端顶部或渐开线中上部位，各线圈的最大位移量及发生时刻汇总见表 2.4-5。由表 2.4-5 可知，同一相内各线圈的最大位移发生在不同时刻，且数值不同。其中相间线圈的位移

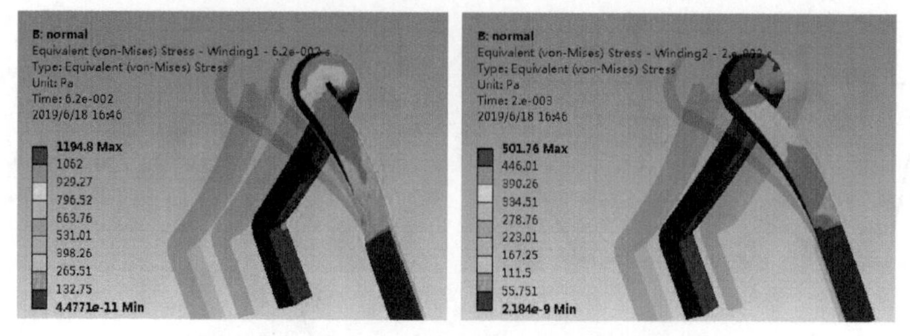

a) 1号线圈　　　　b) 2号线圈

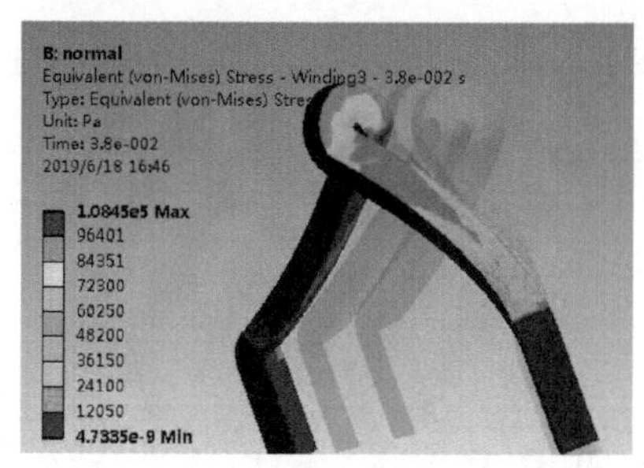

c) 3号线圈

图 2.4-36　A 相各线圈最大应力（彩图见插页）

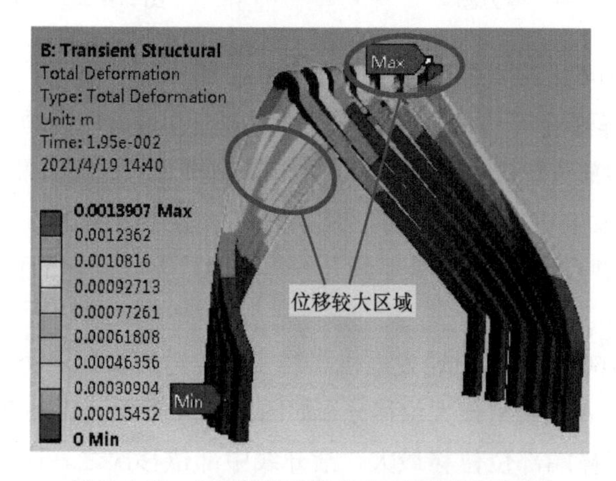

图 2.4-37　A 相绕组位移分布（彩图见插页）

较大，如 1 号、2 号和 7 号线圈，日常检测中应给予重点关注。

表 2.4-5　A 相绕组最大位移量及发生时刻

线圈编号	1	2	3	4	5	6	7
时刻/ms	19.5	19.5	15.0	15.5	15.5	16.0	16.5
最大位移/mm	1.39	0.81	0.60	0.51	0.46	0.66	0.76

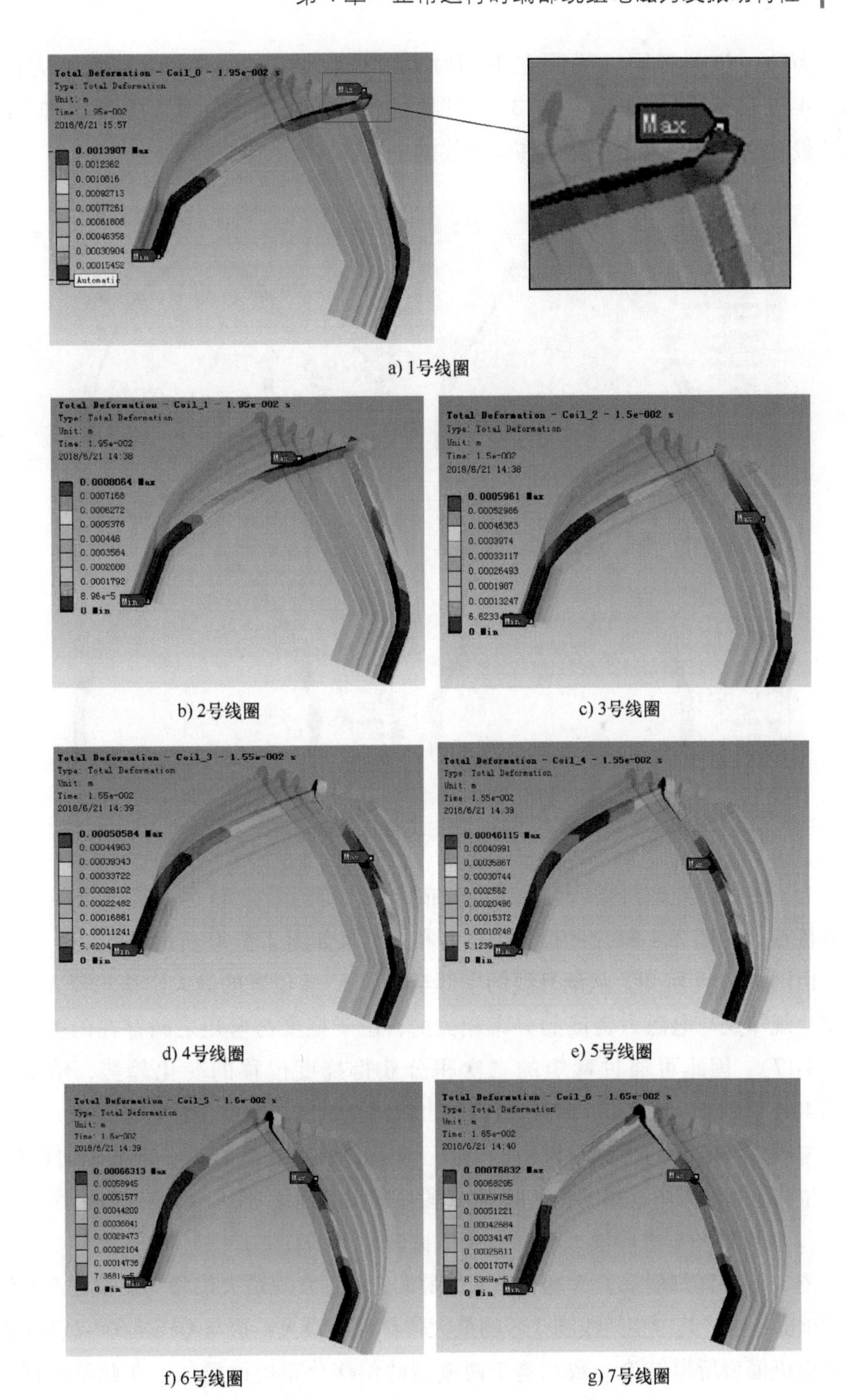

a) 1号线圈

b) 2号线圈　　c) 3号线圈

d) 4号线圈　　e) 5号线圈

f) 6号线圈　　g) 7号线圈

图 2.4-38　A 相各线圈最大位移（彩图见插页）

为进一步分析同一线圈在不同时刻的位移情况，选取 34 号线圈为例，图 2. 4-39 展示了几个不同时刻 34 号线圈的位移分布图。由图 2. 4-39 可知，线圈的最大位移主要发生在鼻端和渐开线的中上部。

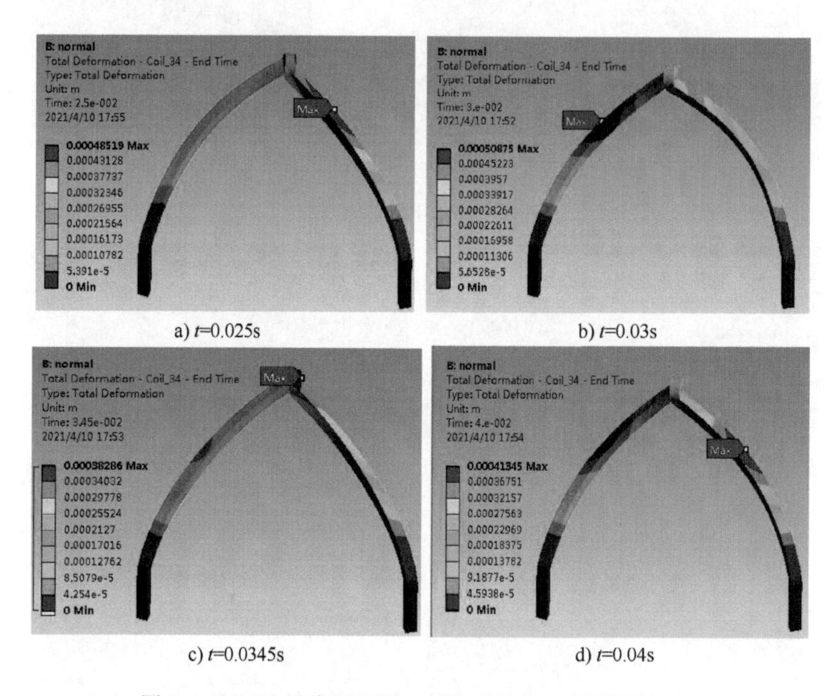

a) t=0.025s　　b) t=0.03s

c) t=0.0345s　　d) t=0.04s

图 2. 4-39　34 号线圈不同时刻位移分布（彩图见插页）

为了更加详细地研究最大位移的分布特点，得到了在 34 号上层渐开线上 17 个分析点（见图 2. 4-31）的最大位移分布，结果如图 2. 4-40 所示。

由图 2. 4-40 可知，从渐开线的中部至端部 A—I 位置的最大位移均较大。这种变化规律是与电磁力密度的分布相关的，由于挠度与弯矩之间存在的关系见式（4-17），因此可通过弯矩的二次积分获得挠度位移的变化趋势，结果如图 2. 4-41 所示。从图 2. 4-41 可以看出，由根部至端部，挠曲位移逐渐增大，变化趋势与图 2. 4-40 中的仿真结果相似。由于实际结构中还存在着一定的轴向位移，因此位移仿真结果中线圈的中上部 B—I 段位移没有继续增加，而是近似相等。

（2）MJF-30-6 故障模拟机（转子机械转频 16. 7Hz，$p=3$）

图 2. 4-42 详细展示了 A 相各线圈的最大位移，发现最大位移均发生在渐开线鼻端顶部位置，其中相间线圈 3 号的最大位移数值最大，这与 QFSN-600-2YHG 汽轮发电机模型所得结论一致。鉴于两模型的位移分布规律类似，在此不再详细分析 MJF-30-6 故障模拟机端部渐开线部分的最大位移。

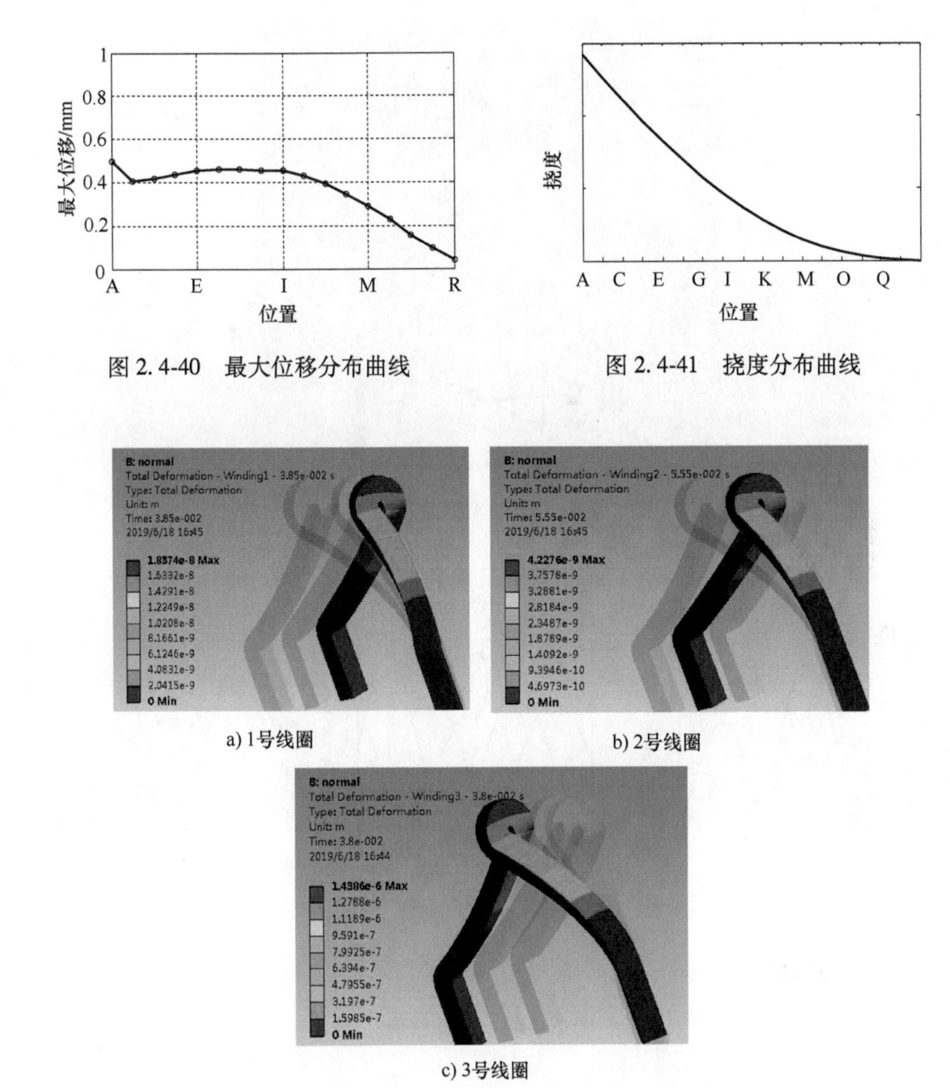

图 2. 4-40　最大位移分布曲线

图 2. 4-41　挠度分布曲线

a) 1号线圈

b) 2号线圈

c) 3号线圈

图 2. 4-42　A 相各线圈最大位移（彩图见插页）

3. 振动加速度

鉴于两模型仿真结果类似，本节仅以 QFSN-600-2YHG 汽轮发电机为代表对端部绕组的振动响应进行详细分析，以验证电磁力与振动之间的映射关系。

由于渐开线中上部位移较大，选取 34 号线圈渐开线中上部一点 E 进行重点分析，如图 2. 4-43 所示。建立圆柱坐标系，获取该点三向振动位移、速度、加速度波形，结果如图 2. 4-44 所示。由图 2. 4-44 可知，加速度的数量级远远超过了位移和速度。

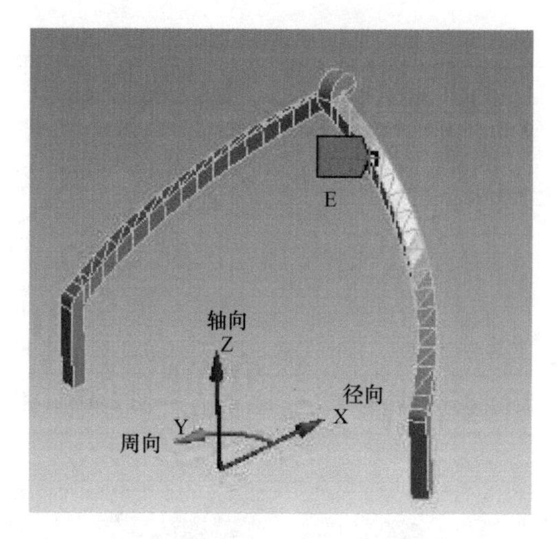

图 2.4-43 圆柱坐标系及分析点

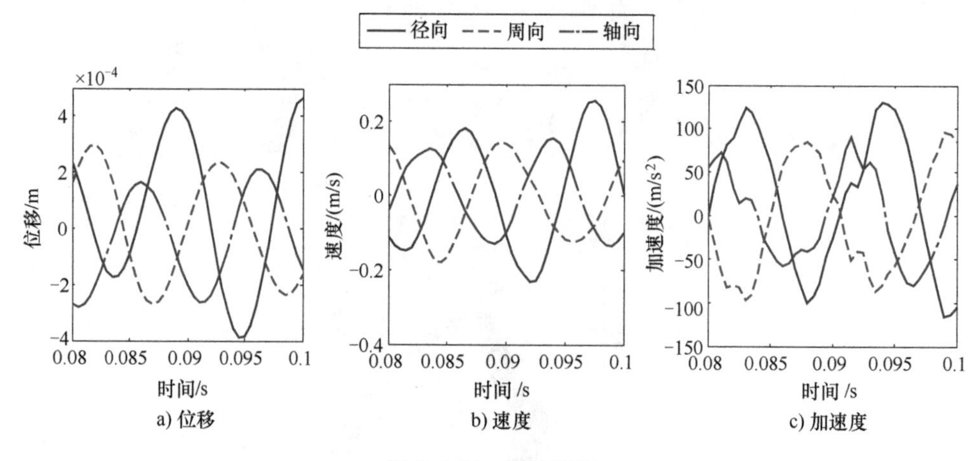

a) 位移　b) 速度　c) 加速度

图 2.4-44 振动波形

由于端部绕组分为两层（见图 2.4-8c），轴向和径向振动主要引起同层相邻线圈之间的磨损，如图 2.4-45 所示。而轴向和周向振动会引发两层线圈之间的磨损，如图 2.4-46 所示。图 2.4-44a 显示，径向上的位移幅值大于轴向和周向，因此端部绕组的同层磨损大于异层磨损。

34 号线圈 E 部位一点的三向加速度频谱如图 2.4-47 所示。由图 2.4-47 可见，径向振动最大，轴向和周向振动较小。这与图 2.4-25 中三向电磁力的大小关系是一致的。另外，各振动频谱中均含有明显的 100Hz（$2\omega_r$，2ω）频率成分，这与式（4-13）的理论分析结果相一致，同时也与图 2.4-25 的电磁力仿真结果相吻合。反应了电磁力激励与振动加速度响应之间的同频映射关系。

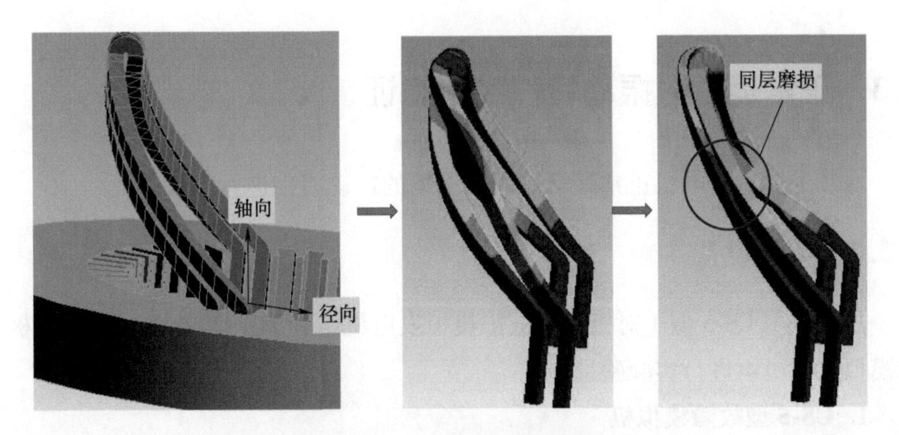

图 2.4-45　同层线圈磨损示意图

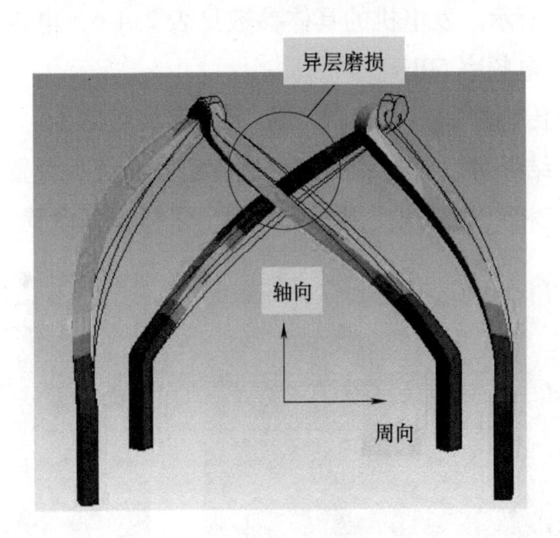

图 2.4-46　异层线圈磨损示意图

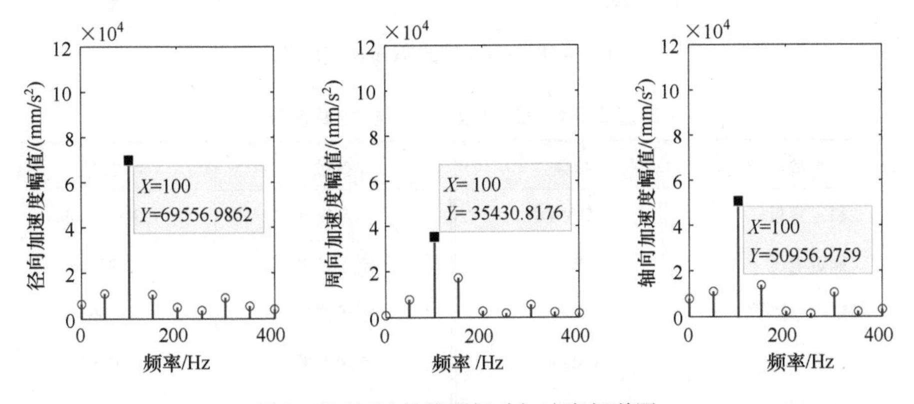

图 2.4-47　34 号线圈振动加速度频谱图

4.3 正常运行时振动特性实验验证

本节主要对发电机正常运行时端部绕组的振动特性进行实验验证。

4.3.1 实验设备

分别采用 CS-5 型 1 对极隐极故障模拟发电机组和 MJF-30-6 型 3 对极隐极故障模拟发电机组进行实验验证。

1. CS-5 型故障模拟机

河北省电力机械装备健康维护与失效预防重点实验室的 CS-5 型故障模拟发电机组如图 2.4-48 所示。发电机的具体参数见表 2.4-6，电机极对数为 1，转子机械转频为 50Hz，电频率 50Hz。

实验中加速度传感器通过双面胶纸贴于端部绕组之上，无法测量单根绕组振动情况，但测量结果可以对仿真和理论进行定性验证；设置励磁电流为 1.0A，励磁电压约 4V，三相负载滑线变阻器 1000Ω，采样频率设置为 5000Hz。

a) 实验机

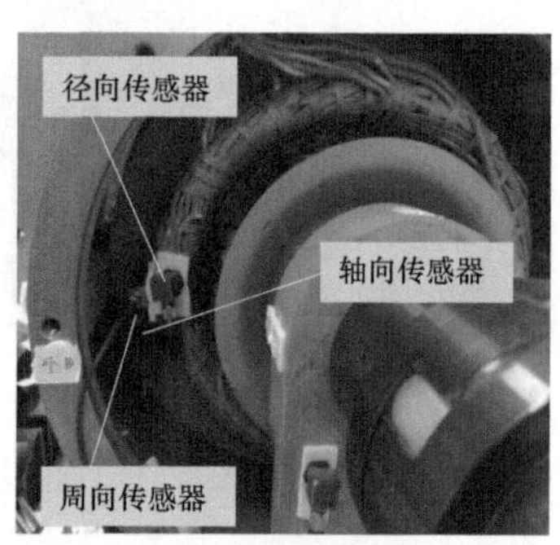

b) 传感器布置

图 2.4-48 CS-5 型故障模拟实验机

表 2.4-6 CS-5 故障模拟机主要参数

参数	数值	参数	数值
额定容量	5kVA	额定转速	3000r/min
额定电压	380V	定子长度	292mm
额定功率因数	0.8	定子槽数	36
气隙长度	1.2mm	节距系数	0.83
极对数	1	并联支路数	2

2. MJF-30-6 型故障模拟发电机组

华北电力大学新能源电力系统国家重点实验室的 MJF-30-6 型故障模拟发电机组如图 2.4-49a 所示。发电机为 3 对极，对应转子机械转频为 16.7Hz，电频率 50Hz。实验中，3 个加速度传感器采用橡皮泥分别固定于端部绕组的径向、轴向和周向方向，如图 2.4-49b 所示。实验过程中励磁电流为 1A，带负载 300W，设置采样频率为 5000Hz。

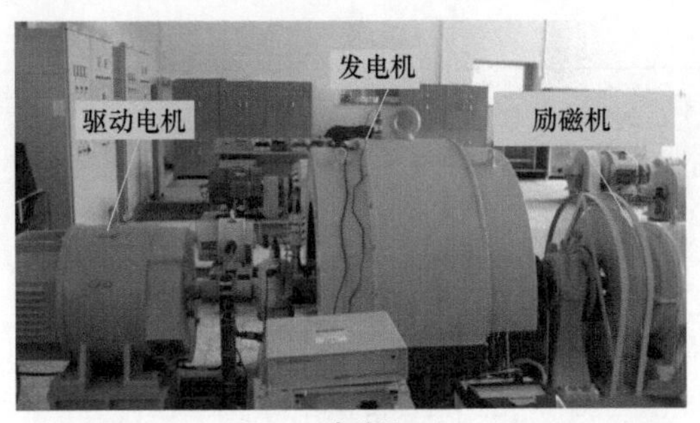

a) 实验机

b) 传感器布置

图 2.4-49　MJF-30-6 型故障模拟实验机

4.3.2　实验结果

实验测取的两套模拟机组端部绕组三向振动加速度波形及频谱如图 2.4-50 和图 2.4-51 所示。

图 2.4-50 中，CS-5 型故障模拟实验机端部绕组三向振动均包含明显的 100Hz 频率成分（$2\omega_r,2\omega$），这一结果与式（4-13）的理论分析结果一致。此外，在绕组径向、轴向和周向的振动分量中，径向振动的二倍频幅值最大，这与图 2.4-47 所展现的仿真结果吻合。

值得注意的是，除二倍频外，其三倍转频振动成分（150Hz）也较大，经多方查找原因，发现机组轴承座在 150Hz 附近存在一阶固有频率。

由图 2.4-51 可知，MJF-30-6 型模拟实验机组（机械转频 16.7Hz，极对数 $p=3$）端部绕组的轴向、径向和周向振动均包含明显的 100Hz 频率成分，即它们都包含了明显的 $6\omega_r(2\omega)$ 成分，这一结论与式（4-13）的理论分析结果相符。在实验结果中，端部绕组振动还包含了较大的 50Hz 频率成分，这是由转子振动经轴承座和壳体传递至定子铁心，再进一步传递至绕组所致。

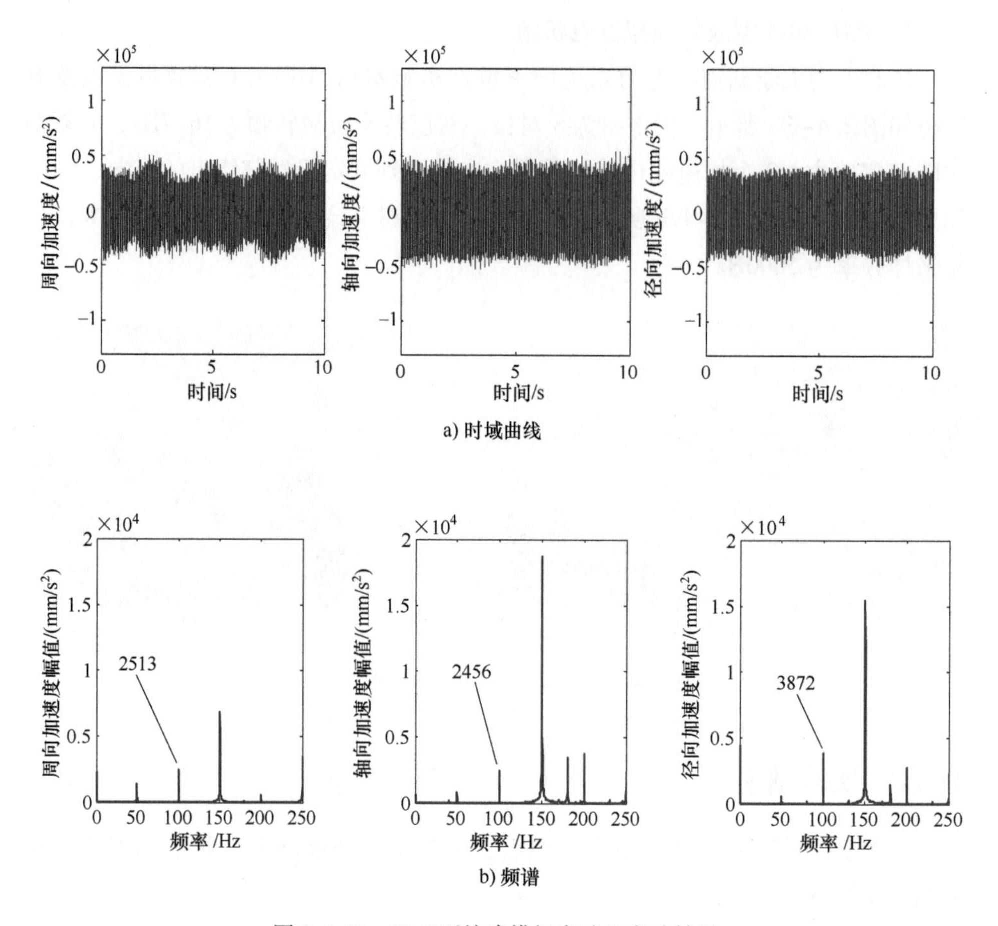

图 2.4-50　CS-5 型故障模拟实验机实验结果

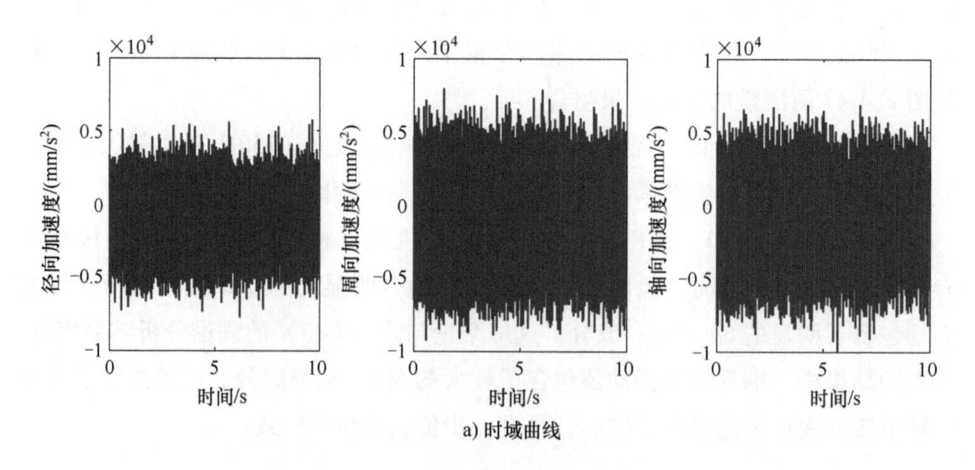

图 2.4-51　MJF-30-6 型实验机实验结果

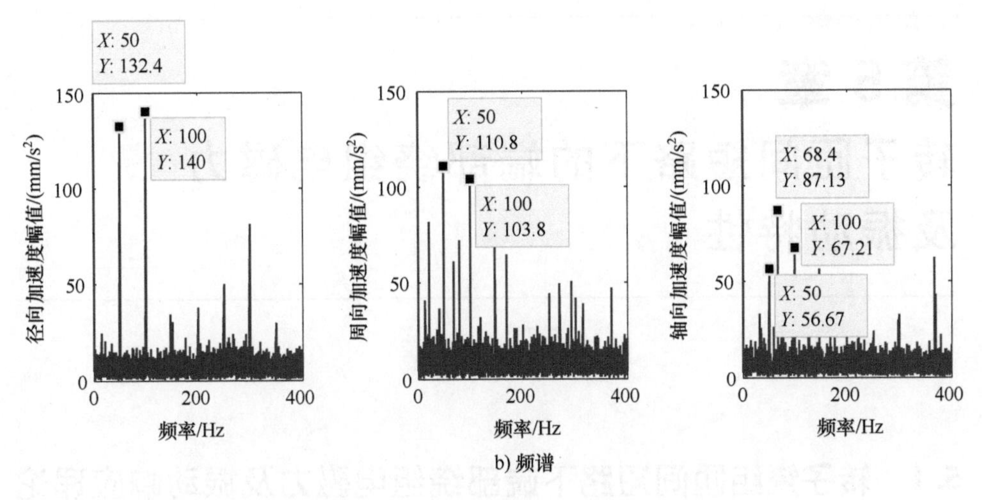

图 2. 4-51　MJF-30-6 型实验机实验结果（续）

4.4　本章小结

本章对正常运行下的发电机端部绕组电磁力和机械响应进行了理论推导分析、三维有限元仿真计算和模拟实验验证，得到的主要结论如下：

1）气隙磁密只包含奇次谐波；沿周向，最大磁密位置落后转子大齿位置一定相角；沿轴向，磁密随着与铁心中心位置距离的增大而减小，出槽之后约铁心半长处开始急剧减小。

2）端部线圈径向电磁力背离轴线，轴向电磁力指向端部，易造成端部线圈远离铁心方向产生变形；周向电磁力随时间有明显的方向变化，其均值方向与转子的转动方向相同，会使绕组产生沿转子转向上的变形。

3）端部绕组电磁力包含直流及 $2np\omega_r$（即 $2n\omega, n=1,2,3\cdots$）频率成分，相隔 60°位置上的各线圈二倍频电磁力幅值近似相等，径向电磁力幅值最大，周向和轴向电磁力幅值较小；幅值较大的线圈均位于两相相间，这些线圈会产生较大的振动磨损。

4）相间线圈的最大应力和最大位移较大，设计、加工及日常检测中应重点关注；渐开线的根部、中部和鼻端部位的应力较大，这些部位疲劳强度较低，可考虑在设计加工中采取强化措施；渐开线中上部位位移较大，此部位会承受较大的振动磨损，可考虑增加防护涂层等方式来预防失效；另外，端部绕组径向振动最大，轴向和周向振动较小，端部绕组的同层磨损大于异层磨损。

第 5 章
转子匝间短路下的端部绕组电磁力及振动特性

5.1 转子绕组匝间短路下端部绕组电磁力及振动响应理论解析

5.1.1 转子绕组匝间短路下气隙磁密

转子绕组匝间短路时，短路匝回路会产生一定的反向磁动势。如图 2.5-1 所示，定义短路位置为 β'，当极对数为 p 时，$\beta' \in (0\sim\pi/p)$。根据磁通守恒定律，可得反向磁动势的分布如图 2.5-2 所示，其表达式

$$F_{\mathrm{d}}(\alpha)=\begin{cases}-\dfrac{I_{\mathrm{f}}n_{\mathrm{m}}(\pi-\beta')}{\pi} & -\beta'\leqslant\alpha\leqslant\beta' \\ \dfrac{I_{\mathrm{f}}n_{\mathrm{m}}\beta'}{\pi} & \text{其他}\end{cases} \tag{5-1}$$

式中，α 为周向位置；I_{f}为短路匝电流（A）；n_{m}为短路匝数。

将反向磁动势展开为傅里叶级数为

$$\begin{cases}F_{\mathrm{d}}(\alpha)=a_0+\sum\limits_{k=1}^{\infty}a_k\cos(k\alpha)+b_k\sin(k\alpha) \\ a_0=\dfrac{1}{2\pi}\displaystyle\int_{-\pi}^{\pi}F_{\mathrm{d}}(\alpha)\mathrm{d}\alpha=0 \\ a_k=\dfrac{1}{\pi}\displaystyle\int_{-\pi}^{\pi}F_{\mathrm{d}}(\alpha)\cos(k\alpha)\mathrm{d}\alpha=-\dfrac{2I_{\mathrm{f}}n_{\mathrm{m}}\sin(k\beta')}{k\pi} \\ b_k=\dfrac{1}{\pi}\displaystyle\int_{-\pi}^{\pi}F_{\mathrm{d}}(\alpha)\sin(k\alpha)\mathrm{d}\alpha=0\end{cases} \tag{5-2}$$

考虑到转子以角速度 ω_{r}匀速转动，反向磁动势最终可以描述为

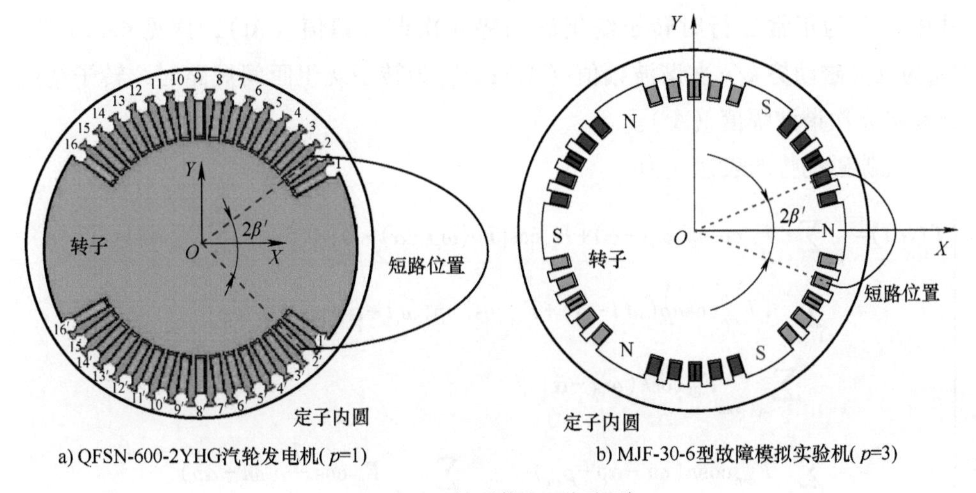

图 2. 5-1　转子绕组匝间短路

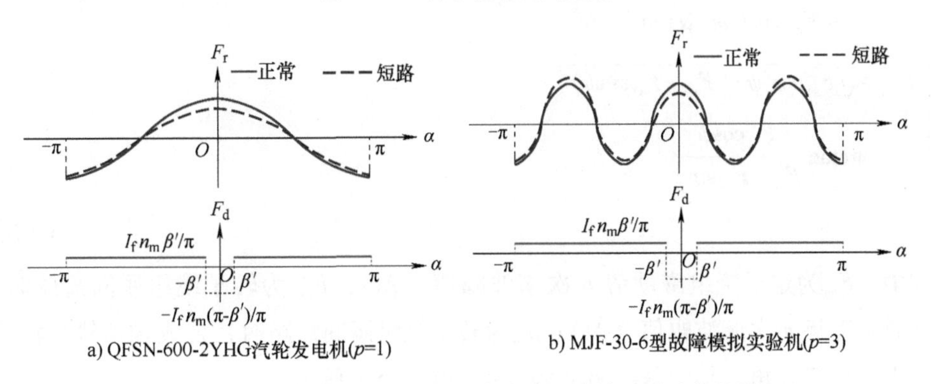

图 2. 5-2　反向磁动势分布图（仅考虑正常转子磁动势基波）

$$\begin{cases} F_{\mathrm{d}}(\alpha)=-\sum\limits_{k=1}^{\infty} F_{\mathrm{d}k}\cos k(\omega_{\mathrm{r}}t-\alpha) \\ F_{\mathrm{d}k}=\dfrac{2I_{\mathrm{f}}n_{\mathrm{m}}\sin(k\beta')}{k\pi} \end{cases} \tag{5-3}$$

因此，短路后的转子绕组磁动势为

$$\begin{cases} f_{\mathrm{rs}}(\alpha,t)=\sum\limits_{n=1,3,5\cdots} F_{\mathrm{r}n}\cos np(\omega_{\mathrm{r}}t-\alpha)-\sum\limits_{k=1}^{\infty} F_{\mathrm{d}k}\cos k(\omega_{\mathrm{r}}t-\alpha) \\ \quad =\sum\limits_{n=1,3,5\cdots} F_{\mathrm{rs}n}\cos np(\omega_{\mathrm{r}}t-\alpha)-\sum\limits_{k=1,2,3\cdots\text{且}k\neq np} F_{\mathrm{d}k}\cos k(\omega_{\mathrm{r}}t-\alpha) \\ \quad =\sum\limits_{n=1,3,5\cdots} F_{\mathrm{rs}n}\cos n(\omega t-\alpha p)-\sum\limits_{k=1,2,3\cdots\text{且}k\neq np} F_{\mathrm{d}k}\cos \dfrac{k}{p}(\omega t-\alpha p) \\ F_{\mathrm{rs}n}=F_{\mathrm{r}n}-F_{\mathrm{d}k}\text{，其中 } k=np \end{cases} \tag{5-4}$$

式中，F_{rn}为正常运行时转子绕组磁动势 n 次谐波幅值（At），详见 4.2.1 节；F_{dk}为反向磁动势 k/p 次谐波幅值（At）；F_{rsn}为转子绕组匝间短路时，转子绕组磁动势 n 次谐波幅值（At）。

气隙磁动势的表达式为

$$\begin{cases} f_s(\alpha,t) = \sum\limits_{n=1,3,5\cdots} F_{rn}\cos np(\omega_r t-\alpha) + F_{sn}\cos[np(\omega_r t-\alpha)-\psi-0.5\pi] - \sum\limits_{k=1}^{\infty} F_{dk}\cos k(\omega_r t-\alpha) \\ \quad = \sum\limits_{n=1,3,5\cdots} [F_{rsn}\cos np(\omega_r t-\alpha)+F_{sn}\cos[np(\omega_r t-\alpha)-\psi-0.5\pi]] - \\ \qquad \sum\limits_{k=1,2,3\cdots \text{且} k\neq np} F_{dk}\cos k(\omega_r t-\alpha) \\ \quad = \sum\limits_{n=1,3,5\cdots} F_{csn}\cos n(\omega t-\alpha p-\rho_{sn}) - \sum\limits_{k=1,2,3\cdots \text{且} k\neq np} F_{dk}\cos\frac{k}{p}(\omega t-\alpha p) \\ \quad \approx F_{cs1}\cos(\omega t-\alpha p-\rho_{s1}) \\ F_{cs1} = \sqrt{F_{s1}^2\cos^2\psi+(F_{rs1}-F_{s1}\sin\psi)^2} \\ \rho_{s1} = \arctan\dfrac{F_{s1}\cos\psi}{F_{rs1}-F_{s1}\sin\psi} \end{cases} \tag{5-5}$$

式中，F_{sn}为定子绕组磁动势 n 次谐波幅值（At）；F_{csn}为转子绕组匝间短路时，合成磁动势 n 次谐波幅值（At）；ρ_{sn}为转子绕组匝间短路时，合成磁动势与转子绕组磁动势夹角，其中基波磁动势关系如图 2.5-3 所示。

由式（5-5）可知，转子绕组匝间短路时，气隙磁动势增加了各分数次和偶数次谐波（k/p，$k\neq np$，n 为奇数）成分，由于短路匝数与转子绕组总匝数相比较小，因此反向磁动势幅值较小，即各分数次和偶数次谐波成分较为微弱；另外，短路还造成了原奇次谐波幅值的变化，其增减取决于极对数、短路位置与谐波次数乘积的正弦 $\sin(np\beta')$。因为 $\beta'\in(0\sim\pi/p)$，所以 $p\beta'\in(0\sim\pi)$。对于反向磁动势基波而言，恒存在 $\sin(p\beta')>0$，即 $F_{dp}>0$。因此，无论短路位置在何处，反向磁动势基波为正，转子绕组磁动势基波幅值会减小。

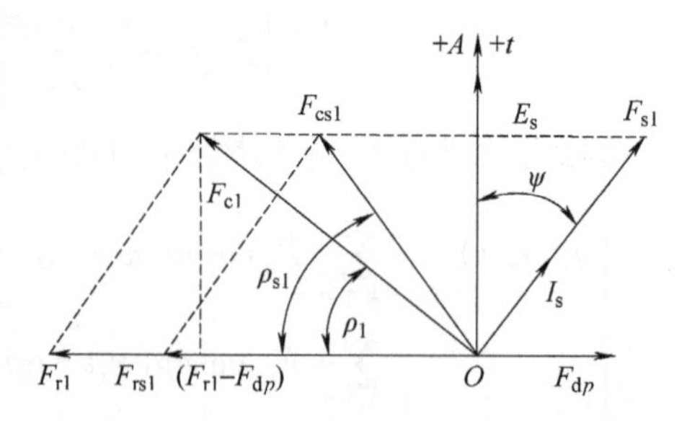

图 2.5-3　转子绕组匝间短路磁动势示意图

根据电磁感应定律，定子绕组电流可以近似描述为

$$
\begin{cases}
I_{\mathrm{s}}(t)=E_{\mathrm{s}}(t)/Z=\dfrac{2pq}{a}w_{\mathrm{s}}k_{\mathrm{w}}B_{\mathrm{rs}}Lv/Z=\dfrac{2pq}{a}w_{\mathrm{s}}k_{\mathrm{w}}f_{\mathrm{rs}}\Lambda_0 Lv/Z \\
\quad =\dfrac{2pqw_{\mathrm{s}}}{a}Lv\left(\sum\limits_{n=1,3,5\cdots}F_{\mathrm{rs}n}\cos np(\omega_{\mathrm{r}}t-\alpha)-\sum\limits_{k=1,2,3\cdots \text{且} k\neq np}F_{\mathrm{d}k}\cos k(\omega_{\mathrm{r}}t-\alpha)\right)/Z \\
\quad =\sum\limits_{n=1,3,5\cdots}I_{\mathrm{s}n}\cos[np(\omega_{\mathrm{r}}t-\alpha)-\psi-\pi/2]+\sum\limits_{k=1,2,3\cdots \text{且} k\neq np}I_{\mathrm{s}k}\cos[k(\omega_{\mathrm{r}}t-\alpha)-\psi-\pi/2] \\
\quad =\sum\limits_{n=1,3,5\cdots}I_{\mathrm{s}n}\cos[n(\omega t-\alpha p)-\psi-\pi/2)]+\sum\limits_{k=1,2,3\cdots \text{且} k\neq np}I_{\mathrm{s}k}\cos\left[\dfrac{k}{p}(\omega t-\alpha p)-\psi-\pi/2)\right] \\
I_{\mathrm{s}n}=\dfrac{2pq}{a|Z|}w_{\mathrm{s}}k_{\mathrm{w}n}\Lambda_0 LvF_{\mathrm{rs}n} \\
I_{\mathrm{s}k}=\dfrac{2pq}{a|Z|}w_{\mathrm{s}}k_{\mathrm{w}k}\Lambda_0 LvF_{\mathrm{d}k}
\end{cases}
\tag{5-6}
$$

式中，E_{s}为转子绕组匝间短路时定子相电动势（V）；B_{rs}为转子绕组匝间短路时励磁磁密（T）；$I_{\mathrm{s}n}$为转子绕组匝间短路时定子电流 n 次谐波幅值（A）；$I_{\mathrm{s}k}$为转子绕组匝间短路时定子电流 k/p 次谐波幅值（A）；其他参数含义同 4.1.1 节，此处不再赘述。

由于转子匝间短路主要是对磁动势构成影响，对于气隙磁导的影响较小，故铁心处的气隙磁密可由短路后的气隙磁动势和正常情况下的气隙磁导相乘得到

$$
\begin{aligned}
B_{\mathrm{s}}(\alpha,t)=f_{\mathrm{s}}(\alpha,t)\Lambda_0 &=\Lambda_0\left[\sum_{n=1,3,5\cdots}F_{\mathrm{cs}n}\cos np(\omega_{\mathrm{r}}t-\alpha-\rho_{\mathrm{s}n}/p)-\sum_{k=1,2,3\cdots \text{且} k\neq np}^{\infty}F_{\mathrm{d}k}\cos k(\omega_{\mathrm{r}}t-\alpha)\right] \\
&=\Lambda_0\left[\sum_{n=1,3,5\cdots}F_{\mathrm{cs}n}\cos n(\omega t-\alpha p-\rho_{\mathrm{s}n})-\sum_{k=1,2,3\cdots \text{且} k\neq np}^{\infty}F_{\mathrm{d}k}\cos\frac{k}{p}(\omega t-\alpha p)\right] \\
&\approx\Lambda_0 F_{\mathrm{cs}1}\cos(\omega t-\alpha p-\rho_{\mathrm{s}1})
\end{aligned}
\tag{5-7}
$$

对比式（5-7）和式（4-12）可见，转子绕组匝间短路后，气隙磁密的奇次谐波成分幅值将产生变化，变化趋势取决于反向磁动势方向。由于反向磁动势基波为正，所以气隙磁动势和磁密的基波幅值减小。另外，气隙磁密增加了微弱的各分数次和偶数次谐波。例如：当 $p=1(\omega=\omega_{\mathrm{r}})$ 时，正常时磁密主要包含为 ω、3ω、5ω 等奇次谐波，短路时会出现微弱的 2ω、4ω、6ω 等偶次谐波，且基波幅值会减小；当 $p=3(\omega=3\omega_{\mathrm{r}})$ 时，正常时磁密主要为 ω、3ω、5ω 等奇次谐波成分，短路时气隙磁密会出现微弱的 ω_{r}、$2\omega_{\mathrm{r}}$、$4\omega_{\mathrm{r}}$、$5\omega_{\mathrm{r}}$、$6\omega_{\mathrm{r}}$（即 $\omega/3$、

$2\omega/3$、$4\omega/3$、$5\omega/3$、2ω）等谐波成分。

5.1.2 转子绕组匝间短路下端部绕组电磁力

利用安培力定律和短路后的磁密与定子电流公式，可得端部绕组 K 点处电磁力表达式为

$$\begin{cases}\overrightarrow{F_{\mathrm{Iks}}}=f_{\mathrm{k}}\overrightarrow{B_{\mathrm{s}}}\times\overrightarrow{I_{\mathrm{s}}}\mathrm{d}l=\{\overrightarrow{F_{\mathrm{Ikxs}}},\overrightarrow{F_{\mathrm{Ikys}}},\overrightarrow{F_{\mathrm{Ikzs}}}\}\mathrm{d}l\\ F_{\mathrm{Iks}}(\alpha_I+\alpha_k,t)=f_{\mathrm{k}}B_{\mathrm{s}}I_{\mathrm{s}}\sin\theta_{\mathrm{k}}\mathrm{d}l\\ \approx\dfrac{pq}{a|Z|}f_{\mathrm{k}}qw_{\mathrm{s}}Lv\Lambda_0^2\sin\theta_{\mathrm{k}}\mathrm{d}l\\ \left(\begin{aligned}&\sum_{n=1,3,5\cdots}\sum_{j=1,3,5\cdots}k_{\mathrm{w}n}F_{\mathrm{rs}n}F_{\mathrm{cs}j}\begin{bmatrix}\cos p[(n+j)(\omega_{\mathrm{r}}t-\alpha_I)-j\alpha_k-j\rho_{\mathrm{sn}}/p-\psi-\pi/2]\\+\cos p[(n-j)(\omega_{\mathrm{r}}t-\alpha_I)-j\alpha_k-j\rho_{\mathrm{sn}}/p+\psi+\pi/2]\end{bmatrix}-\\ &\sum_{n=1,3,5\cdots}\sum_{j=1,2,3\cdots\text{且}j\neq np}k_{\mathrm{w}n}F_{\mathrm{rs}n}F_{\mathrm{d}j}\begin{bmatrix}\cos[(np+j)(\omega_{\mathrm{r}}t-\alpha_I)-j\alpha_k-\psi-\pi/2]\\+\cos[(np-j)(\omega_{\mathrm{r}}t-\alpha_I)-j\alpha_k+\psi+\pi/2]\end{bmatrix}-\\ &\sum_{n=1,3,5\cdots}\sum_{j=1,2,3\cdots\text{且}j\neq np}k_{\mathrm{w}j}F_{\mathrm{d}j}F_{\mathrm{cs}n}\begin{bmatrix}\cos[(np+j)(\omega_{\mathrm{r}}t-\alpha_I)-np\alpha_k-n\rho_{\mathrm{sn}}-\psi-\pi/2]\\+\cos[(np-j)(\omega_{\mathrm{r}}t-\alpha_I)-np\alpha_k-n\rho_{\mathrm{sn}}+\psi+\pi/2]\end{bmatrix}\end{aligned}\right)\\ \approx\dfrac{pq}{a|Z|}f_{\mathrm{k}}qw_{\mathrm{s}}k_{\mathrm{w}1}Lv\Lambda_0^2\sin\theta_{\mathrm{k}}\mathrm{d}lF_{\mathrm{rs}1}F_{\mathrm{cs}1}\begin{bmatrix}\cos p[2(\omega_{\mathrm{r}}t-\alpha_I)-\alpha_k-\rho_{\mathrm{sn}}/p-\psi-\pi/2]\\+\cos p[\alpha_k+\rho_{\mathrm{sn}}/p-\psi-\pi/2]\end{bmatrix}\end{cases}\tag{5-8}$$

式中，F_{Ikxs}、F_{Ikys}、F_{Ikzs}为转子绕组匝间短路时 K 点电磁力的直角坐标分量；B_{s}为转子绕组匝间短路时气隙磁密；I_{s}为转子绕组匝间短路时定子电流。

通过坐标变换和积分计算可以获得转子绕组匝间短路时端部绕组的三向电磁力及电磁力合力：

$$\begin{cases}F_{\mathrm{Irs}}=\displaystyle\int_{l_{\mathrm{end}}}(F_{\mathrm{Ikxs}}\cos\theta+F_{\mathrm{Ikys}}\sin\theta)\mathrm{d}l\\ F_{\mathrm{Its}}=\displaystyle\int_{l_{\mathrm{end}}}(-F_{\mathrm{Ikxs}}\sin\theta+F_{\mathrm{Ikys}}\cos\theta)\mathrm{d}l\\ F_{\mathrm{Ias}}=\displaystyle\int_{l_{\mathrm{end}}}F_{\mathrm{Ikzs}}\mathrm{d}l\\ F_{\mathrm{Is}}=\sqrt{\left(\displaystyle\int_{l_{\mathrm{end}}}F_{\mathrm{Ikxs}}\mathrm{d}l\right)^2+\left(\displaystyle\int_{l_{\mathrm{end}}}F_{\mathrm{Ikys}}\mathrm{d}l\right)^2+\left(\displaystyle\int_{l_{\mathrm{end}}}F_{\mathrm{Ikzs}}\mathrm{d}l\right)^2}\end{cases}\tag{5-9}$$

式中，F_{Irs}、F_{Its}、F_{Ias}为转子绕组匝间短路时径向、周向和轴向电磁力；F_{Is}为转子绕组匝间短路时电磁力合力；其他参数含义与前面 4.1.2 节所述相同，此处

不再赘述。

对比式（5-8）与式（4-13）可知，转子绕组匝间短路时，端部绕组电磁力的 $2np\omega_r$（n=1、2、3…）频率成分幅值会发生变化，变化趋势取决于相关阶次反向磁动势的方向和大小［与极对数、短路程度和短路位置有关，见式（5-3）］。由于反向磁动势基波 F_{dp} 为正，所以 $F_{rs1}<F_{r1}$，$F_{cs1}<F_{c1}$，详见式（5-4）和图 2.5-3，因此短路时电磁力 $2p\omega_r$ 频率成分幅值将下降，这一定性结论与极对数、短路位置和程度无关。

此外，除 $2np\omega_r$（即 $2n\omega$，偶数倍频）频率成分外，转子绕组匝间短路时端部绕组电磁力频谱中还会出现其他各倍转频成分。例如：当 $p=1(\omega=\omega_r)$ 时，正常时电磁力主要为 $2\omega_r$、$4\omega_r$、$6\omega_r$（即 2ω、4ω、6ω）等偶数倍频，短路时会出现微弱的 ω_r、$3\omega_r$、$5\omega_r$（即 ω、3ω、5ω）等奇数倍频，且 $2\omega_r$ 频率成分幅值减小；当 $p=3(\omega=3\omega_r)$ 时，正常时电磁力主要为 $6\omega_r$、$12\omega_r$、$18\omega_r$（即 2ω、4ω、6ω）等频率成分，短路时电磁力会出现微弱的 ω_r、$2\omega_r$、$3\omega_r$、$4\omega_r$、$5\omega_r$（即 $\omega/3$、$2\omega/3$、ω、$4\omega/3$、$5\omega/3$）等频率成分，且 $6\omega_r(2\omega)$ 频率成分的幅值会减小。即除偶数倍频成分外，1 对极发电机还会出现奇数倍频成分，多对极发电机还会出现奇数倍频和分数倍频成分。

5.1.3 转子绕组匝间短路下端部绕组振动响应

基于图 2.4-6，可得转子绕组匝间短路时定子端部绕组的振动响应方程：

$$m\ddot{d}(t)+c\dot{d}(t)+kd(t)=F_{Is}(t) \tag{5-10}$$

式中，$F_{Is}(t)$ 为转子绕组匝间短路时端部绕组所受电磁力；其他参数含义同 4.1.3 节。

根据电磁力激励与振动响应之间的同频对应关系，转子绕组匝间短路后端部绕组的振动加速度 $2p\omega_r(2\omega)$ 频率成分幅值也将会减小，同时会出现其他各倍机械转频成分。

5.2 转子绕组匝间短路下的电磁—结构有限元数值仿真

本节主要对一对极的 QFSN-600-2YHG 汽轮发电机和 3 对极的 MJF-30-6 故障模拟机进行转子绕组匝间短路下的端部绕组电磁力及其机械响应特性进行有限元仿真计算。

5.2.1 仿真参数设置

转子绕组匝间短路位置如图 2.5-1 所示，短路匝中心位置为 0°。将仿真模型中的短路槽励磁绕组分为正常匝和短路匝两部分，如图 2.5-4 所示。

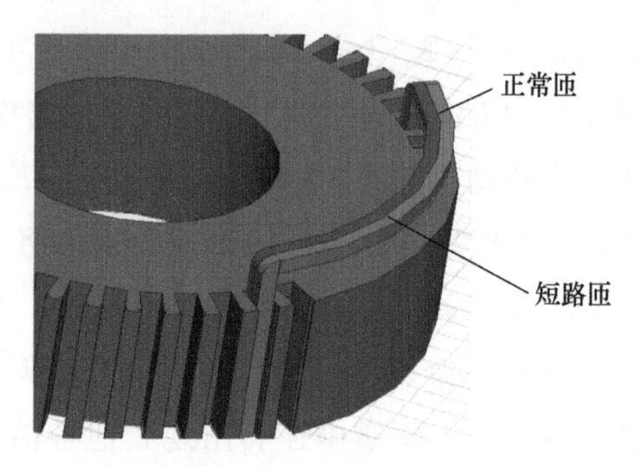

图 2.5-4 短路匝设置

短路程度设置为 5%，QFSN-600-2YHG 汽轮发电机转子绕组短路匝数 6 匝，MJF-30-6 故障模拟机短路匝数 44 匝。转子绕组匝间短路耦合的外电路模型如图 2.5-5 所示。

QFSN-600-2YHG 汽轮发电机仿真过程中转子励磁电流设置为额定励磁电流 4128A，转子转速设为同步转速 3000r/min，计算时步步长为 0.005s，仿真时间定为 0.12s。MJF-30-6 故障模拟机仿真计算过程中转子励磁电流设置为额定值 1.8A，转子转速设为 1000r/min，步长设为 0.001s，仿真计算时长为 0.36s。

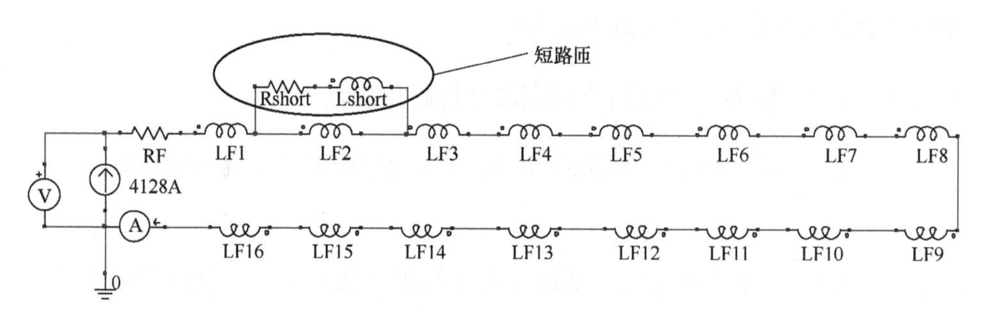

a) QFSN-600-2YHG汽轮发电机

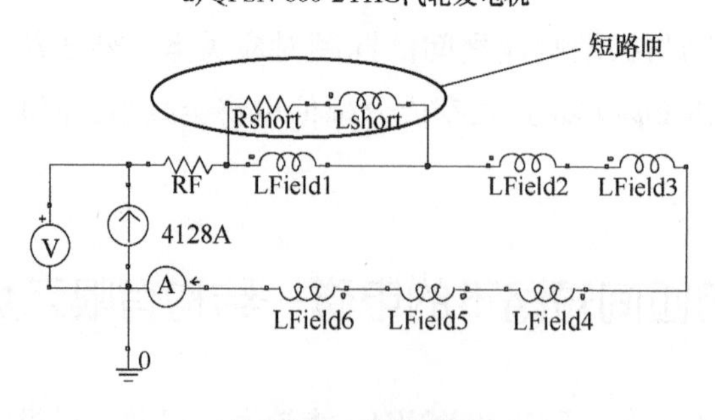

b) MJF-30-6故障模拟机

图 2.5-5 外电路模型

5.2.2　转子绕组匝间短路下气隙磁密分析

1. QFSN-600-2YHG 汽轮发电机（转子转频 50Hz，$p=1$）

转子绕组匝间短路前后，0°位置处气隙径向磁密变化曲线及频谱如图 2.5-6 所示。由图 2.5-6a 可知，磁密随时间近似呈余弦变化规律，短路后波峰处磁密有明显减小，波谷处变化不明显，这与磁动势的变化是相似的，如图 2.5-2a 所示。

由图 2.5-6b 可知，短路后，磁密除了包含明显的 50Hz 频率（基波）成分，微弱的 150Hz 和 250Hz（3ω 和 5ω）成分，还出现了 100Hz（2ω）成分；且短路后磁密 50Hz（基波）幅值减小。此结论与前面 5.1.1 节中的理论分析结果相吻合。

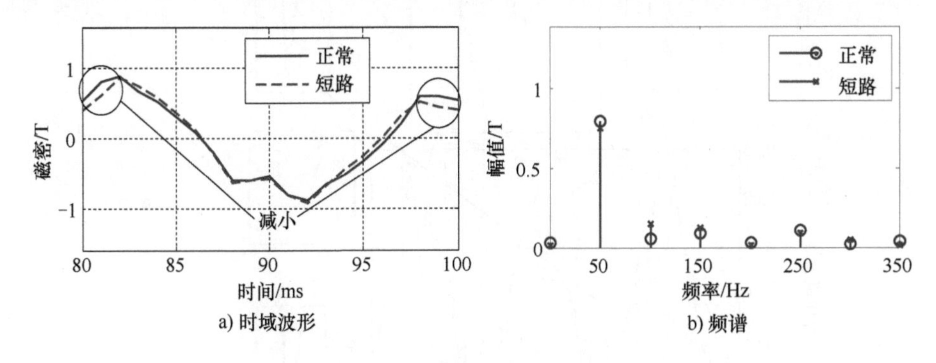

a) 时域波形　　b) 频谱

图 2.5-6　径向磁密（$p=1$）

气隙磁密除了图 2.5-6 所示的径向分量外，还存在切向分量和轴向分量，对径向、切向和轴向的磁密进行合成，可得到综合气隙磁密。$t=100$ms 时，短路前后综合气隙磁密沿圆周方向的分布曲线如图 2.5-7a 所示，由于磁动势的变化，短路后磁密在短路匝中心位置 0°附近有明显的减小，其他位置近似不变。

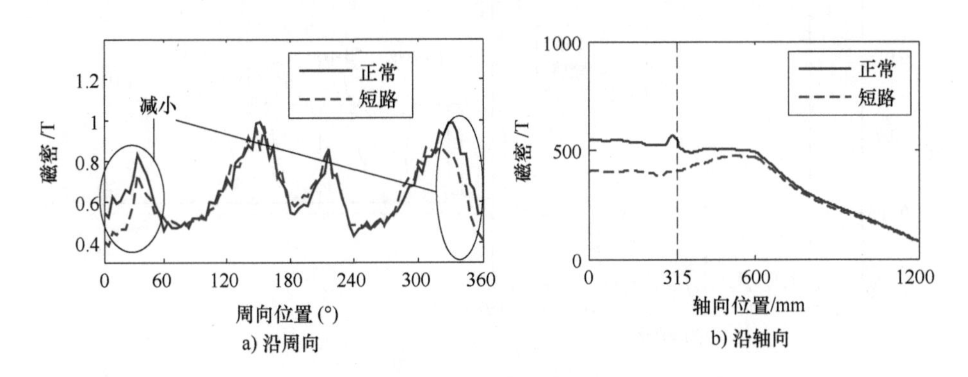

a) 沿周向　　b) 沿轴向

图 2.5-7　气隙磁密分布

0°位置气隙磁密沿轴向的分布曲线如图 2.5-7b 所示。由图 2.5-7b 可看出，短路后磁密沿轴向均有减小，其中 0~315mm 的铁心位置变化较为明显，出槽口至铁心半长位置（315~600mm）变化逐渐减小，出槽后半长至鼻端处（600mm 以后）磁密变化较小。

2. MJF-30-6 故障模拟机（转子机械转频 16.7Hz，$p=3$）

转子绕组匝间短路前后，0°位置处气隙径向磁密变化曲线及频谱如图 2.5-8 和图 2.5-9 所示。由图 2.5-8 可知，短路后在 2 号波峰处磁密有明显减小，1 号和 3 号波峰处磁密稍有增大，3 处波谷处磁密幅值稍有减小，这与磁动势的变化规律相似，如图 2.5-2b 所示。

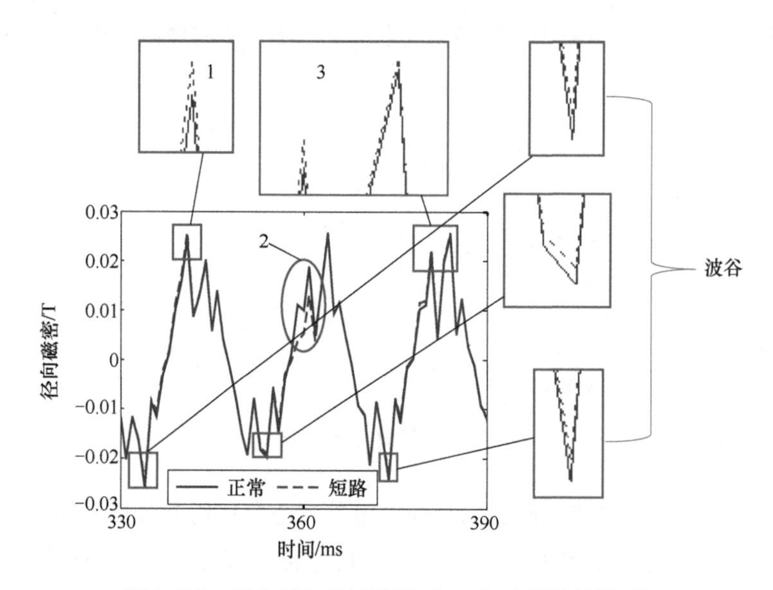

图 2.5-8 径向磁密时域波形（$p=3$）（彩图见插页）

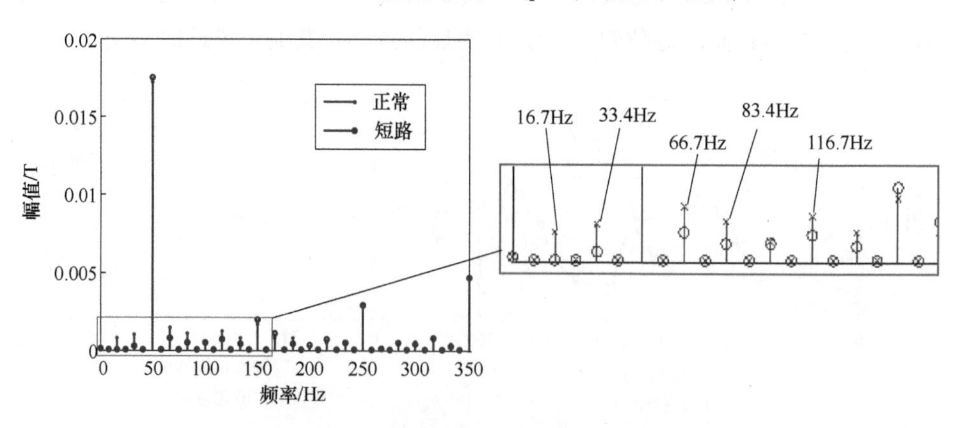

图 2.5-9 径向磁密频谱（$p=3$）（彩图见插页）

由图 2. 5-9 可看出，短路后磁密除了包含明显的 50Hz（$3\omega_r$，即 ω）频率成分，微弱的 150Hz 和 250Hz（$9\omega_r$ 和 $15\omega_r$，即 3ω 和 5ω）成分，还出现了 16. 7Hz、33. 4Hz、66. 7Hz（$1\omega_r$、$2\omega_r$ 和 $4\omega_r$，即 $\omega/3$、$2\omega/3$ 和 $4\omega/3$）等频率成分；且磁密 50Hz（$3\omega_r$，即基波 ω）幅值减小。此结论与式（5-7）理论分析结果是吻合的。

5. 2. 3　转子绕组匝间短路下端部绕组电磁力分析

1. QFSN-600-2YHG 汽轮发电机（转子机械转频 50Hz，$p=1$）

$t=100$ms 时，短路后 34 号端部线圈的电磁力密度分布如图 2. 5-10 所示。与正常情况下的电磁力密度（见图 2. 4-21a）相比，依旧是上层渐开线根部最大，下层渐开线中部和鼻端部位较大，但短路后最大电磁力密度有所减小。其电磁力密度幅值由 1.11×10^7N/m^3 降至 1.05×10^7N/m^3，这是因为在这一时刻该线圈的中心位于周向位置 0°上，而此位置正好是短路匝中心位置，由于短路后此处的磁动势减小（见图 2. 5-2），因此短路后其磁密也减小，导致电磁力也跟着减小。

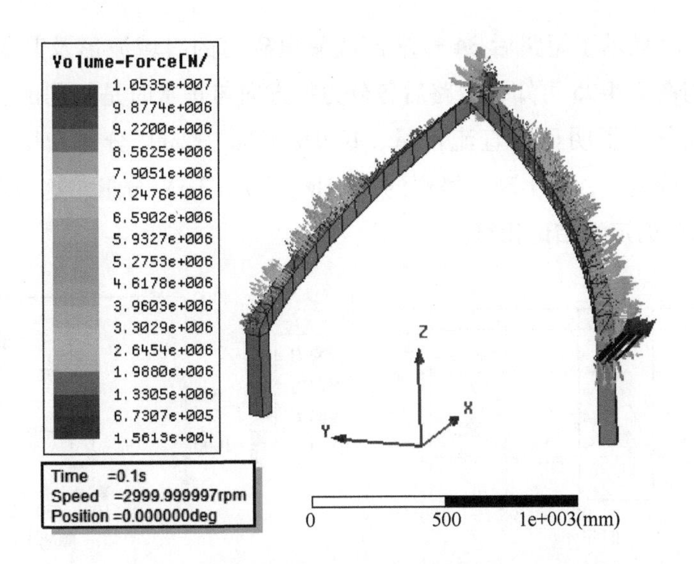

图 2. 5-10　短路后 34 号端部线圈电磁力密度分布云图（彩图见插页）

$t=100$ms 时刻，42 个端部线圈的电磁力分布如图 2. 5-11 所示。由图 2. 5-11 可知，各线圈的电磁力均有所减小，其中 29-42 号线圈的变化程度最大，8-22 号线圈其次。这是因为 34 号线圈的中心位置正好位于短路匝中心所在处，29-42

号线圈也位于短路匝中心位置附近，故在短路后其气隙磁动势有明显减小趋势；而 13 号线圈与短路匝中心位置相隔 180°，所以附近的 8-22 号线圈处的气隙磁动势稍有减小，详如图 2. 5-2a 所示。

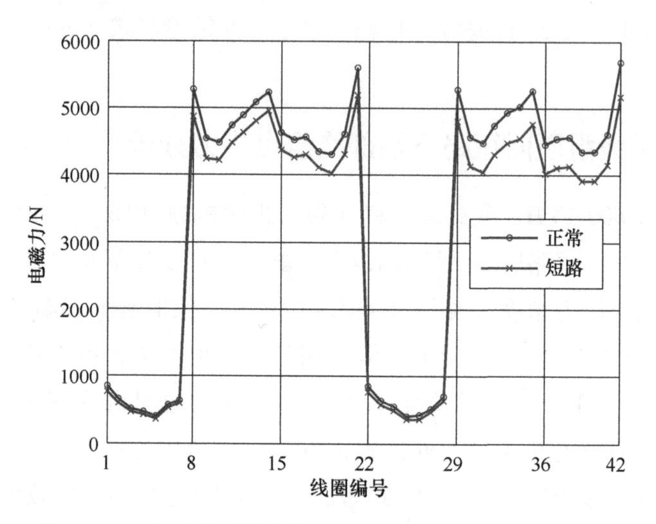

图 2. 5-11 短路前后端部绕组电磁力分布（彩图见插页）

图 2. 5-12 展示了短路后 34 号端部线圈电磁力的时域波形及其频谱。对比图 2. 5-12 与图 2. 4-25 可知，短路后各分力的方向与正常时是相同的。但各向分力的频率成分除了明显的直流常量、100Hz（$2\omega_r$，2ω）分量和微弱的 200Hz（$4\omega_r$，4ω）分量外，还出现了微弱的 150Hz（$3\omega_r$，3ω）分量，这与理论分析式（5-8）所得到的定性结论相符。

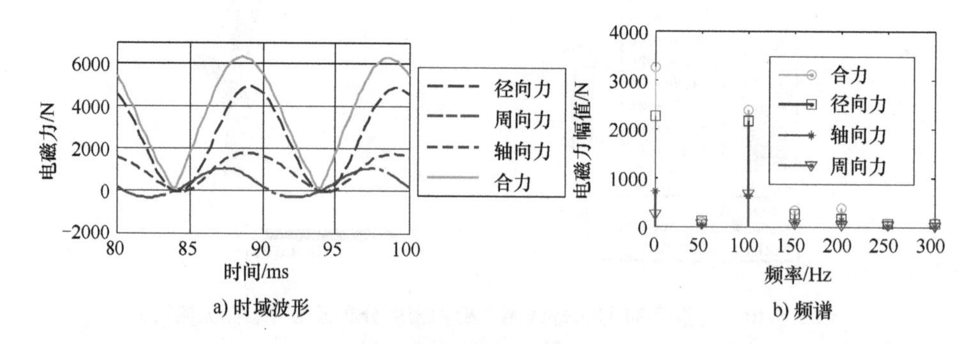

图 2. 5-12 34 号端部线圈电磁力及频谱（彩图见插页）

短路前后 42 个线圈的三向电磁力及电磁力合力的二倍频分量幅值如图 2. 5-13 所示。由图 2. 5-13 可知，相隔 60°位置上的各线圈受力幅值仍然近似相等，且相间线圈的幅值最大；但与正常情况相比，短路后各力幅值均有所下降。对应地，线圈的二倍频振动磨损也将会有所下降。

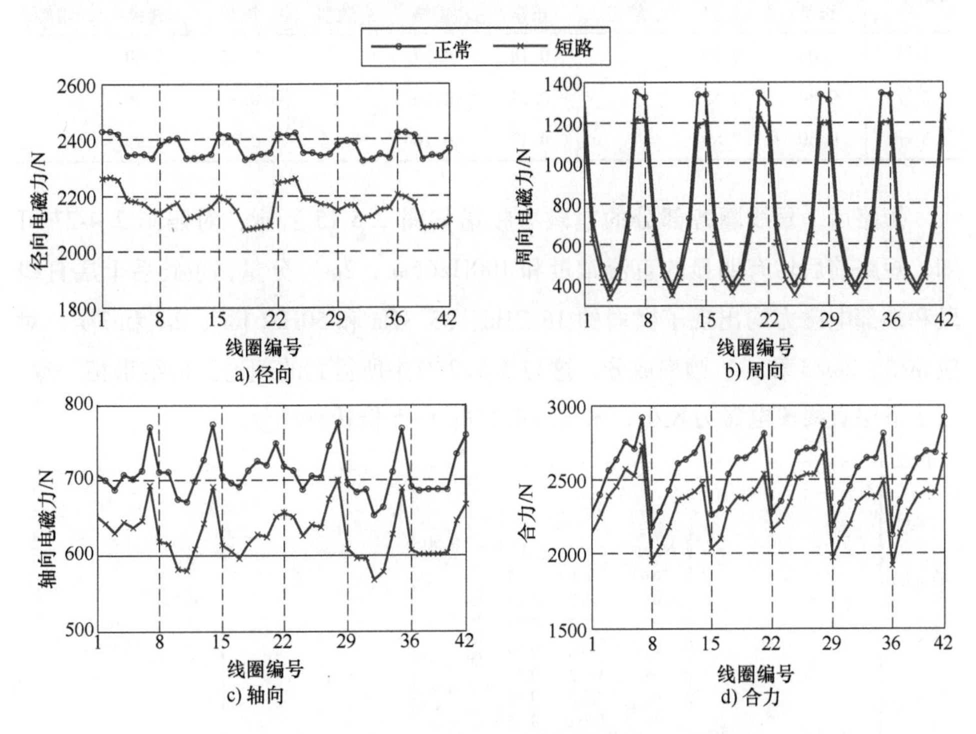

图 2. 5-13　42 个端部线圈电磁力二倍频幅值（彩图见插页）

2. MJF-30-6 故障模拟机（转子机械转频 16. 7Hz，$p=3$）

短路后 A 相 1 号线圈的电磁力如图 2. 5-14 所示，短路后依然是上层直线段受力与端部线圈受力大小相近，下层直线段受力较小。各线圈最大值对比情况见表 2. 5-1，短路后各部分电磁力的最大值均有所减小。

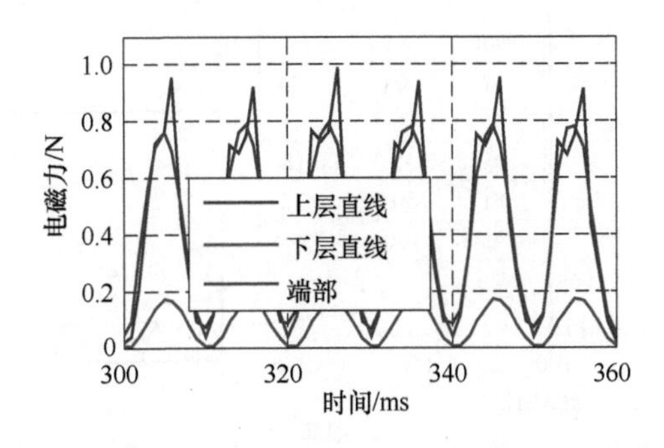

图 2. 5-14　短路后 1 号线圈电磁力变化曲线（彩图见插页）

表 2.5-1 电磁力最大值对比

线圈号	上层直线段			下层直线段			端部		
	正常	短路	趋势	正常	短路	趋势	正常	短路	趋势
1号	1.03	0.99		0.18	0.17		0.82	0.80	
2号	0.84	0.83	↓	0.17	0.16	↓	0.99	0.96	↓
3号	0.80	7.85		0.17	0.16		0.93	0.91	

短路后1号线圈各部分的电磁力频谱如图 2.5-15 所示，对照图 2.4-27 可知，短路前后均有明显的直流常量和 100Hz（$6\omega_r$，2ω）分量，短路后上层直线段和端部电磁力均出现了微弱的 16.7Hz、33.3Hz 和 50Hz（$1\omega_r$、$2\omega_r$和 $3\omega_r$，对应 $\omega/3$、$2\omega/3$ 和 ω）频率成分，这与 5.1.2 节中所得到的理论分析结果相一致。由于下层直线段电磁力较小，未发现明显的 1~5 倍转频成分。

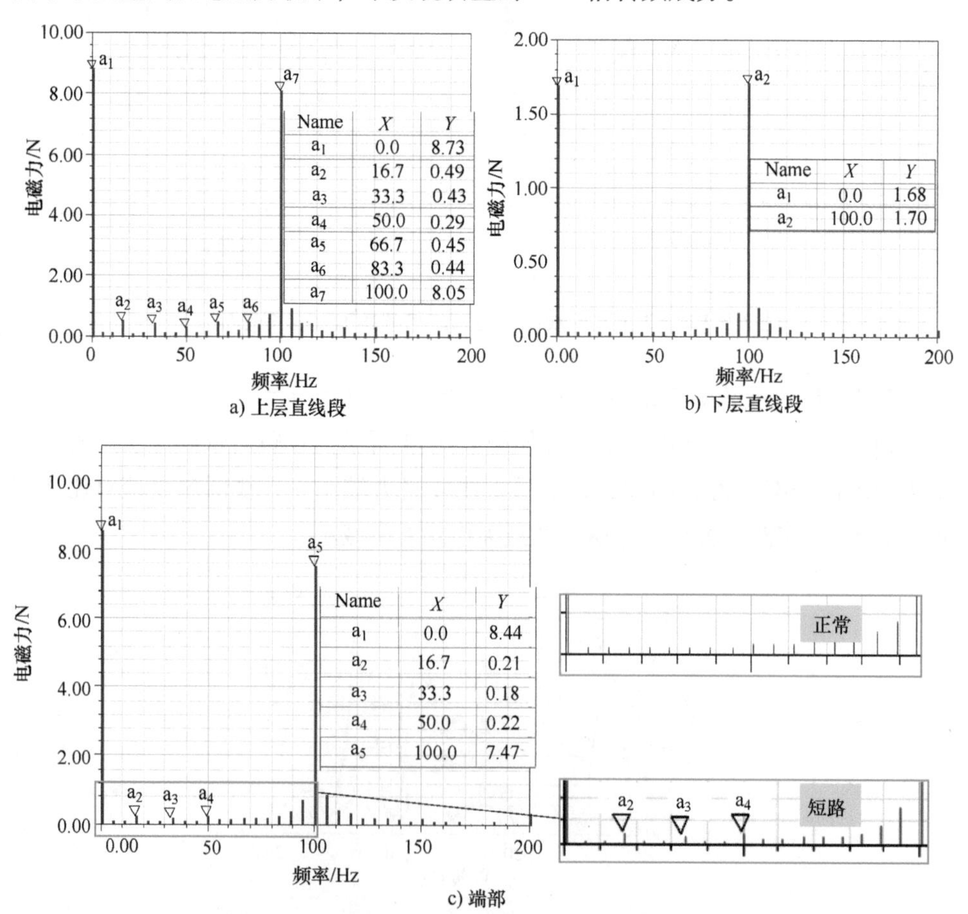

图 2.5-15 短路后 1 号线圈电磁力频谱（彩图见插页）

短路前后各部分电磁力不同频率成分的幅值变化情况如图 2. 5-16 所示。其中，U1—U3 表示 1-3 号线圈的上层直线段，L1—L3 表示 1-3 号线圈的下层直线段，E1—E3 表示 1-3 号线圈的端部。

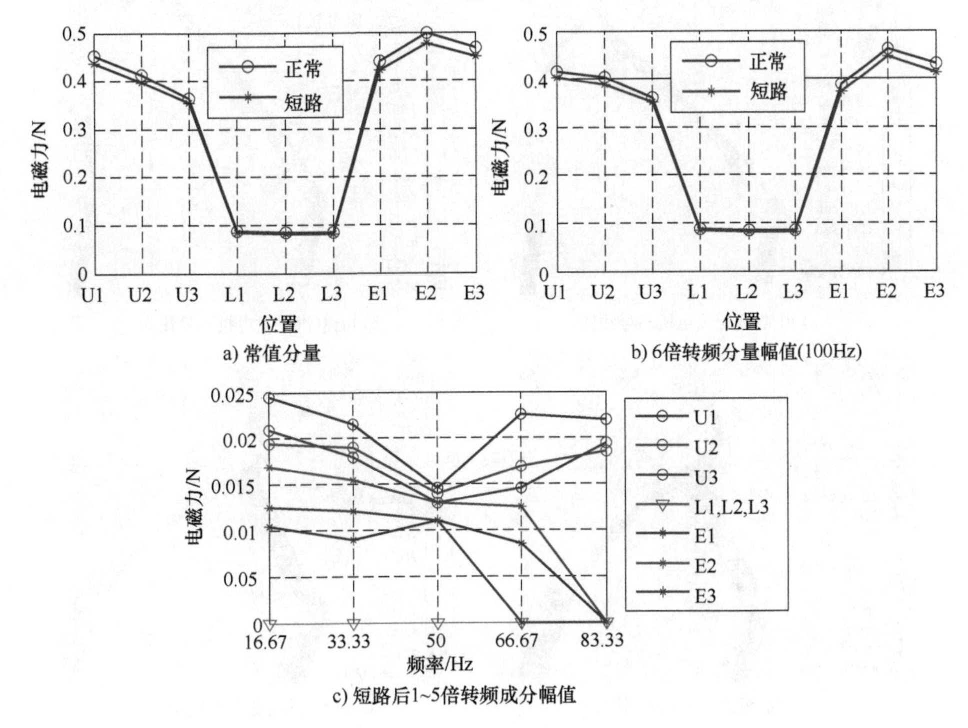

图 2. 5-16　短路前后电磁力频率成分对比（彩图见插页）

由图 2. 5-16 可知，短路后电磁力的常值分量和 $6\omega_r(2\omega)$ 频率分量均有所减小，其中上层直线段和端部绕组的电磁力减小较为明显；短路后上层直线段和端部线圈均出现了 $1\omega_r \sim 5\omega_r$ 频率成分，进一步验证了理论分析的正确性。

5. 2. 4　转子绕组匝间短路下端部绕组振动特性分析

1. 应力

图 2. 5-17a、b 展示了短路前后 QFSN-600-2YHG 汽轮发电机 34 号线圈最大应力分布图。由图可知，端部绕组的鼻端、渐开线中部和根部应力仍然较大，短路后最大应力值由 28. 7MPa 减小到 27MPa。

MJF-30-6 型故障模拟实验机端部绕组鼻端和根部应力也较大，但是最大应力在短路后却增大了，如图 2. 5-17c、d 所示。这与磁动势的变化有关，由图 2. 5-2b 可知，多对极电机转子绕组匝间短路后磁动势的最大值会增大，因此导致磁密及电磁力密度最大值的增大。

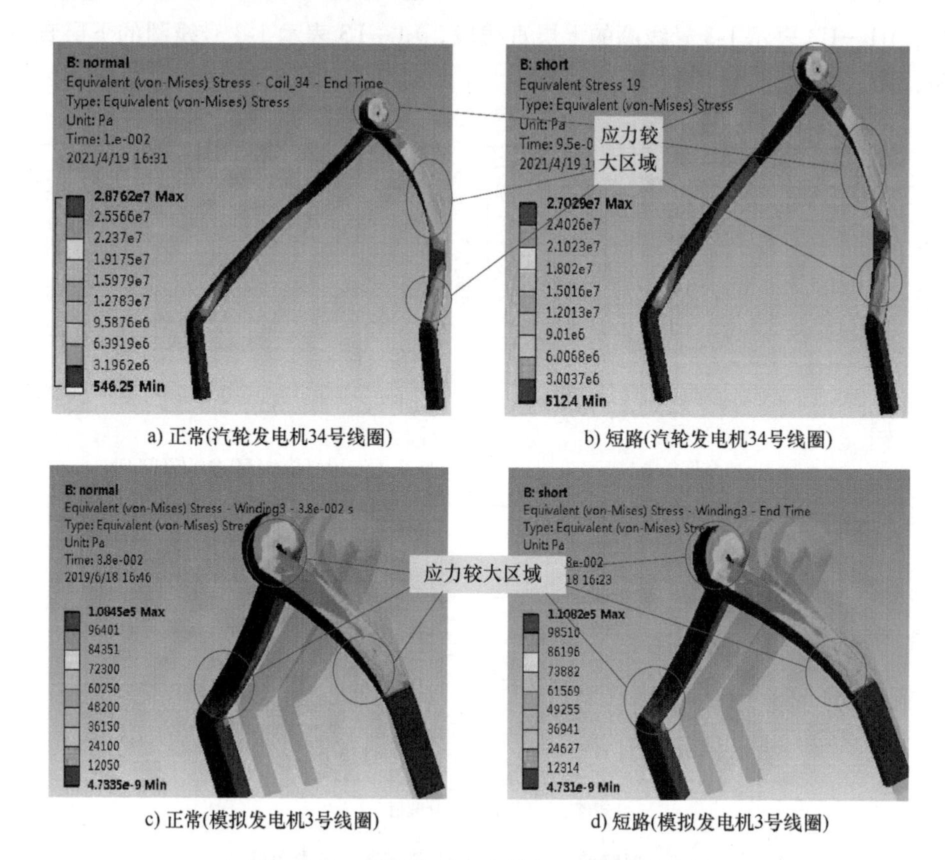

a) 正常(汽轮发电机34号线圈)　　b) 短路(汽轮发电机34号线圈)

c) 正常(模拟发电机3号线圈)　　d) 短路(模拟发电机3号线圈)

图 2.5-17　短路前后应力分布（彩图见插页）

短路前后 QFSN-600-2YHG 汽轮发电机 34 号线圈上层渐开线 17 个分析点的最大应力分布曲线如图 2.5-18 所示。由图 2.5-18 可知，短路前后根部 R 点、鼻端 A 点和中部 H-I 处的应力较大。短路后各部分的最大应力均有所减小，其中根部位置变化最大，其次为鼻端和渐开线中部。由此可见，短路主要影响线圈中部、根部和鼻端的疲劳强度，对其他位置影响较小。

2. 位移

图 2.5-19a 展示了短路前后 QFSN-600-2YHG 汽轮发电机 34 号线圈最大位移分布图。由图 2.5-19a、b 可知，端部绕组的最大位移分别发生在鼻端和渐开线的中上部位，短路后的最大位移量由 0.55mm 减小到 0.51mm。但是 MJF-30-6 型故障模拟实验发电机 3 号端部绕组的最大位移在短路后有所增大，详见图 2.5-19c、d。

短路前后 QFSN-600-2YHG 汽轮发电机 34 号线圈上层渐开线 17 个分析点的

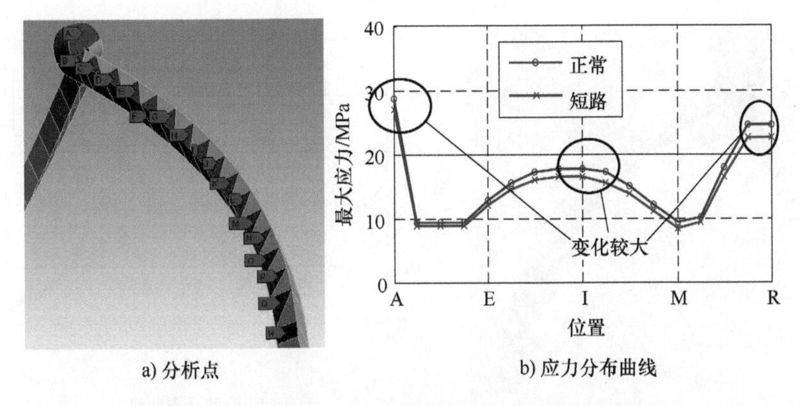

a) 分析点　　b) 应力分布曲线

图 2.5-18　短路前后上层渐开线最大应力对比

最大位移分布曲线如图 2.5-20 所示。由图 2.5-20 可知，短路前后最大位移均位于渐开线的中上部 A—I 处，短路后最大位移有所减小。鼻端和中部位置变化较大，而根部变化较小。由此可见，短路主要影响的是线圈中部和鼻端的振动磨损，对根部磨损的影响较小。

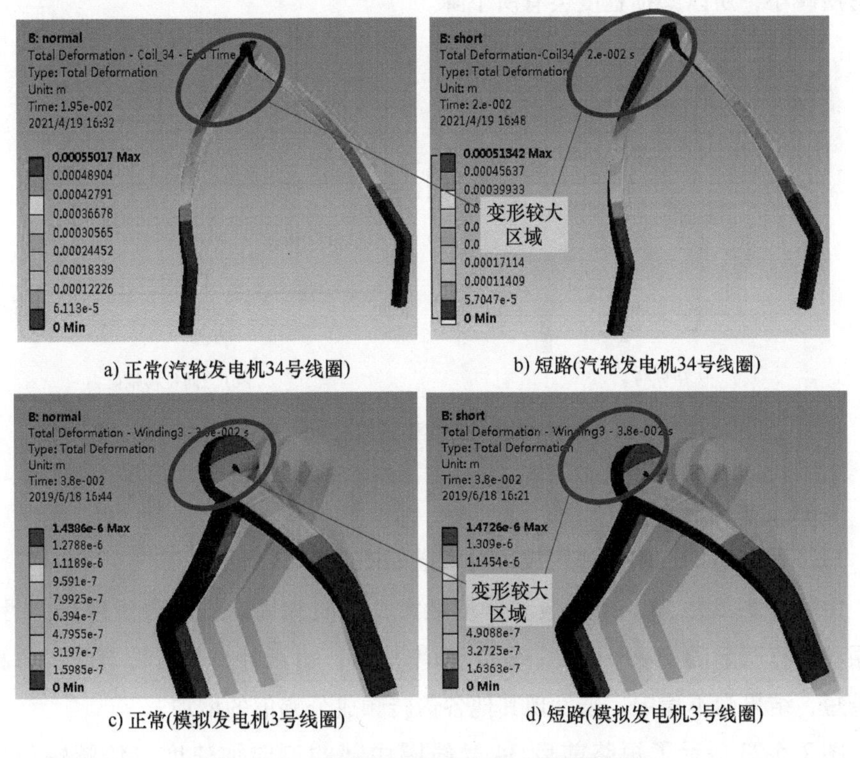

a) 正常(汽轮发电机34号线圈)　　b) 短路(汽轮发电机34号线圈)

c) 正常(模拟发电机3号线圈)　　d) 短路(模拟发电机3号线圈)

图 2.5-19　短路前后位移分布（彩图见插页）

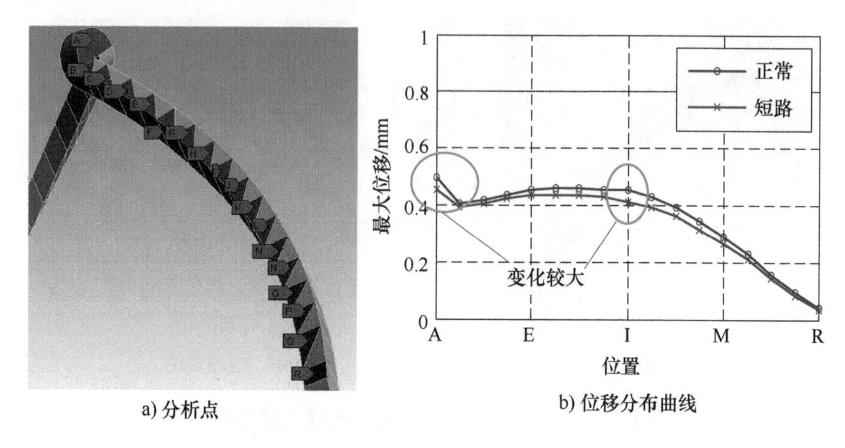

a) 分析点　　b) 位移分布曲线

图 2.5-20　34 号上层渐开线最大位移分布（彩图见插页）

短路前后 QFSN-600-2YHG 汽轮发电机 34 号线圈 E 部位的三向位移幅值对比情况如图 2.5-21 所示。短路前后均为径向位移较大，导致端部绕组的同层磨损大于异层磨损，原因同 4.2.4 节图 2.4-45 和图 2.4-46 分析。短路后各向位移均有所减小，所以磨损程度会有所下降。

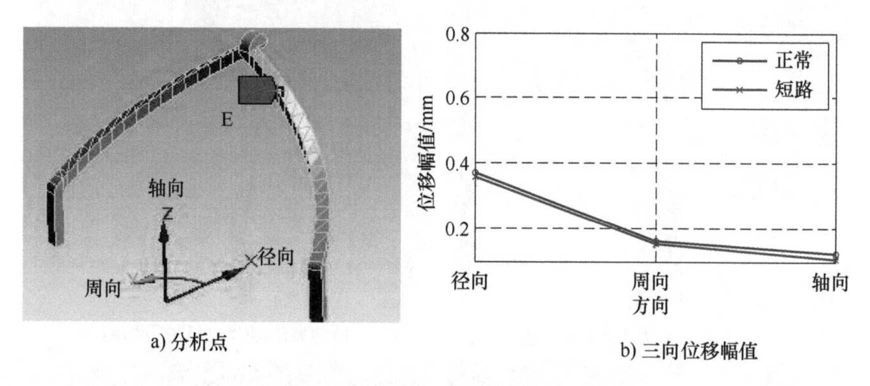

a) 分析点　　b) 三向位移幅值

图 2.5-21　短路前后三向位移幅值对比（彩图见插页）

3. 振动加速度

短路后 E 点的三向加速度波形及频谱如图 2.5-22 所示。

由图 2.5-22 可知，径向振动分量最大，轴向和周向振动分量较小。另外，各振动均有明显的 100Hz（$2\omega_r$，2ω）频率成分。由于计算机资源有限，仿真时间较短，结果尚不稳定，未发现其他各倍转频成分幅值的增加。

图 2.5-23 展示了短路前后 34 号线圈中部的三向加速度二倍频幅值。由图 2.5-23 中短路前后两条折线的对比发现，短路后各向振动加速度的二倍频均

减小，这一趋势与 5. 1. 3 节中的理论分析是一致的，同时也与图 2. 5-13 中的电磁力仿真计算结果相吻合。

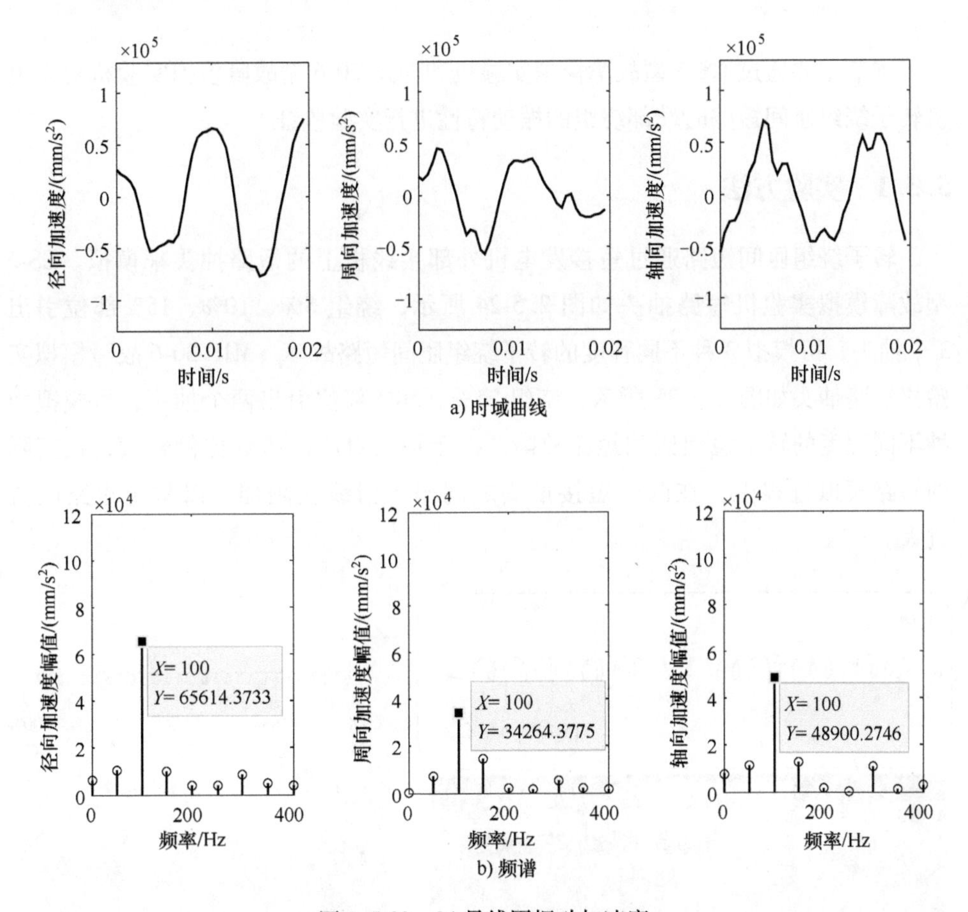

图 2. 5-22　34 号线圈振动加速度

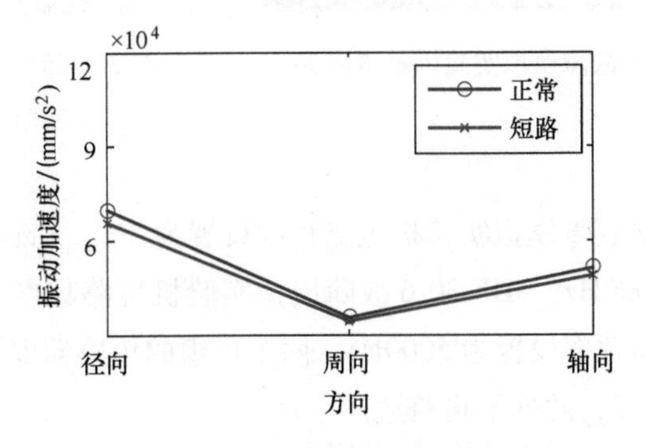

图 2. 5-23　34 号线圈振动加速度二倍频

5.3 转子绕组匝间短路下振动特性实验验证

本节主要通过 CS-5 型故障模拟实验机和 MJF-30-6 型故障模拟实验机对发电机转子绕组匝间短路时端部绕组的振动特性进行实验验证。

5.3.1 实验方法

转子绕组匝间短路通过短接发电机外部接线板上的短路抽头来模拟。CS-5 型故障模拟实验机短路抽头如图 2.5-24 所示，绕组 5%、10%、15%部位引出 3 个抽头，可模拟 3 种不同程度的转子绕组匝间短路故障。MJF-30-6 故障模拟实验机短路抽头如图 2.5-25 所示，绕组 25%、50%部位引出两个抽头，可模拟两种不同程度的转子绕组匝间短路故障。由于抽头对应的匝数比例较大，在实际的短路模拟过程中，在两个短接抽头之间串入滑线变阻器，以防止短路电流过大。

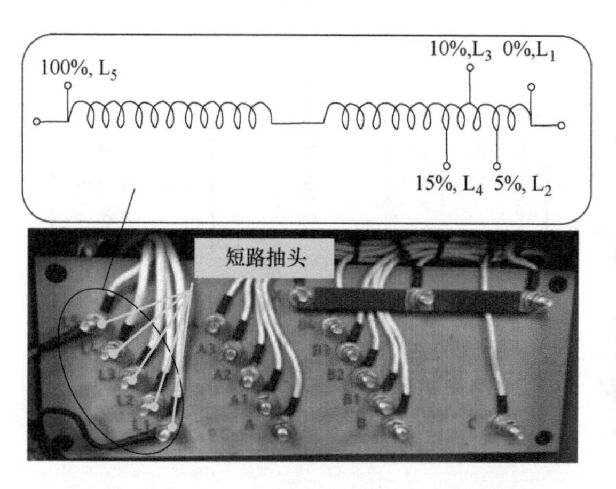

图 2.5-24 CS-5 型故障模拟实验机短路抽头

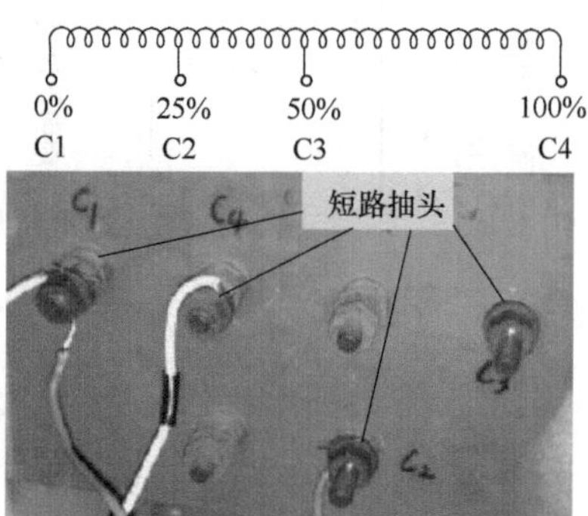

图 2.5-25 MJF-30-6 故障模拟实验机短路抽头

实验中 CS-5 型故障模拟实验机短路程度设置为 5%，励磁电流设置为 1.0A，采样频率设置为 5000Hz；MJF-30-6 故障模拟实验机短路程度设置为 25%，励磁电流为 1.8A，采样频率设置为 5000Hz。两个机组的传感器安装设置与正常情况相同，详见 4.3.1 节，此处不再赘述。

5.3.2 实验结果

CS-5 型实验机端部绕组的三向振动加速度波形及频谱如图 2.5-26 所示。由图 2.5-26 可知，振动频谱包含明显的 100Hz 频率（$2\omega_r$，2ω）成分。短路前后各向的振动二倍频幅值对比情况如图 2.5-28a 所示，发现短路后二倍频幅值均有所减小，此结论与前面 5.1.3 节中的理论分析结果是一致的。

MJF-30-6 型实验机端部绕组的三向振动加速度波形及频谱如图 2.5-27 所示。由图 2.5-27 可知，振动频谱中包含有明显的 100Hz 频率（$6\omega_r$，2ω）成分。由于干扰因素较多，且其他各倍转频成分较为微弱，它们在幅值上的增幅程度不明显。短路前后各向振动加速度在 100Hz 成分的幅值对比情况如图 2.5-28b 所示。由图 2.5-28b 可见，短路后 $6\omega_r(2\omega)$ 成分均有所减小，这一结论与图 2.5-16b 所示的电磁力仿真结果相吻合。

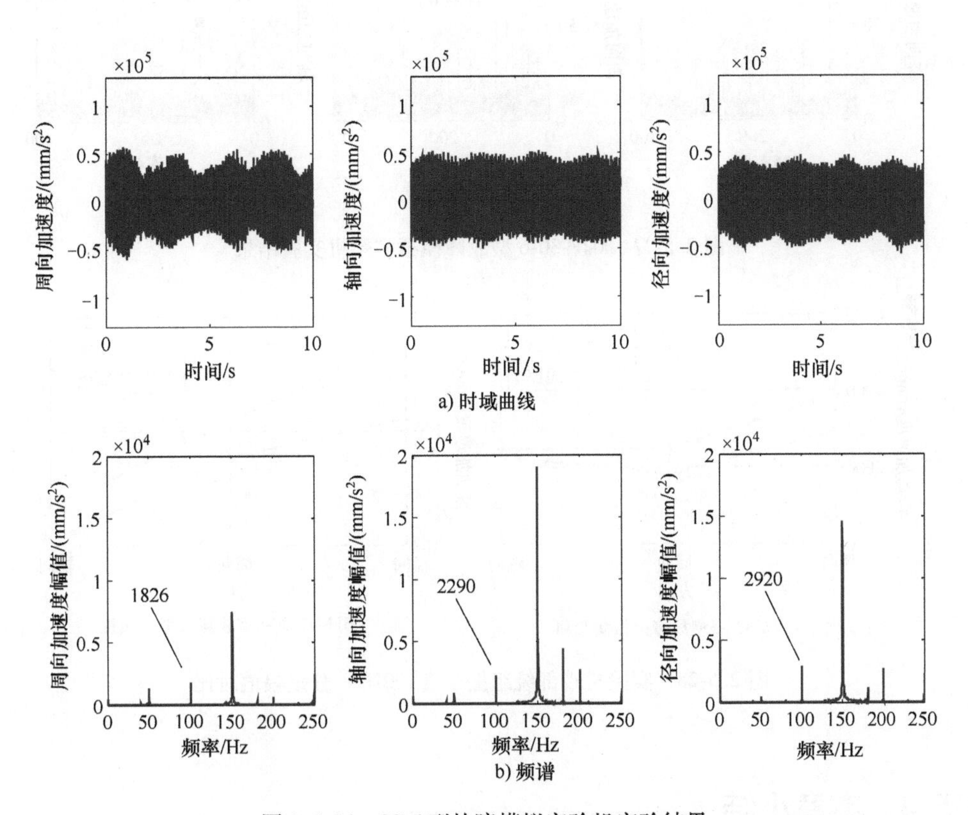

图 2.5-26　CS-5 型故障模拟实验机实验结果

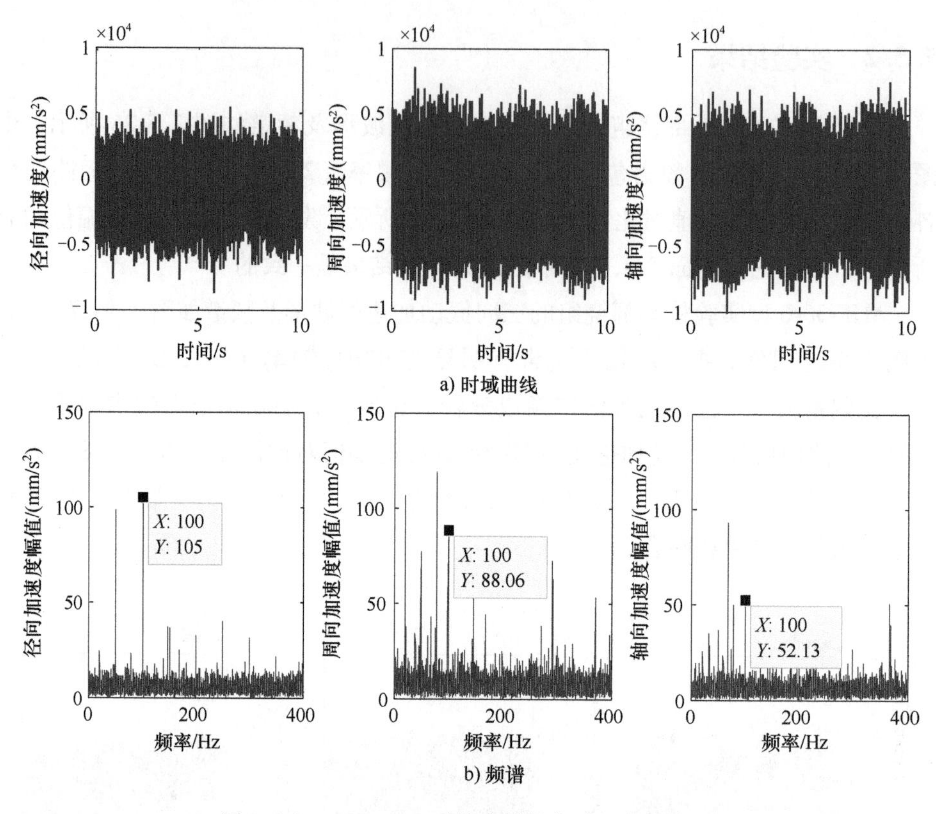

图 2. 5-27　MJF-30-6 型故障模拟实验机实验结果

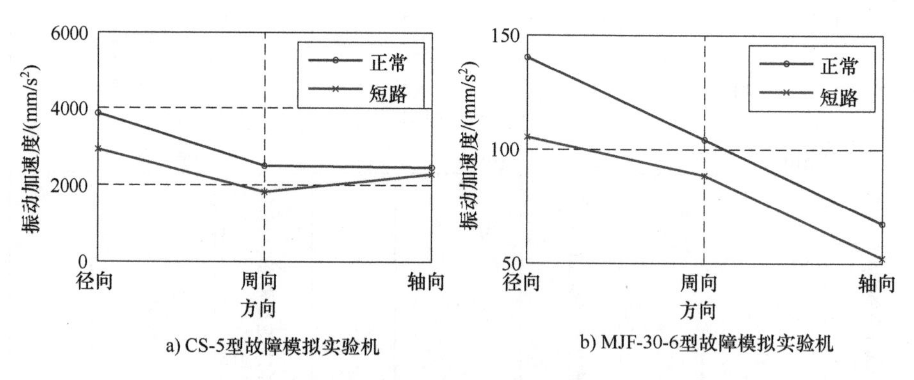

图 2. 5-28　实验机端部绕组振动（100Hz）分量幅值对比

5.4　本章小结

本章对转子绕组匝间短路情况下的发电机端部绕组电磁力和机械响应进行

了理论推导分析、3D 有限元仿真计算和模拟实验验证，得到的主要结论如下：

1）转子绕组匝间短路时，气隙磁密原有的奇次谐波成分幅值产生变化，变化趋势取决于反向磁动势方向（与极对数、短路位置和阶次有关），其中基波磁密幅值减小；同时频谱还增加了微弱的分数次和偶数次谐波成分（k/p 次，$k \neq np$，n 为奇数）；另外，综合气隙磁密在短路匝中心位置附近有明显减小；沿轴向在铁心处磁密有明显减小，出槽后至铁心半长处有小幅度减小，铁心半长至鼻端处磁密稍有较小。

2）除 $2np\omega_r$（即 $2n\omega$，偶数倍频）成分外，转子绕组匝间短路时端部绕组电磁力频谱中还会出现其他各倍转频成分，即 1 对极发电机会出现奇数倍频成分，多对极发电机会出现奇数倍频和分数倍频成分；各成分幅值的变化趋势取决于相关阶次反向磁动势的方向和大小（与极对数、短路程度和短路位置有关），其中 $2p\omega_r$（即 2ω）频率成分的幅值下降；另外，相隔 60°位置上的各线圈电磁力二倍频幅值仍然近似相等，且相间线圈的幅值最大。

3）对于 1 对极发电机，转子绕组匝间短路后的最大应力和位移将减小；对于多对极电机，转子绕组匝间短路后最大应力和位移会有所增大；短路后渐开线根部、中部和鼻端的应力变化较大，而渐开线中部和鼻端的位移（位移）变化较大。

4）转子绕组匝间短路前后的径向振动最大，轴向和周向振动较小，导致端部绕组的同层磨损大于异层磨损；转子绕组匝间短路时，端部绕组的振动加速度 $2p\omega_r$（即 2ω）频率成分的幅值将减小，同时会出现微弱的其他各倍机械转频成分。

第6章
气隙静偏心下端部绕组电磁力及振动特性

6.1 气隙静偏心下端部绕组电磁力及振动响应理论解析

6.1.1 气隙静偏心下气隙磁密

单位面积的气隙磁导与气隙径向长度成反比。由于气隙静偏心会引起气隙径向长度的变化，因而会进一步引发气隙磁导的变化。采用幂级数展开，气隙静偏心下单位面积的气隙磁导可以表示为

$$\Lambda(\alpha)=\frac{\mu_0}{\delta(\alpha)}=\frac{\mu_0}{\delta_0[1-\varsigma\cos(\alpha-\lambda)]}\approx\Lambda_0[1+\varsigma\cos(\alpha-\lambda)] \tag{6-1}$$

式中，$\delta(\alpha)$ 为不同位置的气隙长度；δ_0 为正常气隙长度；μ_0 为真空磁导率；Λ_0 为正常气隙磁导，$\Lambda_0=\mu_0/\delta_0$；ς 为相对偏心率，$\varsigma=e/\delta_0$，e 为绝对偏心量，如图 2.6-1 所示；λ 为偏心角度，如图 2.6-1 所示。

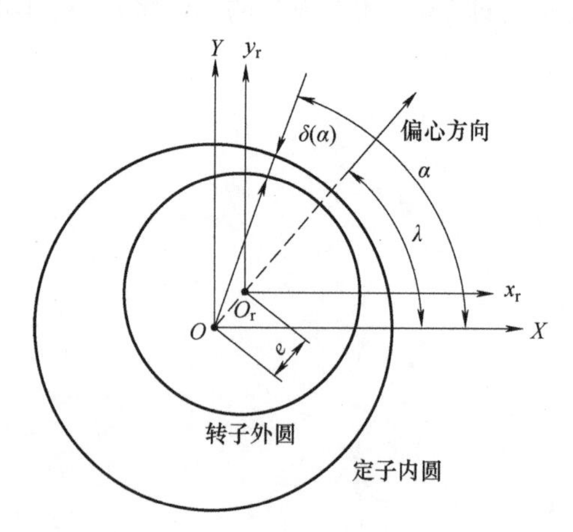

图 2.6-1　气隙静偏心示意图

由式（6-1）可知，气隙静偏心会使气隙磁导沿圆周方向不再处处相等，最小气隙附近（偏心方向±90°范围内）的磁导将增大，最大气隙附近的磁导将变小。

根据电磁感应定律，气隙偏心时定子绕组电流可以近似描述为

$$\begin{cases} I_{\mathrm{e}}(t)=E_{\mathrm{e}}(t)/Z=\dfrac{2pq}{a}w_{\mathrm{s}}k_{\mathrm{w}}B_{\mathrm{re}}Lv/Z=\dfrac{2pq}{a}\sum\limits_{n=1,3,5\cdots}w_{\mathrm{s}}k_{\mathrm{w}n}F_{\mathrm{r}n}\Lambda Lv/Z \\ \quad =\sum\limits_{n=1,3,5\cdots}I_{\mathrm{e}n}\cos[np(\omega_{\mathrm{r}}t-\alpha)-\psi-\pi/2]=\sum\limits_{n=1,3,5\cdots}I_{\mathrm{e}n}\cos[n(\omega t-p\alpha)-\psi-\pi/2] \\ I_{\mathrm{e}n}=\dfrac{2pq}{a|Z|}w_{\mathrm{s}}k_{\mathrm{w}n}F_{\mathrm{r}n}\Lambda_0 Lv[1+\varsigma\cos(\alpha-\lambda)] \end{cases} \tag{6-2}$$

式中，E_{e}为偏心时定子相电动势（V）；B_{re}为偏心时励磁磁密（T）；$I_{\mathrm{e}n}$为偏心时定子电流n次谐波幅值（A）；其他参数含义见4.1.2节。

由于气隙静偏心主要通过改变径向气隙长度来影响磁导，对绕组磁动势的影响较小，故偏心下的气隙磁密可由正常气隙磁动势和气隙静偏心下的气隙磁导相乘得到

$$\begin{aligned} B_{\mathrm{e}}(\alpha,t)&=f(\alpha,t)\Lambda(\alpha)=\Lambda_0[1+\varsigma\cos(\alpha-\lambda)]\sum_{n=1,3,5\cdots}F_{\mathrm{c}n}\cos n(\omega t-\alpha p-\rho_n) \\ &\approx\Lambda_0[1+\varsigma\cos(\alpha-\lambda)]F_{\mathrm{c}1}\cos(\omega t-\alpha p-\rho_1) \end{aligned} \tag{6-3}$$

由式（6-3）可见，气隙静偏心时，最小气隙附近（偏心方向±90°范围内）的磁密将增大，而最大气隙附近的磁密减小；偏心后频率成分与正常情况相同，仍然只包含奇次谐波成分。

6.1.2 气隙静偏心下端部绕组电磁力

利用安培力定律和偏心后的气隙磁密及定子绕组的电流表达式，可推导得到气隙静偏心后端部绕组任意点处的电磁力表达式为

$$\begin{cases} \overrightarrow{F_{\mathrm{Ike}}}=f_{\mathrm{k}}\overrightarrow{B_{\mathrm{e}}}\times\overrightarrow{I_{\mathrm{e}}}\mathrm{d}l=\{\overrightarrow{F_{\mathrm{Ikxe}}},\overrightarrow{F_{\mathrm{Ikye}}},\overrightarrow{F_{\mathrm{Ikze}}}\}\mathrm{d}l \\ F_{\mathrm{Ike}}(\alpha_I+\alpha_k,t)=f_{\mathrm{k}}B_{\mathrm{e}}I_{\mathrm{e}}\sin\theta_{\mathrm{k}}\mathrm{d}l \\ \qquad =\dfrac{pq\mathrm{d}l}{a|Z|}f_{\mathrm{k}}w_{\mathrm{s}}Lv\Lambda_0^2\sin\theta_{\mathrm{k}}[1+\varsigma\cos(\alpha_I+\alpha_k-\lambda)][1+\varsigma\cos(\alpha_I-\lambda)] \\ \qquad\quad \sum\limits_{n=1,3,5\cdots}\sum\limits_{j=1,3,5\cdots}\begin{matrix} k_{\mathrm{w}n}F_{\mathrm{r}n}F_{\mathrm{c}j}\cos p[(n+j)(\omega_{\mathrm{r}}t-\alpha_I)-j\alpha_k-j\rho_n/p-\psi-0.5\pi] \\ +\cos p[(n-j)(\omega_{\mathrm{r}}t-\alpha_I)-j\alpha_k-j\rho_n/p+\psi+0.5\pi] \end{matrix} \\ \qquad =(1+\Delta)F_{\mathrm{Ik}} \\ \Delta=\varsigma^2\cos(\alpha_I+\alpha_k-\lambda)\cos(\alpha_I-\lambda)+\varsigma\cos(\alpha_I+\alpha_k-\lambda)+\varsigma\cos(\alpha_I-\lambda) \\ \quad \approx\varsigma\cos(\alpha_I+\alpha_k-\lambda)+\varsigma\cos(\alpha_I-\lambda) \end{cases} \tag{6-4}$$

式中，$F_{\mathrm{Ik}xe}$、F_{Ikye}、F_{Ikze}为气隙静偏心时 K 点电磁力的直角坐标分量；B_{e}为气隙静偏心时气隙磁密；I_{e}为气隙静偏心时定子线圈电流。

通过坐标变换和积分计算可以获得气隙静偏心时端部绕组的三向电磁力及电磁力合力为

$$\begin{cases} F_{\mathrm{Ire}} = \int_{l_{\mathrm{end}}} (F_{\mathrm{Ik}xe}\cos\theta + F_{\mathrm{Ik}ye}\sin\theta)\,\mathrm{d}l \\ F_{\mathrm{Ite}} = \int_{l_{\mathrm{end}}} (-F_{\mathrm{Ik}xe}\sin\theta + F_{\mathrm{Ikye}}\cos\theta)\,\mathrm{d}l \\ F_{\mathrm{Iae}} = \int_{l_{\mathrm{end}}} F_{\mathrm{Ikze}}\,\mathrm{d}l \\ F_{\mathrm{Ie}} = \sqrt{\left(\int_{l_{\mathrm{end}}} F_{\mathrm{Ik}xe}\,\mathrm{d}l\right)^2 + \left(\int_{l_{\mathrm{end}}} F_{\mathrm{Ikye}}\,\mathrm{d}l\right)^2 + \left(\int_{l_{\mathrm{end}}} F_{\mathrm{Ikze}}\,\mathrm{d}l\right)^2} \end{cases} \tag{6-5}$$

式中，F_{Ire}、F_{Ite}、F_{Iae}分别为气隙静偏心时径向、周向和轴向电磁力；F_{Ie}为气隙静偏心时电磁力合力；其他参数含义详同 4. 1. 2 节。

根据式（6-4）可知，气隙静偏心时，电磁力的频率成分与正常运行时相同，包含常值分量和 $2np\omega_{\mathrm{r}}$（即 $2n\omega$，$n=1,2,3\cdots$）频率成分。气隙静偏心虽然不影响电磁力的频率成分组成，但会造成端部绕组的电磁力幅值产生变化，其增减幅度 Δ 取决于绕组位置、偏心率及偏心角度。以 QFSN-600-2YHG 型气轮发电机为例，根据其节距系数可以推得 $\alpha_k \in (0,\ 145.7°)$，所以当 $\alpha_I \in (-90°,\ -55.7°)$ 时，$(\alpha_I+\alpha_k) \in (-90°,\ 90°)$，此时恒存在 $\Delta>0$。因此，发电机端部绕组幅值增大的充分非必要条件是：绕组的上层直线段位于 32-36 号槽。相应地，幅值减小的绕组编号为 11-15 号。

6. 1. 3　气隙静偏心下端部绕组振动响应

基于图 2. 4-6，可得气隙静偏心时定子端部绕组的振动响应方程：

$$m\ddot{d}(t)+c\dot{d}(t)+kd(t)=F_{\mathrm{Ie}}(t) \tag{6-6}$$

式中，$F_{\mathrm{Ie}}(t)$ 为气隙偏心时端部绕组所受电磁力；其他参数同 4. 1. 3 节。

根据激励和响应的同频对应关系，气隙静偏心时，振动加速度的频率成分与电磁力成分相一致，主要包含 $2np\omega_{\mathrm{r}}$（即 $2n\omega$，$n=1,2,3\cdots$）频率成分；由于静偏心后部分绕组的二倍频电磁力的幅值将增大，故将导致相应的振动增大，从而加剧绝缘磨损，降低使用寿命。

6.2　气隙静偏心下电磁—结构有限元数值仿真

6.2.1　仿真参数设置

本节主要对 QFSN-600-2YHG 汽轮发电机在气隙静偏心下的端部绕组电磁力及机械响应进行仿真计算。设定偏心率 30%，偏心角度为+X 轴 $\lambda=0°$，将定子铁心和定子绕组整体向 X 轴负方向移动 28mm。最大气隙为 121mm，最小气隙为 65mm。

仿真过程中转子励磁电流设置为额定励磁电流 4128A、转子转速设为同步转速 3000r/min、计算时步步长为 0.0005s、仿真时间定为 0.12s。

6.2.2　气隙静偏心下气隙磁密分析

转子静偏心前后，0°位置处的径向磁密变化曲线及其频谱如图 2.6-2 所示。

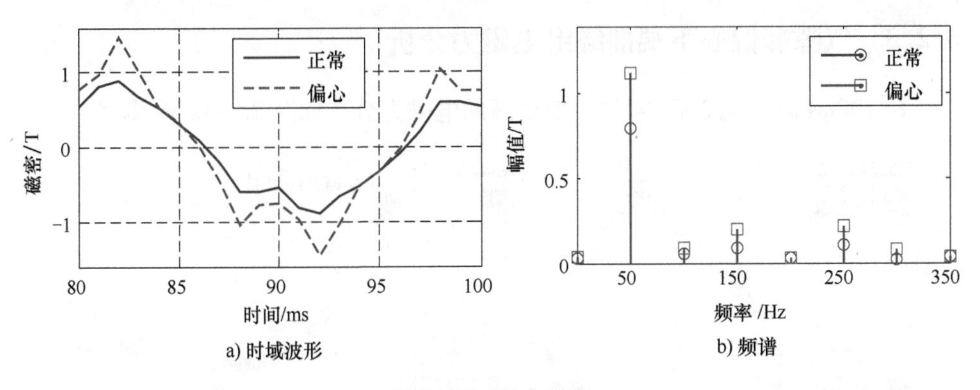

图 2.6-2　径向磁密

由图 2.6-2a 可知，磁密随时间仍然近似呈余弦变化规律；由于 0°位置处的气隙减小，故其磁导将增大［见式（6-1）］，导致偏心后的磁密最大值增大。由图 2.6-2b 可知，气隙静偏心后的磁密依旧包含明显的 50Hz（基波 ω）频率成分、微弱的 150Hz 和 250Hz(3ω 和 5ω) 成分，且磁密和各谐波幅值均有所增大。此结论与理论分析中式（6-3）所对应的结论是吻合的。

气隙磁密除了图 2.6-2 所示的径向分量外，还存在切向分量和轴向分量，对径向、切向和轴向的磁密进行合成，可得到综合气隙磁密。$t=100$ms 时，综合气隙磁密沿圆周方向的分布曲线如图 2.6-3a 所示。由于气隙径向长度的变化，偏心后磁密沿圆周方向在 0°附近有明显的增加，而在 180°附近则明显减小。

0°位置气隙磁密沿轴向的分布曲线如图 2.6-3b 所示，偏心后磁密沿轴向大部分位置有所增大，其中 0~315mm 的铁心位置增加的较为明显，铁心半长至鼻端处（600mm 以后）磁密有较小幅度的增加，但出槽后至铁心半长位置（315~600mm）磁密稍有减小。

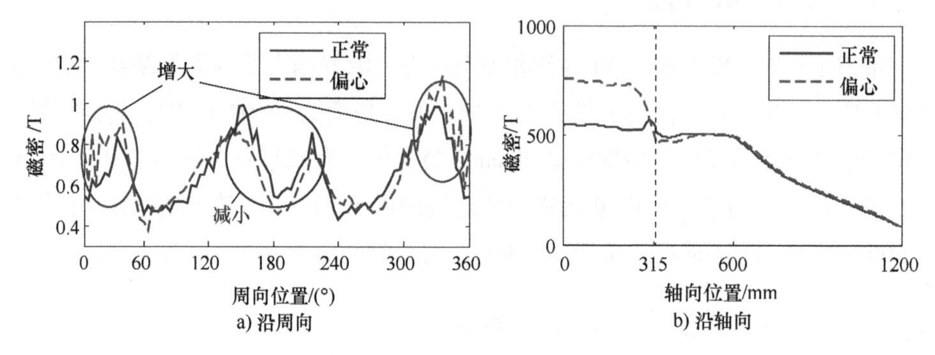

图 2.6-3 气隙磁密分布（彩图见插页）

6.2.3 气隙静偏心下端部绕组电磁力分析

t=100ms 时，偏心后 34 号端部线圈的电磁力分布如图 2.6-4a 所示。

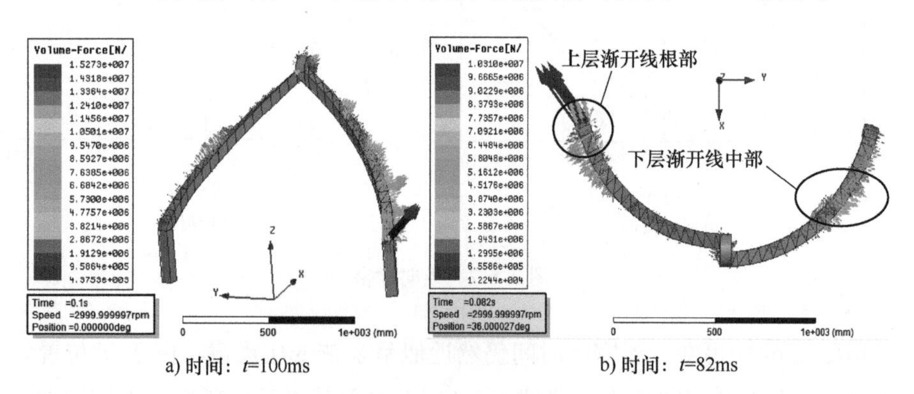

图 2.6-4 34 号端部线圈电磁力分布图（彩图见插页）

与正常情况下的电磁力密度分布（见图 2.4-21）相比，发现依旧是上层渐开线根部最大，其次是下层渐开线中部和鼻端部位；偏心后最大电磁力密度有所增加，由 $1.11\times10^7\mathrm{N/m^3}$ 增至 $1.53\times10^7\mathrm{N/m^3}$，这是因为此线圈位于（−73°，73°），处于磁密增加的范围内，详见图 2.6-3a。

图 2.6-5 展示了静偏心后 34 号线圈的电磁力的时域波形及其频谱。对比图 2.6-5 与图 2.4-25 可知，偏心后各分力的方向与正常运行时是相同的；各分

力的频率成分仍然包含明显的直流常量、100Hz（$2\omega_r$, 2ω）分量和微弱的 200Hz（$4\omega_r$, 4ω）分量，这与式（6-4）的理论分析结果相符。

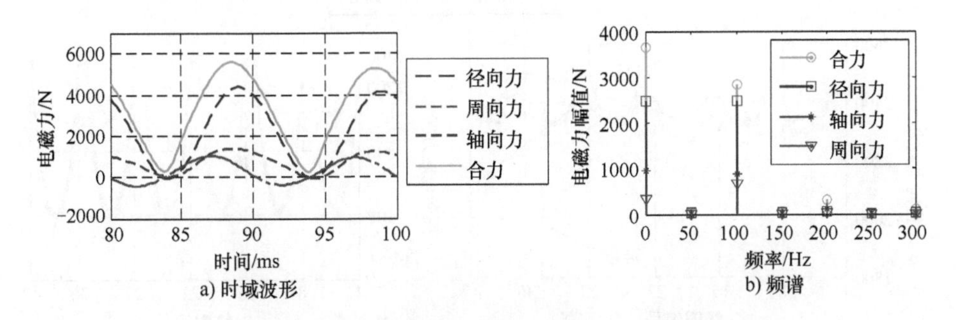

图 2.6-5　34 号端部线圈电磁力及频谱（彩图见插页）

偏心前后 42 个线圈的三向电磁力分量及电磁力合力的二倍频分量幅值如图 2.6-6 所示。由图 2.6-6 可知，最小气隙处的 34 号线圈的轴向电磁力、径向电磁力和电磁力合力的幅值均有所增大，但周向电磁力的幅值有所减小；最大气隙处的 13 号线圈轴向电磁力、径向电磁力的幅值有所减小，但周向电磁力及电磁力合力的幅值有所增大。这是由于上、下层渐开线上的周向电磁力方向是相反的。以 34 号线圈 82ms 时受力为例，周向合力为顺时针［见图 2.6-5a，周向力以逆时针为正］，而顺时针方向的圆周力主要发生于上层根部，但逆时针圆周力主要发生在下层中部（见图 2.6-4b）。偏心时中部位置的气隙变化较大，因此逆时针圆周力增幅更大，造成周向合力的减小。

气隙静偏心后，相隔 60°位置上的各线圈电磁力幅值不再相等。以轴向电磁力和径向电磁力为例，34 号附近线圈的电磁力幅值增大，而 13 号附近线圈的电磁力幅值减小。具体地，正常运行时 1、8、15、22、29、36 号线圈的轴向电磁力和径向电磁力幅值近似相等；偏心后 29 号和 36 号线圈的电磁力幅值增大，而 8 号和 15 号线圈的电磁力幅值则减小。

气隙静偏心后，轴向电磁力幅值增大的线圈编号集中于 25-42 号，而径向电磁力幅值增大的线圈编号则集中于 27-41 号，理论分析中提到的 32-36 号绕组正好位于轴向和径向电磁力增大的线圈范围内；轴向电磁力幅值减小的线圈编号集中于 1-21 号，而径向电磁力幅值减小的线圈编号则集中于 3-25 号，理论分析中提到的 11-15 号绕组正好位于轴向和径向电磁力减小的线圈范围内。这一现象验证了前面理论分析的正确性。

与轴向电磁力及径向电磁力有所不同，周向电磁力幅值增大的线圈编号主要集中于4-23号；而电磁力合力幅值增大的线圈编号则为29-42号和8-14号。

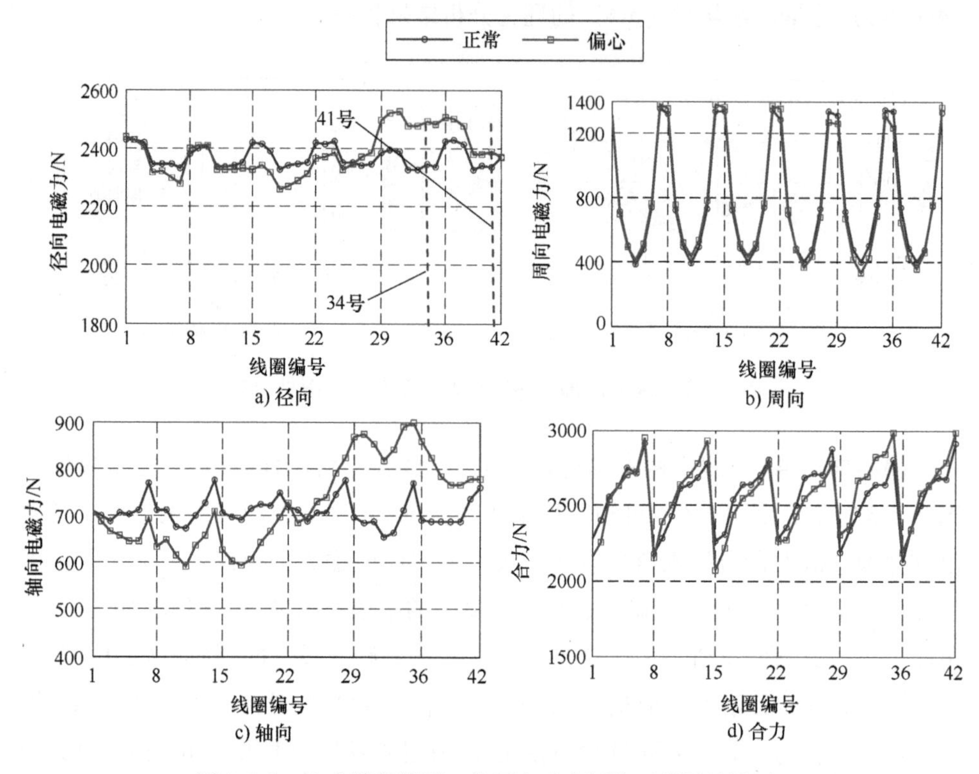

图2.6-6　42个端部线圈二倍频电磁力幅值（彩图见插页）

另外，鉴于周向电磁力是两渐开线的周向电磁力之差，其幅值对振动磨损的分析意义不大；而轴向电磁力幅值增大的线圈编号范围更广，因此以轴向力为代表分析偏心程度和偏心角度对绕组二倍频振动的影响。

不同偏心率下各线圈的轴向电磁力二倍频幅值如图2.6-7所示。由图2.6-7可看出，电磁力幅值增大程度随着偏心率的增大而增大；幅值增大的线圈数量会随偏心程度的增大而稍有变化，数量接近于线圈总数量的1/2。发电机在正常运行时，相间线圈受力幅值最大，振动磨损较为严重。当偏心率为10%时，28、29、30、33-36、41、42号线圈电磁力的幅值均超过了正常运行时的相间线圈，相间线圈7、14、21号线圈的电磁力幅值减小。当偏心率达到20%时，27-42号线圈的电磁力幅值均超过了正常运行时的相间线圈受力幅值，即超过了正常运行时的相间线圈受力的线圈数量达到了线圈总数量的1/3。当偏心率达到30%时，超过了正常运行时的相间线圈受力的线圈数量与偏心率20%时基本相同，但29、34和35号线圈的幅值增大到原来的120%，相应的振动和磨损程度也会随之加剧。即电磁力的增幅程度随着偏心率的增大而增大。

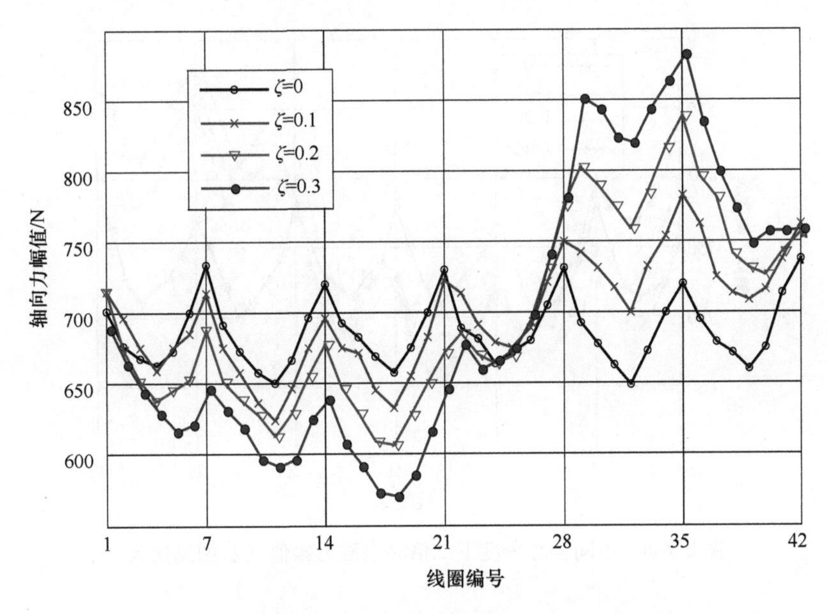

图 2. 6-7　不同偏心率下二倍频电磁力幅值（彩图见插页）

由式（6-4）可知，偏心角度相隔 60°时，对空间位置相隔 60°的两个线圈的受力影响是相同的。例如：偏心角度为 0°时 35 号线圈的电磁力幅值变化与偏心角度为 60°时 42 号线圈电磁力幅值变化基本相同。这是由于两线圈的空间位置 α_l 和偏心角度 λ 均相差 60°，因此偏心造成的幅值变化是相同的。所以，要研究偏心角度对各线圈所受电磁载荷的影响，仅需分析偏心角度在 0°~60°时的情况。

偏心率为 20%时，偏心角度为 0°、20°和 40°情况下，各线圈所受的轴向电磁力的二倍频幅值如图 2. 6-8 所示。由图 2. 6-8 可看出，3 种情况下幅值增大的线圈数量分别为 17、19 和 24 个，均接近线圈总数量的 1/2；幅值增大的线圈编号为（27-42 号、1 号）、（28-42 号、1-4 号）和（28-42 号、1-9 号），这些线圈组的中心位置分别为 4°、28°和 47°，随着偏心角度的变化而移动。

气隙静偏心角度不同时，幅值增大的线圈数量稍有变化，多集中于 28-42 号线圈，即最小气隙位置附近的两相线圈振动和磨损均会增大。3 个偏心角度分别为 34 号、36 号和 39 号线圈的中心位置，而这 3 个线圈附近的相间线圈分别为 35 号、35 号和 36、42 号，所以偏心角度在 0°和 20°时 35 号线圈幅值最大，分别比正常时增大了 14%和 13%；偏心角度在 40°时 36 号和 42 号线圈幅值最大，比正常运行时的相间线圈增大了 12%。可见，最小气隙附近的相间线圈振动和磨损将会加剧，而其加剧程度受偏心角度的影响不大。

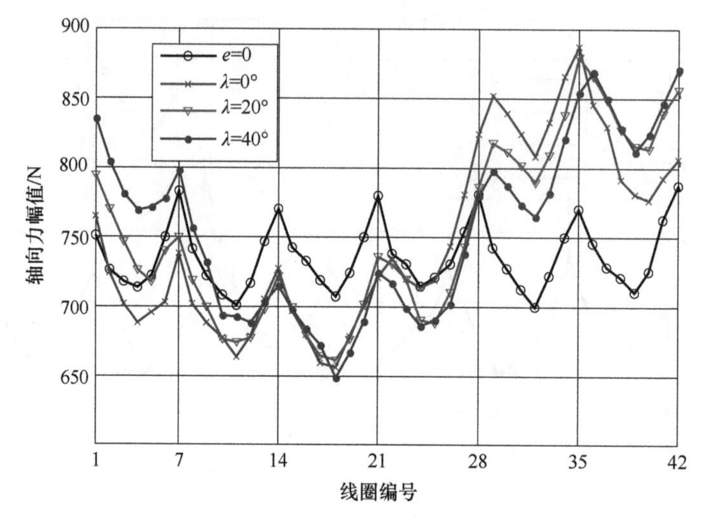

图 2. 6-8　不同偏心角度下二倍频电磁力幅值（彩图见插页）

6. 2. 4　气隙静偏心下端部绕组振动特性分析

1. 应力

图 2. 6-9 展示了偏心后端部绕组的最大应力分布。图 2. 6-9 中的仿真计算结果表明，最大应力发生在 35 号线圈的渐开线根部位置。此线圈是距离最小气隙位置最近的相间线圈，因此在日常疲劳破坏检测中应多加关注。

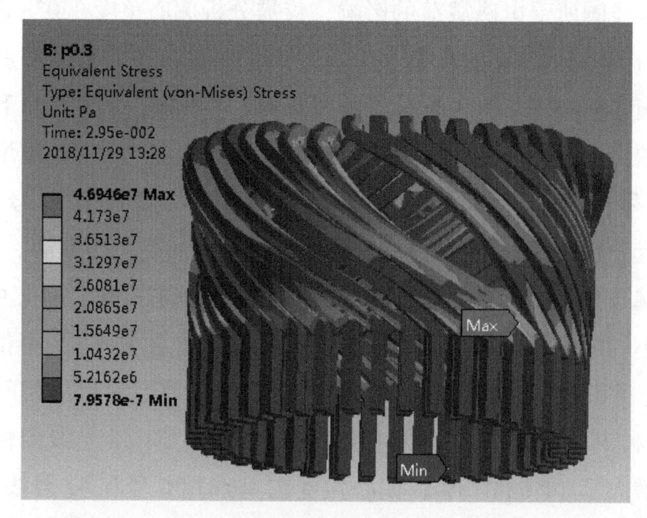

图 2. 6-9　气隙偏心时端部线圈应力分布（应力最大时刻）（彩图见插页）

气隙静偏心前后34号线圈最大应力分布如图2.6-10所示。由图2.6-10可知，端部绕组的鼻端、渐开线中部和根部的应力较大；偏心后最大应力值由28.7MPa增大到39.9MPa。因为此线圈中心正好处于最小气隙处，故偏心造成了磁密和电磁力的增大。

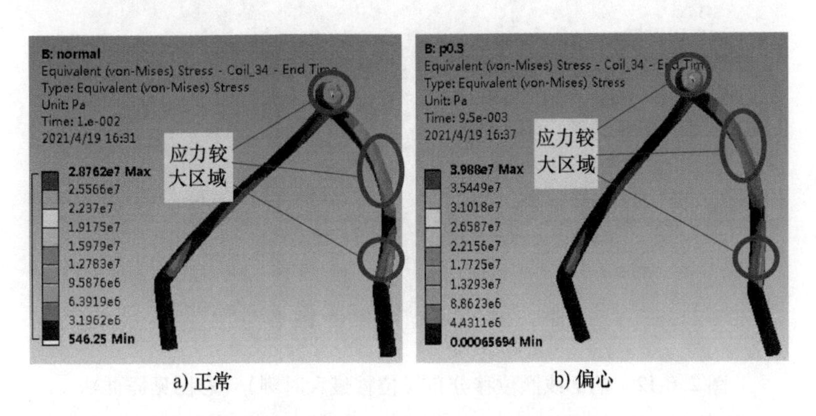

a) 正常　　b) 偏心

图2.6-10　34号端部线圈应力分布（应力最大时刻）（彩图见插页）

气隙静偏心前后34号线圈上层渐开线17个分析点的最大应力分布曲线如图2.6-11所示。由图2.6-11可知，偏心前后渐开线根部R点、中部H-I处，以及鼻端A位置的最大应力较大。气隙静偏心后各部分最大应力均增大，中部、根部和鼻端位置变化较大。

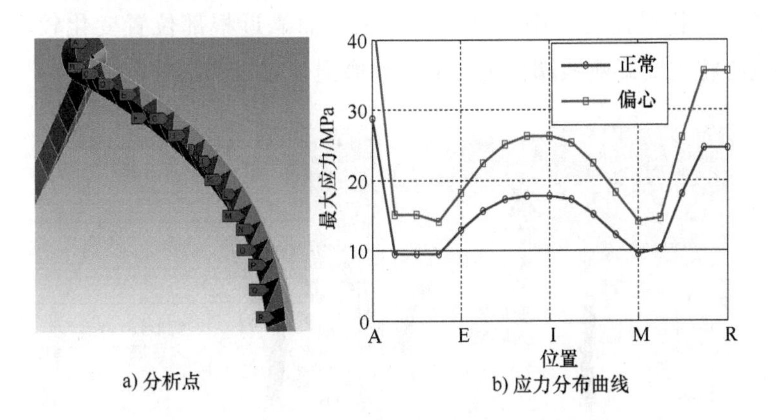

a) 分析点　　b) 应力分布曲线

图2.6-11　34号上层渐开线最大应力分布（彩图见插页）

2. 位移

图2.6-12展示了气隙静偏心后端部绕组的最大位移分布，仿真计算结果表明，最大位移发生在距离最小气隙位置最近的相间35号线圈渐开线中部位置，

因此在日常检测中应重点注意相间线圈的磨损。

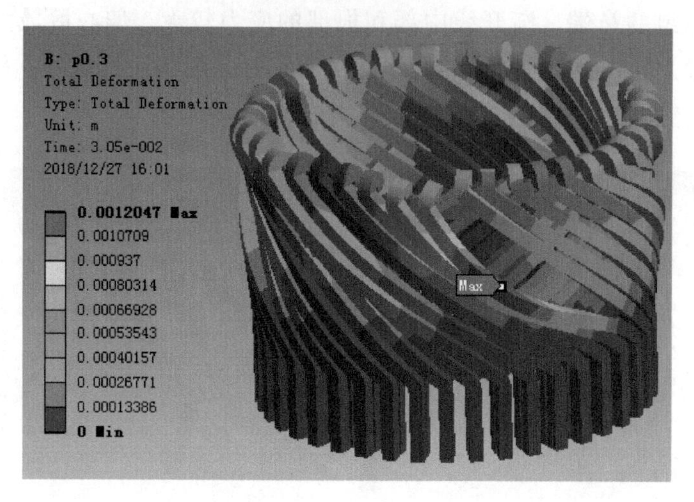

图 2.6-12　端部线圈位移分布（位移最大时刻）（彩图见插页）

偏心前后 34 号线圈最大位移分布如图 2.6-13 所示。由图 2.6-13 可知，线圈的最大位移均发生在鼻端，渐开线中上部位移较大，偏心后最大位移量由 0.5mm 增大到 0.9mm，原因同应力分析。

偏心前后 34 号线圈上层渐开线 17 个分析点的最大位移分布曲线如图 2.6-14 所示。由图 2.6-14 可知，偏心前后最大位移均位于渐开线的中上部，偏心后最大位移增大。相对而言，中上部变化较大，而靠近根部位置变化较小。因此，气隙静偏心将主要影响线圈中上部的振动磨损，对根部影响较小。

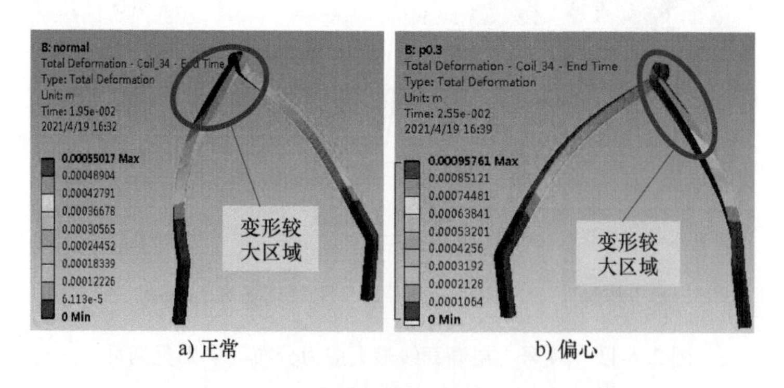

a) 正常　　b) 偏心

图 2.6-13　34 号端部线圈位移分布（彩图见插页）

气隙静偏心前后 QFSN-600-2YHG 汽轮发电机 34 号线圈 E 部位的三向位移幅值对比结果如图 2.6-15 所示。由图 2.6-15 可看出，不论气隙静偏心是否发

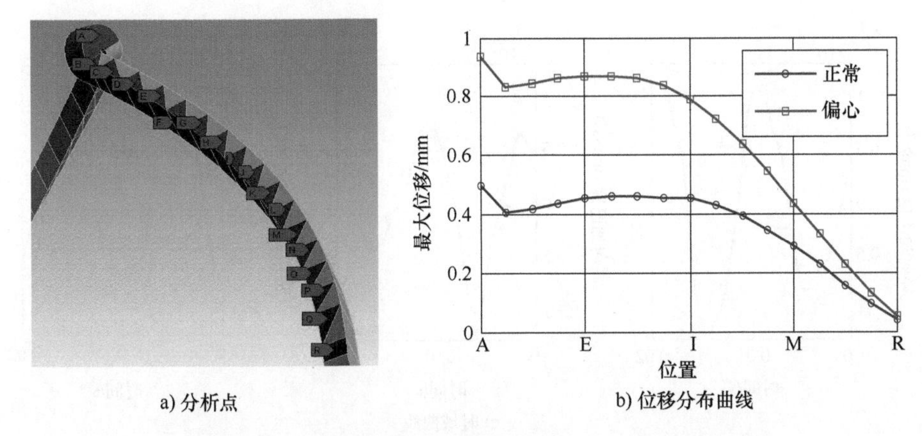

a) 分析点　　b) 位移分布曲线

图 2.6-14　34 号上层渐开线最大位移分布（彩图见插页）

生，绕组的径向、轴向和周向位移中均为径向位移较大，即端部绕组的同层磨损大于异层磨损，原因同 4.2.4 节图 2.4-45 和图 2.4-46 分析。偏心后各向位移均有所增大，这将导致绕组的绝缘磨损增加，绝缘寿命降低。其中，径向位移幅值增大最多，故而偏心后同层磨损更为严重。

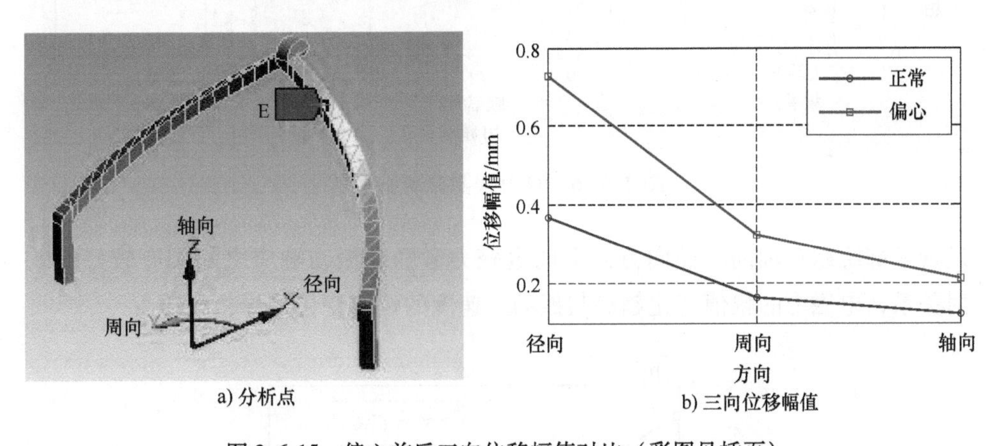

a) 分析点　　b) 三向位移幅值

图 2.6-15　偏心前后三向位移幅值对比（彩图见插页）

3. 振动加速度

偏心后 34 号线圈 E 点的三向加速度时域波形及频谱如图 2.6-16 所示。由图 2.6-16 可知，在绕组的三向振动中，径向振动幅值最大，而轴向和周向的振动幅值较小。另外，各振动均有明显的 100Hz($2\omega_r$，亦即 2ω）频率成分。

图 2.6-17 展示了静偏心前后 34 号线圈中部的三向加速度二倍频成分幅值，经对比发现，偏心后各向的振动加速度幅值均有所增大，这一结果与前面 6.1.3 节中的理论分析是一致的。此外，对比图 2.6-6 与图 2.6-15、图 2.6-17 结果，

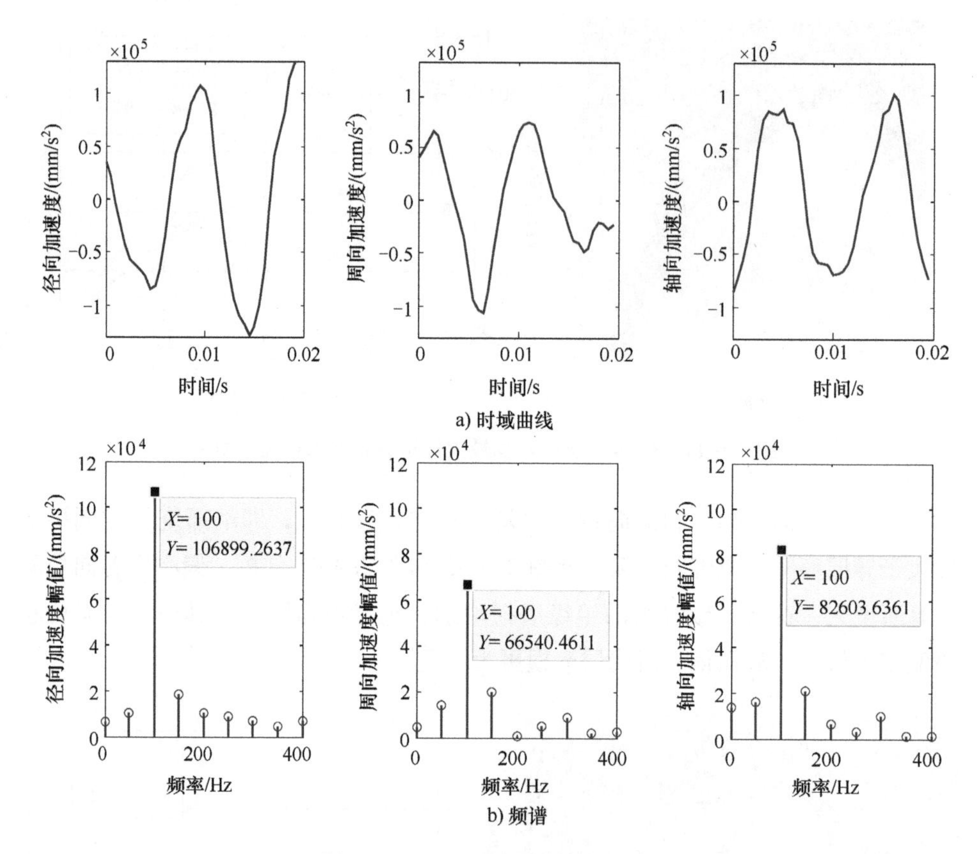

图 2.6-16　34 号线圈振动加速度

发现端部绕组在轴向、径向方向上的电磁力激励和振动响应之间具有较好的映射关系，电磁力的幅值变化趋势与振动加速度的幅值变化趋势相一致。

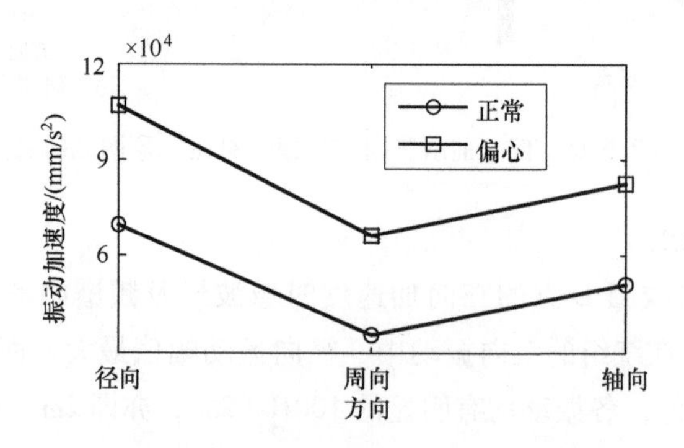

图 2.6-17　34 号线圈振动加速度二倍频

为了分析相隔 60°位置上两线圈的振动特点，在气隙静偏心方向上的 34 号线圈上设定分析点A，相邻相对应的41号线圈上设定点B，如图2.6-18所示。气隙静偏心之后，两线圈的径向振动加速度频谱如图2.6-19所示。由图2.6-19可知，A分析点100Hz（$2\omega_r$，亦即2ω）幅值大于B分析点，这一结论与图2.6-6a的电磁力仿真结果相符。正常运行时，34号和41号线圈电磁力幅值近似相等；而气隙静偏心之后，由于34号线圈更接近最小气隙位置，其增幅较大，故而34号线圈的幅值明显超过了41号线圈。

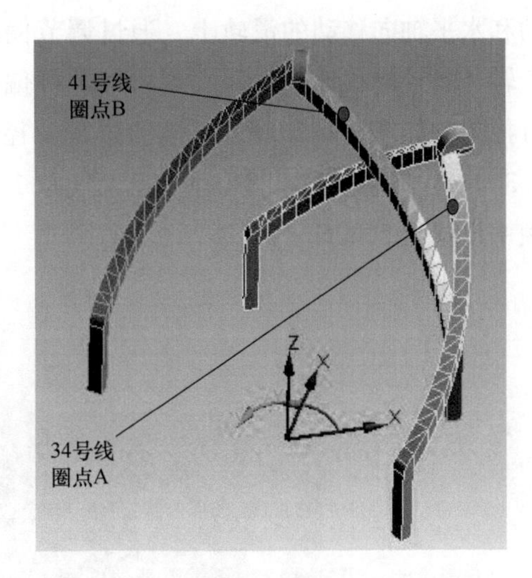

图2.6-18 径向振动分析点（彩图见插页）

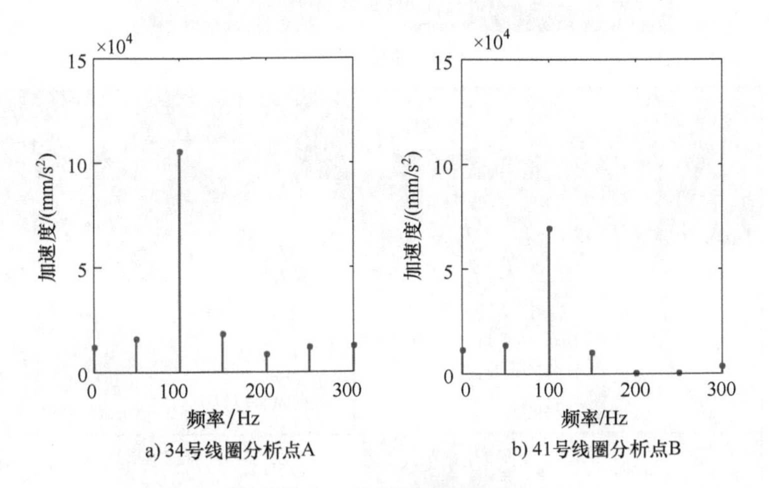

a) 34号线圈分析点A　　b) 41号线圈分析点B

图2.6-19 径向振动频谱对比

6.3 气隙静偏心下振动特性实验验证

本节主要在CS-5型故障模拟发电机平台上，对发电机气隙静偏心下的端部绕组振动特性进行实验验证。

CS-5型故障模拟实验机极对数为1，转子机械转频为50Hz，电频率也为50Hz。该机组发电机转子通过轴承座固定在基础上，定子置于可沿水平径向移动和水平轴向移动的滑轨上，通过调节偏心设置螺钉来实现定子及其绕组相对于转子的径向移动，从而实现对气隙静偏心的模拟。偏心量通过两个千分表进行控制，如图 2.6-20 所示。实验过程中径向偏心设置为偏心率为 30%，偏心量 0.36mm，最小气隙 0.84mm，最大气隙 1.56mm。励磁电流设置为 1.0A，采样频率设置为 5000Hz。

a) 外形图

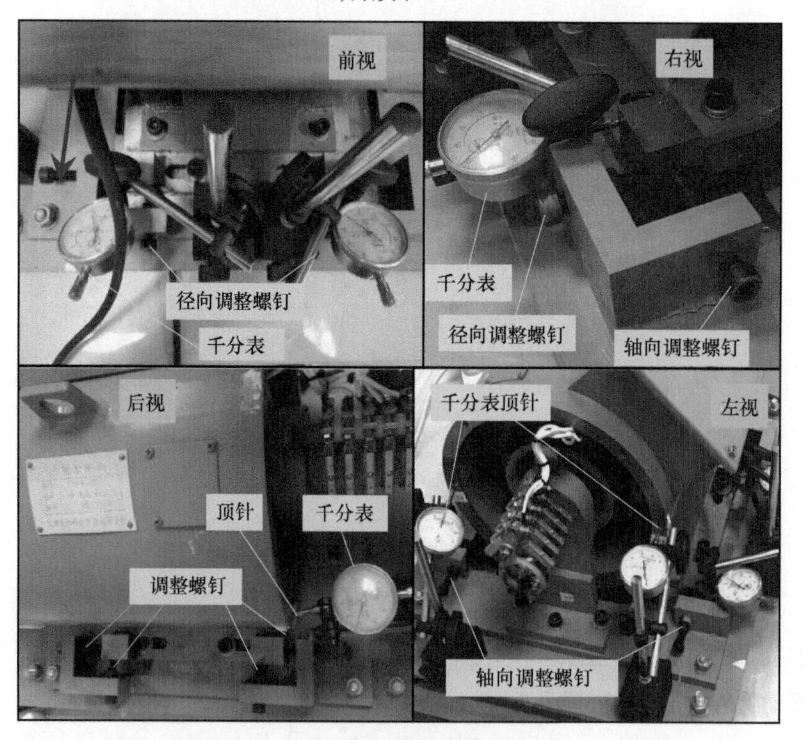

b) 静偏心设置方法

图 2.6-20　CS-5 实验机偏心设置装置

测取的最小气隙处端部绕组的三向振动加速度波形及频谱如图 2. 6-21 所示。由图 2. 6-21 可知，振动频谱包含明显 100Hz 频率（$2\omega_r$，亦即 2ω）成分。

气隙静偏心前后各向振动的二倍频幅值对比结果如图 2. 6-22 所示。由图 2. 6-22 可看出，气隙静偏心后绕组在径向、轴向和周向的二倍频振动幅值均有所增大，这一结论与 6. 1. 3 节中的理论分析结果和 6. 2. 3 节中的有限元仿真计算结果相一致。

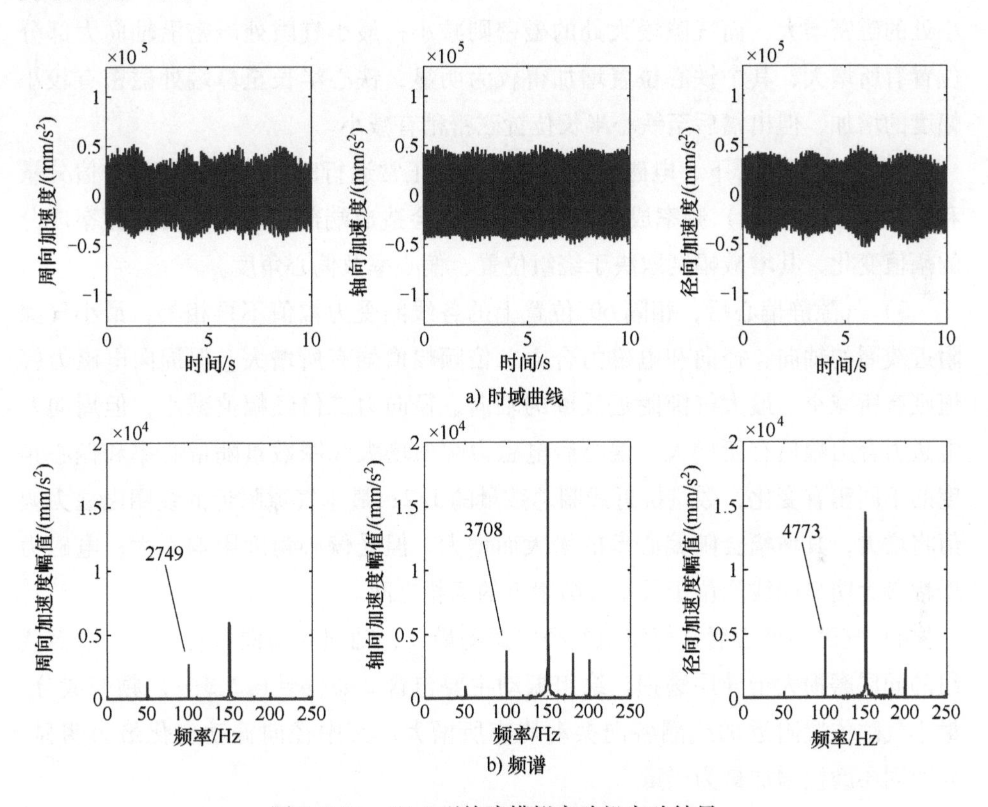

图 2. 6-21　CS-5 型故障模拟实验机实验结果

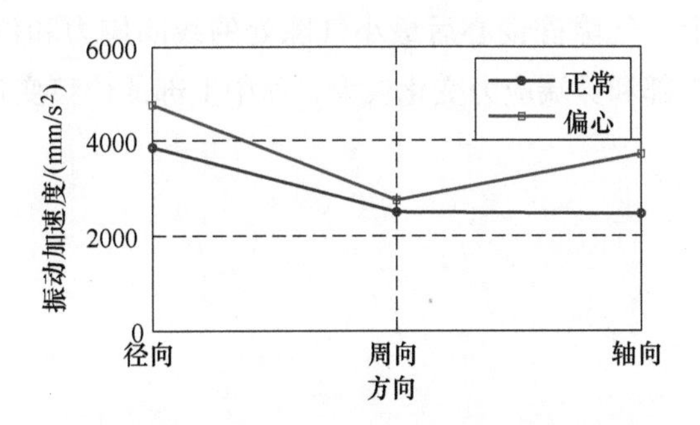

图 2. 6-22　CS-5 型故障模拟实验机振动二倍频幅值对比

6.4 本章小结

本章对气隙静偏心下的发电机端部绕组电磁力和机械响应进行了理论推导分析、三维有限元仿真计算和模拟实验验证，得到的主要结论如下：

1）气隙静偏心后径向磁密与正常情况相同，仅包含奇次谐波成分；气隙减小处的磁密增大，而气隙增大处的磁密则减小；最小气隙处磁密沿轴向大部分位置有所增大，其中铁心位置增加得较为明显，铁心半长至鼻端处磁密有较小幅度的增加，但出槽后至铁心半长位置磁密稍有减小。

2）气隙静偏心下，电磁力的频率成分与正常运行时相同，仅包含常值分量和 $2n\omega(n=1,2,3\cdots)$ 频率成分；气隙静偏心会造成端部绕组电磁力各频率成分的幅值变化，其增减幅度取决于绕组位置、偏心率及偏心角度。

3）气隙静偏心后，相隔 60°位置上的各线圈受力幅值不再相等；最小气隙附近线圈的轴向、径向和电磁力合力二倍频幅值均有所增大，但周向电磁力幅值则有所减小；最大气隙附近线圈的轴向、径向力二倍频幅值减小，但周向及电磁力合力幅值有所增大。偏心后电磁力幅值增大线圈数量随偏心率和偏心角度的不同稍有变化，数量接近线圈总数量的 1/2；最小气隙附近的线圈电磁力幅值将增大，其增幅会随偏心率的增大而增大，但受偏心角度影响不大；电磁力增幅最为明显的线圈位于最小气隙附近的两相之间。

4）气隙静偏心后端部绕组的径向振动最大，轴向和周向振动较小，端部绕组的同层磨损大于异层磨损。绕组振动主要包含 $2n\omega(n=1,2,3\cdots)$ 频率成分。最小气隙位置附近的线圈各向振动均有所增大，其中径向振动变化最为明显，导致同层磨损增加最为严重。

5）气隙静偏心后端部绕组的最大应力和最大位移发生在距离最小气隙位置最近的相间线圈上。气隙静偏心后最小气隙处的线圈应力和位移有所增大，其中渐开线根部、中部和鼻端应力变化较大，而中上部的位移变化较大。

第 7 章 机电复合故障下端部绕组的电磁力及振动特性

7.1 机电复合故障下端部绕组电磁力及振动响应理论解析

由于制造、安装、运行等多种因素影响，气隙静偏心普遍存在于各类发电机和电动机中。转子匝间短路是发电机中发生概率较高的一种电气故障，这种故障在较轻微时不会对发电机的运行构成太大影响，发电机仍然可以运行很长的一段时间。发电机在实际的运行过程中，除了气隙静偏心、转子绕组匝间短路等典型单一故障外，有许多时候可能处于多种故障成分共存的复合故障状态。

本章分析气隙静偏心与转子绕组匝间短路复合故障下的定子端部绕组电磁力及振动响应特性变化。

7.1.1 复合故障下气隙磁密

考虑转子绕组匝间短路造成的励磁磁动势变化，以及气隙静偏心引起的气隙磁导的变化，定子线圈电流可以近似描述为

$$\begin{cases} I_{c}(t)=E_{c}(t)/Z=\dfrac{2pq}{a}w_{s}k_{w}B_{rs}Lv/Z \\ \quad =\dfrac{2pqw_{s}}{a}\Lambda Lv\left(\sum\limits_{n=1,3,5\cdots}k_{wn}F_{rsn}\cos np(\omega_{r}t-\alpha)+\sum\limits_{k=1,2,3\cdots k\neq np}k_{wk}F_{dk}\cos k(\omega_{r}t-\alpha)\right)/Z \\ \quad =\sum\limits_{n=1,3,5\cdots}I_{cn}\cos[np(\omega_{r}t-\alpha)-\psi-\pi/2]+\sum\limits_{k=1,2,3\cdots k\neq np}I_{ck}\cos[k(\omega_{r}t-\alpha)-\psi-\pi/2] \\ \quad =\sum\limits_{n=1,3,5\cdots}I_{cn}\cos[n(\omega t-\alpha p)-\psi-\pi/2]+\sum\limits_{k=1,2,3\cdots k\neq np}I_{ck}\cos\left[\dfrac{k}{p}(\omega t-\alpha)-\psi-\pi/2\right] \\ I_{cn}=\dfrac{2pq}{a|Z|}w_{s}k_{wn}\Lambda_{0}LvF_{rsn}[1+\varsigma\cos(\alpha-\lambda)] \\ I_{ck}=\dfrac{2pq}{a|Z|}w_{s}k_{wn}\Lambda_{0}LvF_{dk}[1+\varsigma\cos(\alpha-\lambda)] \end{cases} \tag{7-1}$$

式中，E_c为复合故障时定子相电动势（V）；B_{rs}为复合故障时励磁磁密（T）；I_{cn}为复合故障时定子电流 n 次谐波幅值（A）；其他参数含义同4.1.2节。

铁心处气隙磁密可由转子绕组匝间短路时的气隙磁动势和气隙静偏心时的气隙磁导相乘而得到：

$$
\begin{aligned}
B_c(\alpha,t) &= f_s(\alpha,t)\Lambda(\alpha) \\
&= \Lambda_0[1+\varsigma\cos(\alpha-\lambda)]\times \\
&\quad \left[\sum_{n=1,3,5\cdots} F_{csn}\cos n(\omega t-\alpha p-\rho_{sn}) - \sum_{k=1,2,3\cdots;k\neq np} F_{dk}\cos\frac{k}{p}(\omega t-\alpha p)\right] \\
&\approx \Lambda_0 F_{cs1}[1+\varsigma\cos(\alpha-\lambda)]\cos(\omega t-p\alpha-\rho_{s1})
\end{aligned}
\tag{7-2}
$$

式中，f_s为转子绕组匝间短路时气隙磁动势，推导过程详见5.1.2节；Λ为气隙静偏心时气隙磁导，推导过程详见6.1.2节。

对比式（7-2）与式（4-12）可见，气隙静偏心与转子绕组匝间短路复合故障与正常情况相比，其气隙磁密频率成分除包含各奇次谐波成分外，还包括各分数次和偶数次（k/p 次，$k\neq np$，n 为奇数）谐波成分。另外，最小气隙附近（偏心方向±90°范围）的磁密幅值介于单一的气隙静偏心故障与单一的转子匝间短路故障之间，其他位置磁密幅值小于两种单一故障时所对应的幅值。

7.1.2 复合故障下端部绕组电磁力

利用安培力定律、复合故障下的气隙磁密表达式和定子绕组电流表达式，可推导得到复合故障下端部绕组任意点处的电磁力表达式为

$$
\begin{cases}
\overrightarrow{F_{\mathrm{Ikc}}} = f_k\overrightarrow{B_c}\times\overrightarrow{I_c}\mathrm{d}l = \{\overrightarrow{F_{\mathrm{Ikxc}}},\overrightarrow{F_{\mathrm{Ikyc}}},\overrightarrow{F_{\mathrm{Ikzc}}}\}\mathrm{d}l \\
F_{\mathrm{Ikc}}(\alpha_I+\alpha_k,t) = f_k B_c I_c\sin\theta_k\mathrm{d}l \\
\approx \dfrac{pq}{a|Z|} f_k q w_s L v\Lambda_0^2\sin\theta_k\mathrm{d}l[1+\varsigma\cos(-\alpha_I-\alpha_k-\lambda)][1+\varsigma\cos(-\alpha_I-\lambda)] \\
\left(\begin{aligned}
&\sum_{n=1,3,5\cdots}\sum_{j=1,3,5\cdots} k_{wn}F_{rsn}F_{csj}\begin{bmatrix}\cos p[(n+j)(\omega_r t-\alpha_I)-j\alpha_k-j\rho_{sn}/p-\psi-\pi/2] \\ +\cos p[(n-j)(\omega_r t-\alpha_I)-j\alpha_k-j\rho_{sn}/p+\psi+\pi/2]\end{bmatrix} - \\
&\sum_{n=1,3,5\cdots}\sum_{j=1,2,3\cdots;j\neq np} k_{wn}F_{rsn}F_{dj}\begin{bmatrix}\cos[(np+j)(\omega_r t-\alpha_I)-j\alpha_k-\psi-\pi/2] \\ +\cos[(np-j)(\omega_r t-\alpha_I)-j\alpha_k+\psi+\pi/2]\end{bmatrix} - \\
&\sum_{n=1,3,5\cdots}\sum_{j=1,2,3\cdots;j\neq np} k_{wj}F_{dj}F_{csn}\begin{bmatrix}\cos[(np+j)(\omega_r t-\alpha_I)-j\alpha_k-j\rho_{sn}/p-\psi-\pi/2] \\ +\cos[(np-j)(\omega_r t-\alpha_I)-j\alpha_k-j\rho_{sn}/p+\psi+\pi/2]\end{bmatrix}
\end{aligned}\right) \\
\approx \dfrac{pq}{a|Z|} f_k w_s k_{w1} L v\Lambda_0^2\mathrm{d}l\sin\theta_k F_{rs1}F_{cs1}(1+\Delta) \\
\quad [\cos[p2(\omega_r t-\alpha_I)-\alpha_k-\rho_{sn}/p-\psi-\pi/2]+\cos p[\alpha_k+\rho_{sn}/p-\psi-\pi/2]] \\
\Delta = \varsigma^2\cos(\alpha_I+\alpha_k-\lambda)\cos(\alpha_I-\lambda)+\varsigma\cos(\alpha_I+\alpha_k-\lambda)+\varsigma\cos(\alpha_I-\lambda)
\end{cases}
\tag{7-3}
$$

式中，$F_{\mathrm{Ik}xc}$、$F_{\mathrm{Ik}yc}$、$F_{\mathrm{Ik}zc}$为复合故障时 K 点电磁力的直角坐标分量；B_{c}为复合故障下的气隙磁密；I_{c}为复合故障下的定子线圈电流。

通过坐标变换和积分计算可以获得复合故障下端部绕组在径向、轴向和周向的电磁力分量及总的电磁力合力：

$$\begin{cases} F_{\mathrm{Irc}}=\int_{l_{\mathrm{end}}}(F_{\mathrm{Ik}xc}\cos\theta+F_{\mathrm{Ik}yc}\sin\theta)\,\mathrm{d}l \\ F_{\mathrm{Itc}}=\int_{l_{\mathrm{end}}}(-F_{\mathrm{Ik}xc}\sin\theta+F_{\mathrm{Ik}yc}\cos\theta)\,\mathrm{d}l \\ F_{\mathrm{Iac}}=\int_{l_{\mathrm{end}}}F_{\mathrm{Ik}zc}\,\mathrm{d}l \\ F_{\mathrm{Ic}}=\sqrt{\left(\int_{l_{\mathrm{end}}}F_{\mathrm{Ik}xc}\,\mathrm{d}l\right)^2+\left(\int_{l_{\mathrm{end}}}F_{\mathrm{Ik}yc}\,\mathrm{d}l\right)^2+\left(\int_{l_{\mathrm{end}}}F_{\mathrm{Ik}zc}\,\mathrm{d}l\right)^2} \end{cases} \tag{7-4}$$

式中，F_{Irc}、F_{Itc}、$\mathrm{F}_{\mathrm{Iac}}$为复合故障时径向、周向和轴向电磁力；$F_{\mathrm{Ic}}$为复合故障时电磁力合力；其他参数含义同 4. 1. 2 节。

根据式（7-3），复合故障时电磁力的频率成分除了明显的常量、$2np\omega_{\mathrm{r}}$（亦即 $2n\omega$，$n=1$、2、3…）频率成分外，还包含有其他微弱的各倍机械转频成分。各频率成分的幅值变化取决于偏心角度、偏心率、短路程度、短路位置和极对数（详见 5. 1. 2 节和 6. 1. 2 节）。根据 6. 1. 2 节的分析结果可得，对于 QFSN-600-2YHG 汽轮发电机，复合故障时 32-36 号线圈的电磁力的二倍频幅值介于单一的转子绕组匝间短路和单一的气隙静偏心所对应的幅值之间，而与之相对的 11-15 号线圈的电磁力二倍频幅值则小于两种单一故障时所对应的幅值。

7. 1. 3　复合故障下端部绕组振动响应

基于图 2. 4-6，可得复合故障下定子端部绕组的振动响应方程：

$$m\ddot{d}(t)+c\dot{d}(t)+kd(t)=F_{\mathrm{Ic}}(t) \tag{7-5}$$

式中，$F_{\mathrm{Ic}}(t)$ 为复合故障时端部绕组所受电磁力；其他参数含义同 4. 1. 3 节。

根据电磁力激励与振动响应之间的同频对应关系，复合故障时振动加速度除了包含 $2np\omega_{\mathrm{r}}$（亦即 $2n\omega$，$n=1$，2，3…）频率成分，还含有其他各倍机械转频成分。最小气隙附近的线圈振动二倍频处于单一静偏心故障和转子绕组匝间短路故障之间，最大气隙附近的线圈振动二倍频幅值小于转子绕组匝间短路时的幅值。

7.2 机电复合故障下电磁—结构有限元数值仿真

7.2.1 仿真参数设置

本节主要对 QFSN-600-2YHG 型汽轮发电机气隙静偏心和转子绕组匝间短路复合故障下的端部绕组电磁力及机械响应进行仿真计算。设定偏心率 30%，偏心角度为$+X$轴$\lambda=0°$，通过将有限元物理模型中的定子铁心、定子绕组整体向$-X$轴移动 28mm 来实现对气隙静偏心的模拟；短路程度设置为 5%，短路匝中心位置 0°，设置方法详见 5.2.1 节。

仿真过程中转子励磁电流设置为额定励磁电流 4128A，转子转速设为同步转速 3000r/min，计算时步步长为 0.005s，仿真时间定为 0.12s。

7.2.2 复合故障下气隙磁密分析

复合故障前后，0°位置（最小气隙处）的径向磁密变化曲线及频谱如图 2.7-1 所示。由图 2.7-1a 可知，磁密随时间近似呈余弦变化规律，复合故障的磁密峰值介于单一气隙静偏心和单一转子绕组匝间短路之间，谷值则与单一的气隙静偏心相近。由图 2.7-1b 可知，复合故障下径向磁密除了包含明显的 50Hz（基波ω）频率成分、150Hz 和 250Hz（3ω 和 5ω）成分外，还出现了 100Hz 和 300Hz（2ω 和 6ω）。磁密 50Hz（基波ω）频率成分的幅值介于单一的气隙静偏心与单一的转子绕组匝间短路之间。此结论与理论分析中式（7-2）所得到的定性结论相吻合。

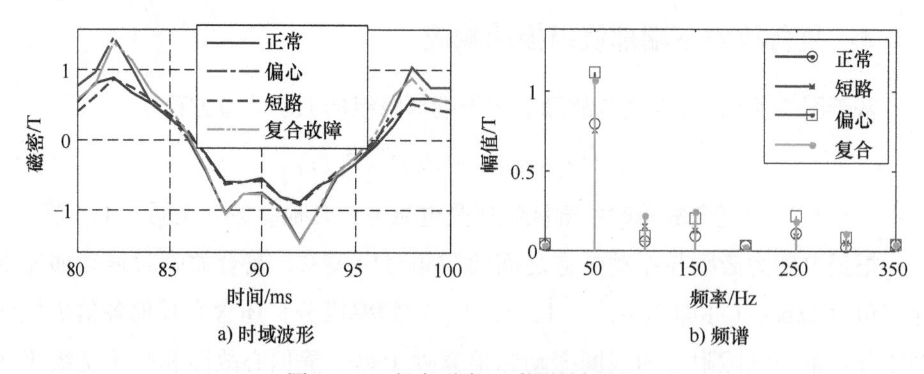

a) 时域波形　　b) 频谱

图 2.7-1　径向磁密（彩图见插页）

$t=100$ms 时，复合故障前后的综合气隙磁密（磁密径向、轴向、周向分量的合成）沿圆周方向的分布曲线如图2.7-2a所示，0°位置气隙磁密沿轴向的分布曲线如图2.7-2b所示。

由于气隙静偏心将主要影响气隙磁导，而转子绕组匝间短路则主要影响气隙磁动势，在复合故障下，气隙磁导和磁势均会发生变化。综合而言，由图2.7-2a可看出，最小气隙（0°、360°）附近的磁密幅值介于单一的转子绕组匝间短路和单一的气隙静偏心之间。

由图2.7-2b可看出，复合故障下的磁密幅值在轴向大部分位置均介于单一的气隙静偏心和单一的转子绕组匝间短路之间，但会在出槽后至铁心半长位置区域相对于单一的转子绕组匝间短路故障所对应的磁密稍有减小。故障对铁心部分（0~315mm）的磁密影响较大，对出槽口至铁心半长位置（315~600mm）区域的影响较小，对出槽半长至鼻端处（600mm以后）的影响则非常小。

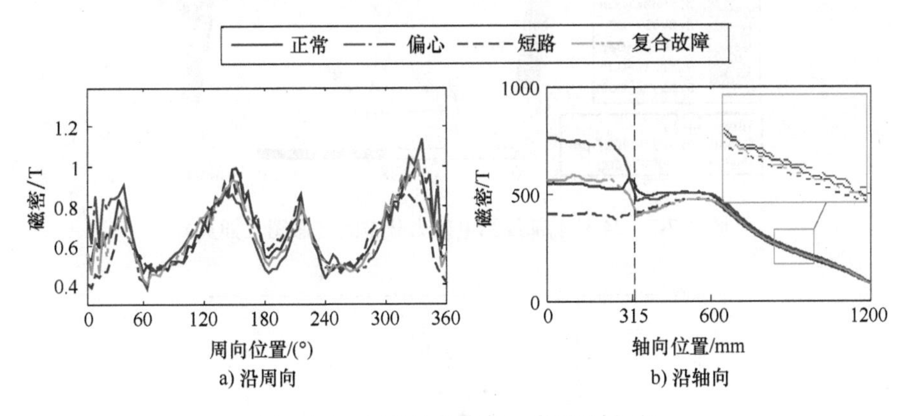

a) 沿周向　　b) 沿轴向

图2.7-2　气隙磁密分布（彩图见插页）

7.2.3　复合故障下端部绕组电磁力分析

$t=100$ms时，复合故障下34号端部线圈的电磁力密度分布如图2.7-3所示。与正常（见图2.4-21）、单一转子绕组匝间短路（见图2.5-10）、单一气隙静偏心情况下的（见图2.6-4）相比，复合故障下的电磁力密度依旧是上层渐开线根部最大，下层渐开线中部和鼻端部位较大；但是复合故障下的最大电磁力密度比正常情况下有所增加，其值介于单一的气隙静偏心和单一的转子绕组匝间短路之间。这一结果与磁密的变化趋势一致，如图2.7-2a所示。

$t=100$ms时刻，42个端部线圈的电磁力分布如图2.7-4所示。由图2.7-4可看出，在复合故障下8-21号线圈电磁力小于单一的转子绕组匝间短路所对应的数值，这是由于这些线圈与短路匝中心位置及最小气隙位置相隔180°，在磁动势减小（见图 2.5-2a）的同时，其气隙磁导也有所减小［见式（6-1）］，继而导致磁密和电磁力均减小。29-42 号线圈的电磁力介于单一的气隙静偏心和单一转子绕组匝间短路之间，这是由于它们正好处于短路匝中心和最小气隙位置附近，虽然其磁动势减小，但磁导却增大。

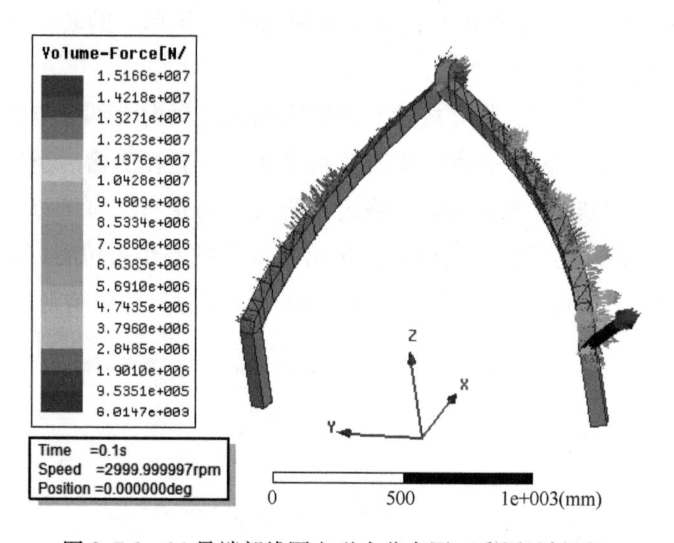

图 2.7-3　34 号端部线圈电磁力分布图（彩图见插页）

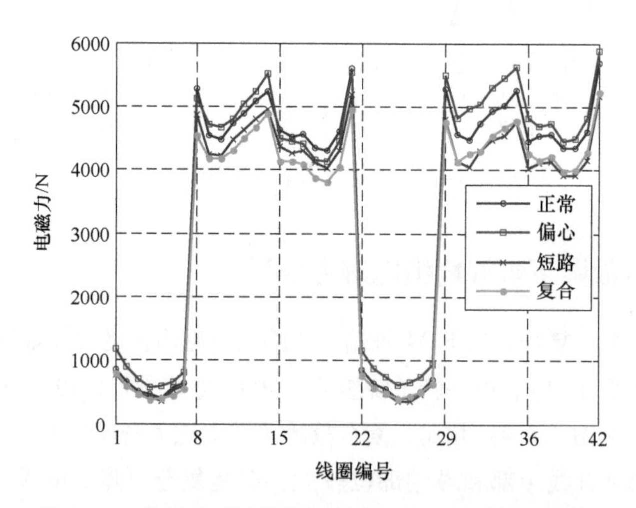

图 2.7-4　故障前后端部绕组电磁力分布（彩图见插页）

图 2.7-5 展示了复合故障后 34 号线圈的电磁力时域波形及其频谱。对比图 2.7-5 与图 2.4-25 可知，故障后各分力的方向与正常运行时是相同的；各向分力的频率成分除了包含明显的直流常量、100Hz（$2\omega_r$，即 2ω）分量和 200Hz

（$4\omega_r$，即 4ω）分量外，还出现了微弱的 150Hz（$3\omega_r$，即 3ω）分量，这一现象与式（7-3）的理论分析结果相符合。

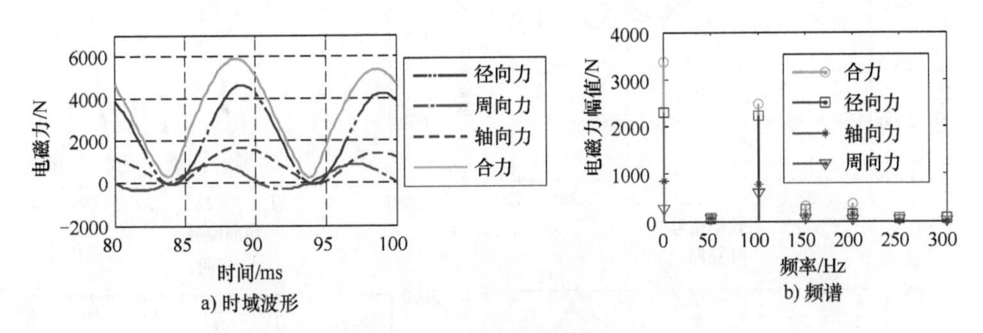

图 2.7-5　34 号端部线圈电磁力及频谱（彩图见插页）

复合故障前后 42 个线圈的三向电磁力及电磁力合力的二倍频幅值如图 2.7-6 所示。由图 2.7-6 可知，最小气隙处的 34 号线圈的轴向电磁力、径向电磁力和电磁力合力幅值均介于单一的气隙静偏心故障和单一的转子绕组匝间短路故障之间，但周向电磁力幅值小于气隙静偏心和转子绕组匝间短路时所对应的幅值。与 34 号线圈不同，气隙最大处的 13 号线圈的轴向电磁力、径向电磁力，以及电磁力合力的幅值均小于单一的气隙静偏心和转子绕组匝间短路所对应的数值，但周向电磁力幅值则介于单一的气隙静偏心和转子绕组匝间短路之间，这一现象已在 6.2.2 节进行了解释。

受气隙静偏心的影响，相隔 60°位置上的各线圈受力幅值不再相等。图 2.7-6 中显示 34 号附近线圈的轴向力和径向力幅值介于单一的气隙静偏心与单一的转子绕组匝间短路之间，13 号线圈附近的线圈轴向电磁力和径向电磁力幅值均小于单一的气隙静偏心故障和单一的转子绕组匝间短路故障。例如，正常运行时，1、8、15、22、29、36 号线圈的电磁力幅值近似相等，而在复合故障下 29 号和 36 号线圈的轴向和径向电磁力幅值则介于单一的气隙静偏心和转子绕组匝间短路之间，8 号和 15 号线圈的轴向和径向电磁力幅值则同时小于单一的气隙静偏心和转子绕组匝间短路时的幅值。

此外，从图 2.7-6 中还可看出，复合故障下 32-36 号线圈的径向和轴向电磁力二倍频幅值均介于单一的气隙静偏心和转子绕组匝间短路之间，而 11-15 号绕组的径向、轴向电磁力二倍频幅值则均小于单一的气隙静偏心和转子绕组匝间短路所对应的幅值，这与式（7-3）的理论分析结果一致。

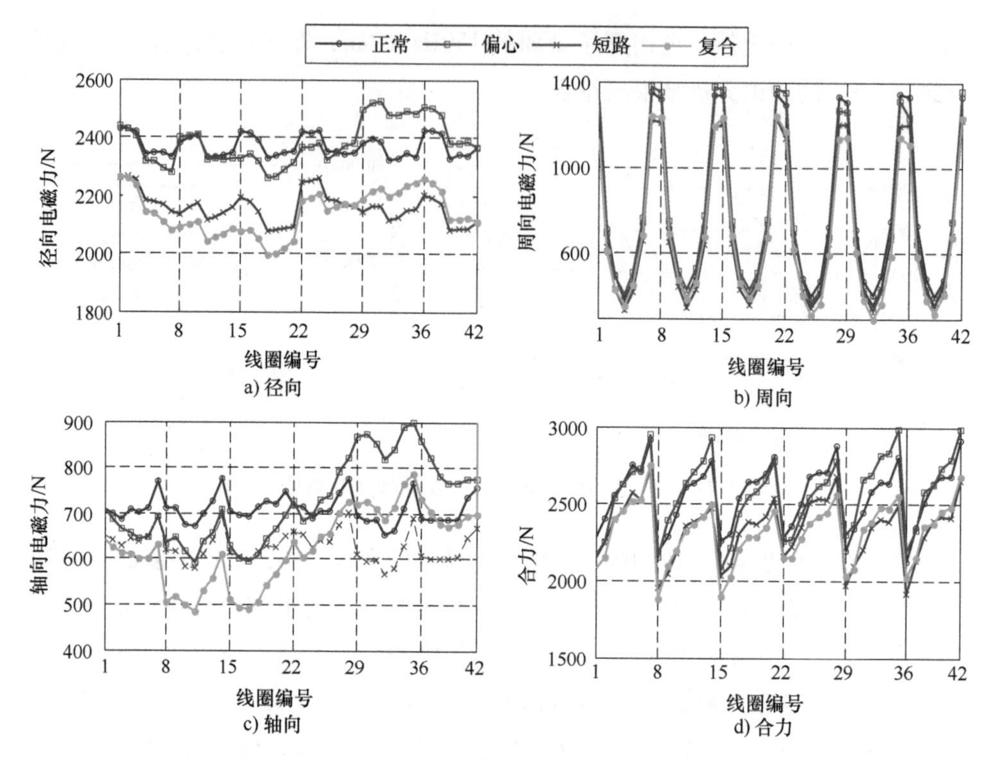

图 2. 7-6 42 个端部线圈二倍频电磁力幅值（彩图见插页）

7. 2. 4 复合故障下端部绕组振动特性分析

1. 应力

图 2. 7-7 展示了复合故障下端部绕组的最大应力分布情况。图 2. 7-7 的仿真计算结果表明，端部绕组的最大应力发生在 35 号线圈的根部位置，最大应力值为 37. 2MPa，由于受到短路影响，这一数值小于单一气隙静偏心故障所对应的数值（见图 2. 6-9）。35 号线圈是距离最小气隙位置最近的相间线圈，说明离最小气隙最近的相间线圈具有较高的应力疲劳风险。

复合故障前后 34 号线圈上层渐开线 17 个分析点的最大应力如图 2. 7-8 所示。由图 2. 7-8 可知，各种情况下渐开线的根部 R 点、中部 H-I 位置和鼻端位置 A 处的应力较大。复合故障下最大应力介于单一的转子绕组匝间短路与气隙静偏心之间；与正常情况下相比，端部绕组渐开线中部、根部和鼻端处的最大应力变化较大。

2. 位移

图 2. 7-9 展示了复合故障下端部绕组的最大位移分布情况。图 2. 7-9 的仿真

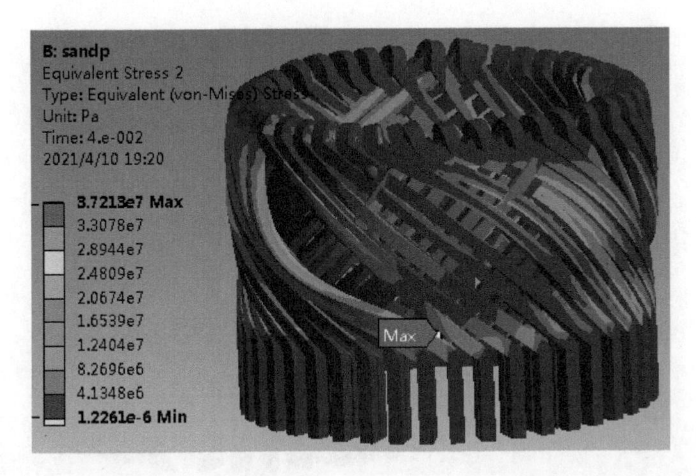

图 2.7-7　复合故障时端部线圈应力分布（应力最大时刻）（彩图见插页）

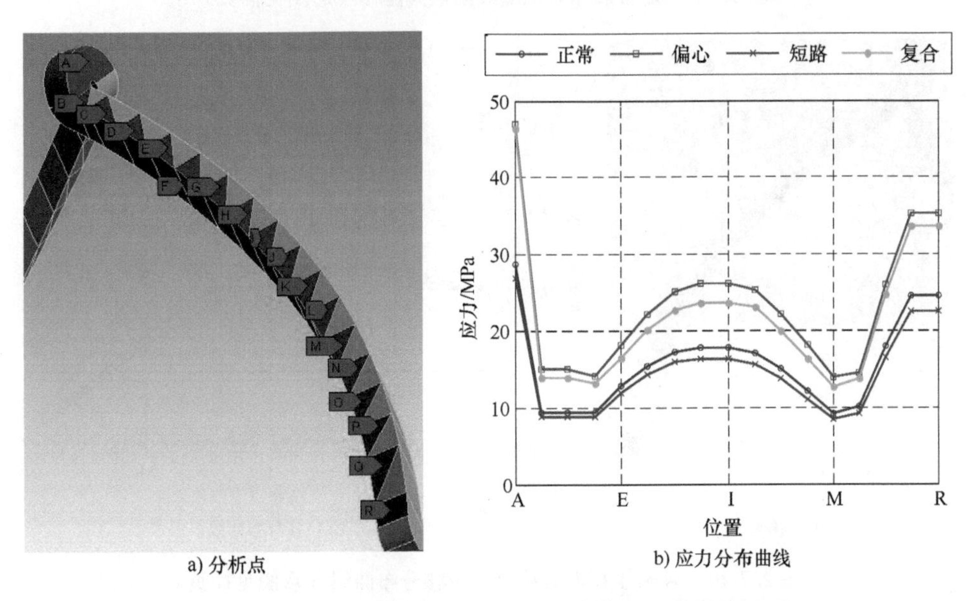

a) 分析点　　b) 应力分布曲线

图 2.7-8　34 号上层渐开线最大应力分布曲线（彩图见插页）

计算结果表明，最大位移发生在35号线圈的鼻端位置，此处因受匝间短路对磁密削减的影响，其位移数值小于单一的气隙静偏心故障所对应的最大位移值。

复合故障前后34号线圈上层渐开线17个分析点的最大位移如图2.7-10所示。由图2.7-10可知，各种运行状态下端部绕组的最大位移位置均位于渐开线的中上部；复合故障下端部绕组的最大位移数值介于单一的转子绕组匝间短路与气隙静偏心之间；与正常情况相比，端部绕组在中上部的位移量变化较大，而在根部的变化则较小。

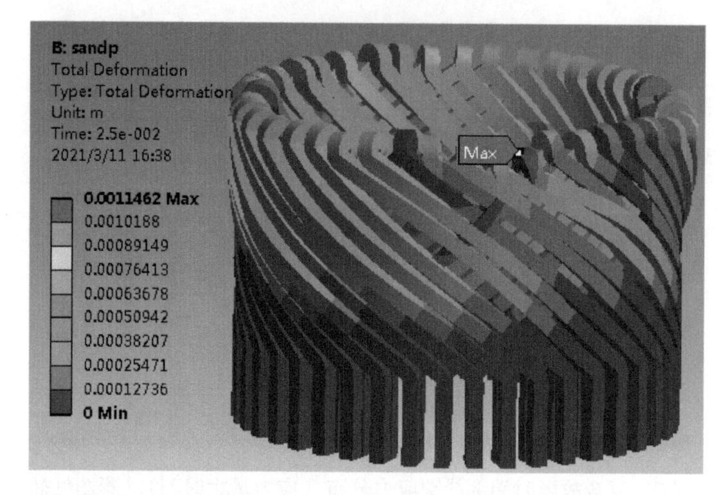

图 2.7-9　复合故障时端部线圈最大位移（彩图见插页）

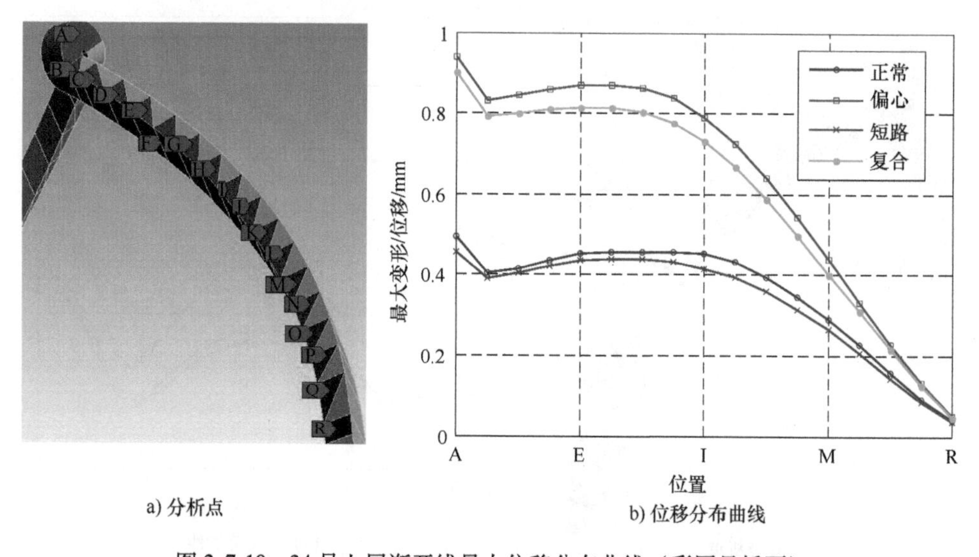

a) 分析点　　b) 位移分布曲线

图 2.7-10　34 号上层渐开线最大位移分布曲线（彩图见插页）

故障前后 QFSN-600-2YHG 汽轮发电机 34 号线圈 E 部位的径向、轴向和周向位移幅值对比情况如图 2.7-11 所示。由图 2.7-11 可看出，不论何种运行状态，均为径向位移最大，从而导致端部绕组的同层磨损大于异层磨损，原因同 4.2.4 节图 2.4-45 和图 2.4-46 分析。复合故障下端部绕组的位移幅值介于单一的转子绕组匝间短路和单一的气隙静偏心之间。

3. 振动加速度

复合故障下 34 号线圈 E 点的径向、轴向和周向加速度波形及频谱如图 2.7-12 所示。

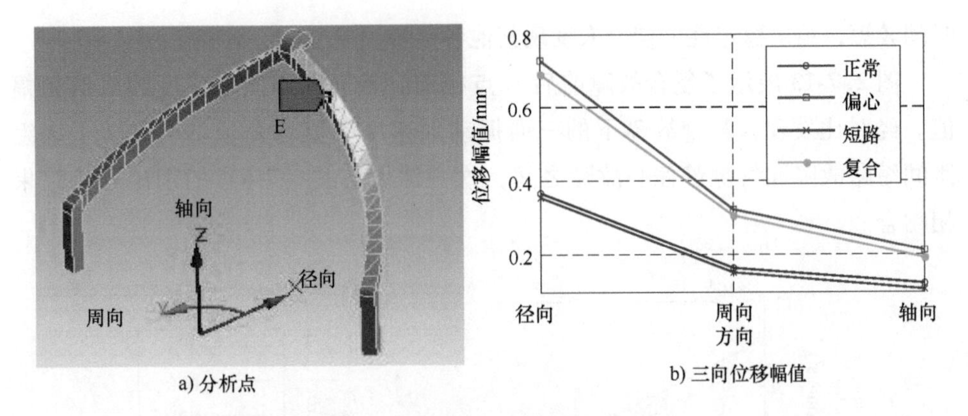

图 2.7-11　短路前后三向位移幅值对比

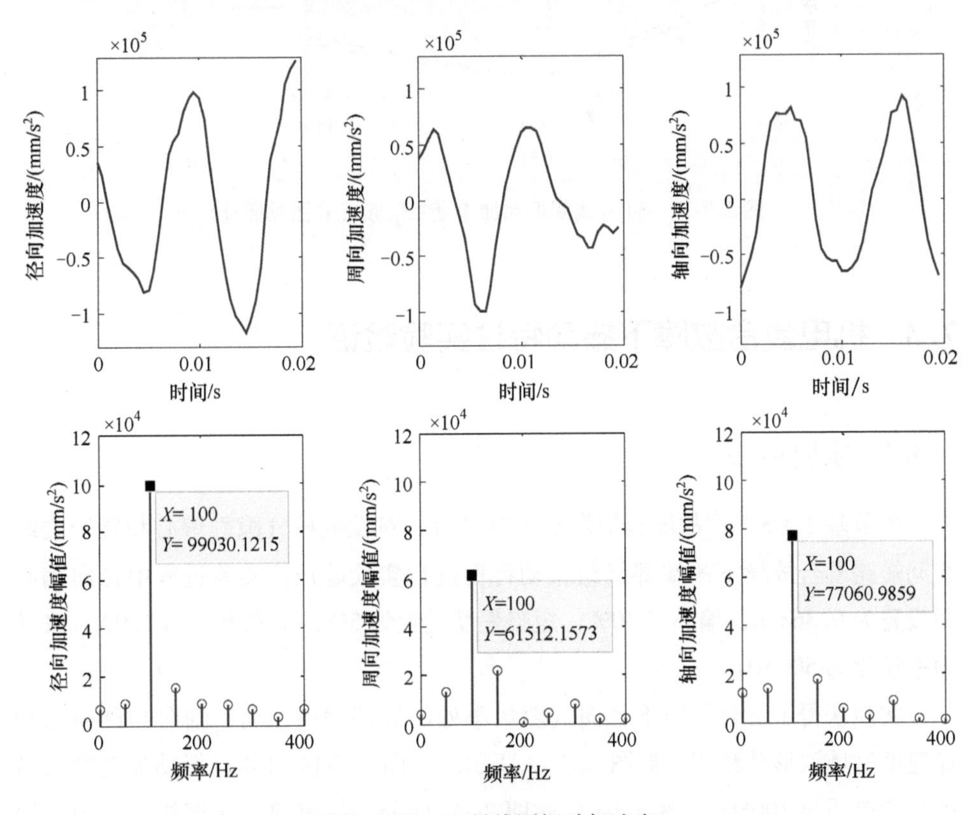

图 2.7-12　34 号线圈振动加速度

由图 2.7-12 可知，端部绕组的径向振动最大，而轴向振动和周向振动则较小。此外，3 个方向的振动分量均含有明显的 100Hz（$2\omega_r$，亦即 2ω）频率成分，这一结果与 7.1.2 中的理论分析结论相吻合。鉴于计算机资源有限，仿真时间较短，结果稳定性欠佳，未发现其他各倍转频成分的明显变化。

图 2.7-13 展示了复合故障前后 E 点径向、轴向和周向加速度的二倍频幅值。经对比发现，复合故障下的三向振动加速度幅值均介于单一的转子绕组匝间短路故障和气隙静偏心故障之间，这一结果与式（7-6）的理论分析结果相吻合。

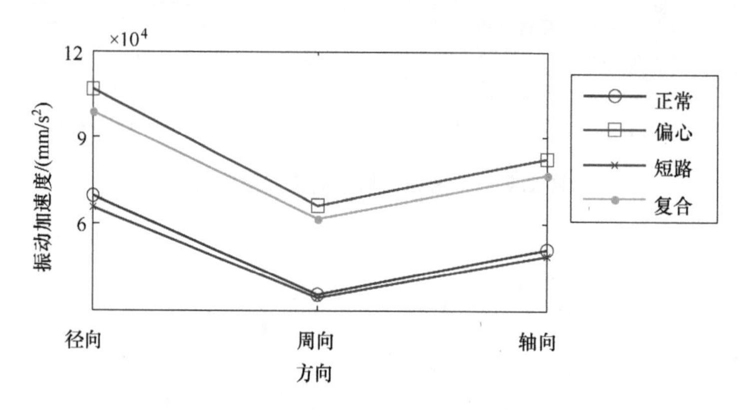

图 2.7-13　34 号线圈振动加速度二倍频（彩图见插页）

7.3　机电复合故障下振动特性实验验证

7.3.1　实验结果

本节基于 CS-5 型故障模拟发电机机平台，对发电机气隙静偏心和转子绕组匝间短路复合故障下的端部绕组振动特性进行实验验证。实验过程中径向偏心距设置为 0.36mm，偏心率 30%，短路程度设置为 5%，励磁电流为 1.0A，采样频率设置为 5000Hz。

实验获得了复合故障下径向气隙最小处的端部绕组径向、轴向和周向振动加速度时域波形及频谱，如图 2.7-14 所示。由图 2.7-14 可知，振动加速度频谱中包含有明显 100Hz 频率（$2\omega_r$，亦即 2ω）成分。故障前后端部绕组径向、轴向和周向振动的二倍频振动幅值对比情况如图 2.7-15 所示。由图 2.7-15 可见，复合故障下的端部绕组二倍频幅值介于单一的气隙静偏心和转子绕组匝间短路之间，这一结论与 7.1.2 节中的理论分析结果是一致的。由于干扰因素较多，且其他各倍转频成分较为微弱，未发现它们的规律性变化。

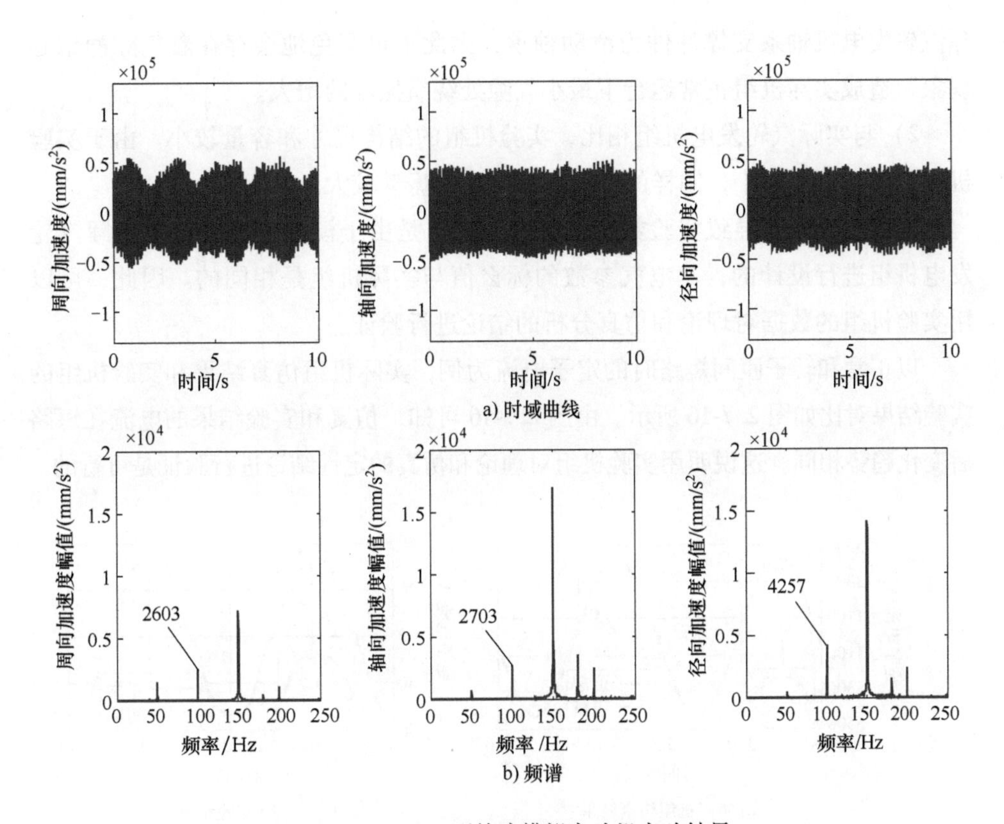

图 2.7-14　CS-5 型故障模拟实验机实验结果

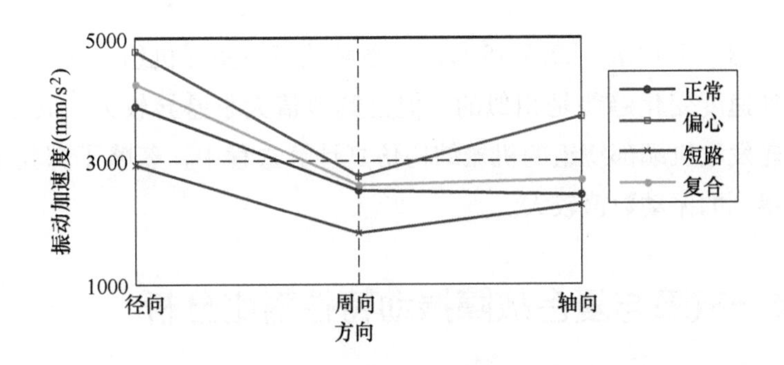

图 2.7-15　CS-5 型故障模拟实验机振动二倍频幅值对比

7.3.2　差异性分析

论文数据样本来自于故障模拟机，与实际汽轮发电机组存在一定的差异性。

1）实验模拟机轴系支撑部件为滚动轴承，可以模拟正常运转的情况；而实际汽轮发电机轴系支撑部件为滑动轴承，因此不可避免地会存在着气隙静偏心现象，造成实际机组正常运行下最小气隙处绕组振动的增大。

2）与实际汽轮发电机组相比，实验机组的结构尺寸和容量较小。由于实验机端部绕组刚度较小，同样的电磁力下产生的振动较大。

这些差异可能导致实验数据不够准确，但是由于模拟电机是针对实际汽轮发电机组进行设计的，其电气参数的标幺值与实际机组是相同的。因此，可以用实验机组的数据对理论和仿真分析的结论进行验证。

以正常和转子匝间短路时的定子电流为例，实际机组仿真结果和实验机组的实验结果对比如图 2.7-16 所示。由图 2.7-16 可知，仿真和实验结果的电流在短路后变化趋势相同。这说明用实验机组对理论和仿真的定性结论进行验证是可行的。

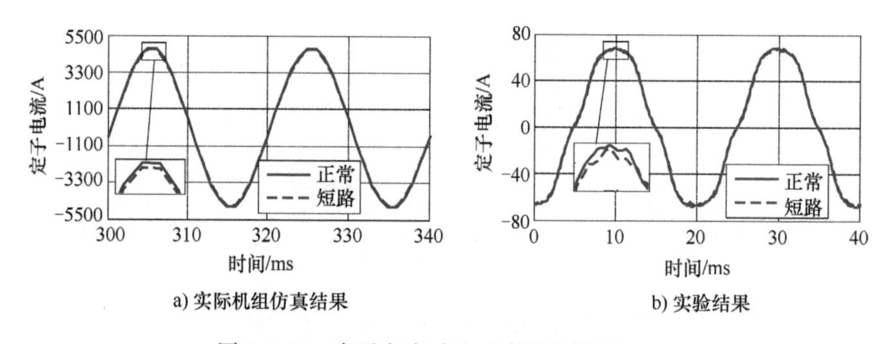

图 2.7-16　定子电流对比（彩图见插页）

另外，图 2.7-13 及图 2.7-15 显示，各种故障下实际机组与实验机组的端部绕组振动加速度变化趋势是相似的。但是其数值大小差异较大，其原因主要是在实际汽轮发电机端部绕组的机械结构仿真计算过程中，忽略了绑扎带的影响，因此仿真得到的振动数值较大。

7.4　单一故障与复合故障振动特性对比分析

通过对各状态下端部绕组电磁力及机械响应特性分析，可以得出正常运行、气隙静偏心、转子绕组匝间短路、气隙静偏心与转子绕组匝间短路复合故障下的机械响应特性并发现其差异性。4 种运行状态下的发电机端部绕组振动特性汇总情况详见表 2.7-1，其中 D_n、D_p、D_s 和 D_c 分别表示正常、气隙偏心、转子绕组匝间短路和复合故障时的最大位移；S_n、S_p、S_s 和 S_c 分别表示正常、气隙偏心、转子绕组匝间短路和复合故障时的最大应力；A_n、A_p、A_s 和 A_c 分别表示正常、气隙偏心、转子绕组匝间短路和复合故障时的振动加速度二倍频幅值。

表 2.7-1　振动特性对比

		正常	偏心	短路	复合故障
最大应力最大位移	绕组位置	相间	最小气隙附近的相间	相间	最小气隙附近的相间
	最小气隙处绕组	S_n D_n	$S_p>S_n$ $D_p>D_n$	$S_s<S_n$ $D_s<D_n$	$S_s<S_c<S_p$ $D_s<D_c<D_p$
振动	频率成分	$2np\omega_r(n=1,2,3\cdots)$	$2np\omega_r(n=1,2,3\cdots)$	$2np\omega_r(n=1,2,3\cdots)$、微弱的其他各倍转频	$2np\omega_r(n=1,2,3\cdots)$、微弱的其他各倍转频
	60°位置线圈幅值	相等	不等	相等	不等
	二倍频幅值	A_n	（气隙最小位置） $A_p>A_n$ （气隙最大位置） $A_p<A_n$	$A_s<A_n$	（气隙最小位置） $A_s<A_c<A_p$ （气隙最大位置） $A_c<\min(A_s,A_p)<A_n$

1）端部绕组最大应力和最大位移位置：正常运行及转子绕组匝间短路时，最大应力和最大位移发生在相间线圈上；偏心及复合故障时，最大应力和最大位移发生在距离最小气隙最近的相间线圈上。

2）最小气隙处端部线圈上层渐开线的最大应力和最大位移：气隙静偏心时，最小气隙处端部线圈上层渐开线的最大应力和最大位移较正常运行时有所增大，但转子绕组匝间短路时，则较正常运行时有所减小；复合故障下最大应力和最大位移则介于单一的转子绕组匝间短路和气隙静偏心之间。

3）振动频率成分：正常运行和气隙静偏心时，端部绕组振动包含 $2np\omega_r$（亦即 $2n\omega, n=1,2,3\cdots$）频率成分；转子绕组匝间短路故障及复合故障时，频谱中除了 $2np\omega_r$ 频率成分外，还会出现其他的各倍转频成分。

4）60°位置线圈幅值：正常运行及转子绕组匝间短路时，相隔 60°的端部绕组的振动幅值是相等的；而在气隙静偏心故障和复合故障时，相隔 60°的端部绕组振动幅值则会出现差异。

5）$2p\omega_r$（亦即 2ω）频率成分的振动加速度幅值变化：最小气隙处的线圈，二倍频振动加速度幅值在气隙静偏心发生时会有所增大，而在转子绕组匝间短路下则会减小，在复合故障下其幅值将介于单一的气隙静偏心和转子绕组匝间短路之间。最大气隙处的线圈二倍频振动加速度幅值在气隙静偏心故障、转子匝间短路故障，以及气隙静偏心与转子绕组匝间短路复合故障时均会减小，且在复合故障时其幅值最小。

7.5 本章小结

本章对气隙静偏心和转子绕组匝间短路复合故障下的发电机端部绕组电磁力和机械响应进行了理论推导分析、3D 有限元仿真计算和模拟实验验证，得到的主要结论如下：

1）复合故障下，径向磁密的频率成分包含各奇次谐波、分数次（k/p 次，$k \neq np$，n 为奇数）和偶数次谐波成分；复合故障下最小气隙处的综合磁密基本介于单一的气隙静偏心和转子绕组匝间短路之间，但在出槽后至铁心半长区域位置其磁密幅值较单一的转子绕组匝间短路故障稍有减小；复合故障对铁心部分的磁密影响较大，对出槽口至铁心半长位置的磁密影响较小，对出槽后半长至鼻端处影响非常小。

2）复合故障下端部绕组电磁力的频率成分除了 $2np\omega_r$（亦即 $2n\omega$，$n=1,2,3\cdots$）频率成分，还包含有其他各倍转频成分；各成分的电磁力幅值变化取决于极对数、短路程度、短路位置、线圈位置、偏心角度及偏心率。

3）复合故障下，相隔 60°位置上的各线圈电磁力二倍频幅值不再相等。最小气隙附近线圈的轴向电磁力和径向电磁力幅值介于单一的气隙静偏心与转子绕组匝间短路之间，而最大气隙附近的线圈轴向电磁力和径向电磁力幅值则同时小于两单一故障。

4）复合故障下端部绕组的最大应力和最大位移发生在距离最小气隙位置最近的相间线圈上；最小气隙处线圈的应力和位移量介于单一的转子匝间短路与气隙静偏心之间；与正常情况下相比，复合故障下端部绕组根部、中部和鼻端应力变化较大，而中上部的位移量变化较大。

5）4 种运行状态下，端部绕组的径向振动最大，而轴向和周向振动较小，端部绕组的同层磨损大于异层磨损；端部绕组的振动频率成分包含有明显的 $2p\omega_r$（即 2ω）频率成分；最小气隙处的线圈二倍频振动幅值会在转子绕组匝间短路后减小、在气隙静偏心下有所增加，而在复合故障时则处于单一的气隙静偏心和转子绕组匝间短路之间；最大气隙处的线圈二倍频振动幅值在各故障时均会减小，且在复合故障时幅值最小。

第3篇　双馈风力发电机定子绕组力学特性分析

第 8 章
电磁力及绕组力学响应的理论分析

8.1 气隙磁动势分析

当忽略磁饱和效应时，气隙磁密可以由气隙磁导与气隙磁动势乘积得到

$$b(\theta,t)=f(\theta,t)\lambda(\theta,t) \tag{8-1}$$

式中，θ 为气隙周向位置，如图 3.8-1 所示；$f(\theta,t)$ 为气隙磁动势；$\lambda(\theta,t)$ 为气隙磁导。

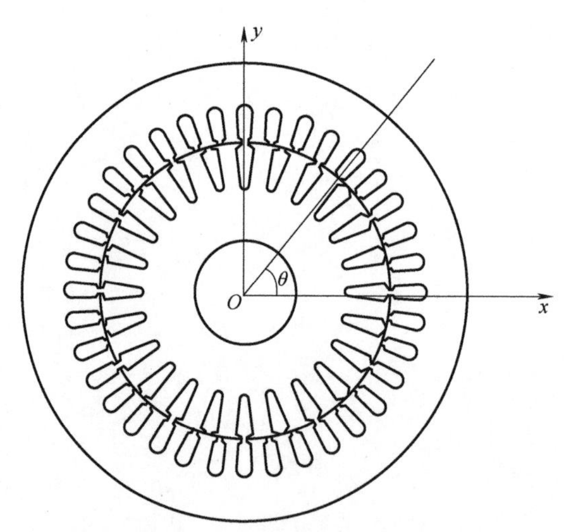

图 3.8-1 电机结构示意图

对于正常运行的双馈发电机，其气隙磁动势可写作式（8-2）：

$$f(\theta,t)=f_0(\theta,t)+\sum_{\nu} f_\nu(\theta,t)+\sum_{\mu} f_\mu(\theta,t) \tag{8-2}$$

其中

$$\begin{cases} f_0(\theta,t)=F_0\cos(p\theta-\omega_1 t-\varphi_0) \\ f_\nu(\theta,t)=F_\nu\cos(\nu\theta-\omega_1 t-\varphi_\nu) \\ f_\mu(\theta,t)=F_\mu\cos(\mu\theta-\omega_\mu t-\varphi_\mu) \end{cases} \tag{8-3}$$

式中，$f_0(\theta,t)$ 为基波合成磁动势；F_0 为基波合成磁动势幅值；p 为极对数；φ_0 为基波合成磁动势初相角；$f_\nu(\theta,t)$ 为定子绕组 ν 次谐波磁动势；F_ν为定子绕组 ν 次谐波磁动势幅值；φ_ν为定子绕组 ν 次谐波磁动势初相角；$f_\mu(\theta,t)$ 为转子绕组 μ 次谐波磁动势；F_μ为转子绕组 μ 次谐波磁动势幅值；φ_μ为转子绕组 μ 次谐波磁动势初相角；ω_1 为相对定子的基波旋转角速度；ω_μ为相对定子的转子绕组 μ 次谐波旋转角速度。

当每极每相槽数 q 为整数槽时，定子绕组谐波次数为

$$\nu=(6q'+1)p \qquad q'=\pm1,\pm2,\cdots \tag{8-4}$$

当 $q'=\pm1q$，$\pm2q$，$\pm3q$，…时，则有

$$\nu_z=(6qk+1)p=kZ_1+p \qquad k=\pm1,\pm2,\cdots \tag{8-5}$$

式中，ν_z 为定子齿谐波；Z_1 为定子槽数。

转子绕组谐波次数为

$$\mu=q''Z_2+\nu \qquad q''=\pm1,\pm2,\cdots \tag{8-6}$$

式中，Z_2 为转子槽数。

令 $\nu=p$ 可得转子齿谐波：

$$\mu_z=kZ_2+p \qquad k=\pm1,\pm2,\cdots \tag{8-7}$$

偏心故障对气隙磁动势的影响不大，故只分析正常工况下的磁动势；此外，齿谐波的幅值一般较大，因此是分析计算中主要考虑的分量。

8.2　气隙磁导分析

对于正常运行状态下的电机，其气隙模型如图 3. 8-2 所示。当定、转子都存在齿槽时，气隙磁导可以近似表示为

$$\lambda(\theta,t)=\Lambda_0'\left(1+\frac{\sum\limits_{k_1}\lambda_{k_1}}{\Lambda_0'}\right)\left(1+\frac{\sum\limits_{k_2}\lambda_{k_2}}{\Lambda_0'}\right) \tag{8-8}$$

$$\approx \Lambda_0'+\sum_{k_1}\lambda_{k_1}+\sum_{k_2}\lambda_{k_2}+\sum_{k_1}\sum_{k_2}\lambda_{k_1k_2}$$

其中磁导的不变部分是

$$\Lambda_0'=\frac{\mu_0}{\delta(\theta,t)K_c} \tag{8-9}$$

当转子光滑，定子开槽时，谐波磁导可写作

$$\lambda_{k_1}=\Lambda_{k_1}\cos k_1Z_1\theta \qquad k_1=1,2,3,\cdots \tag{8-10}$$

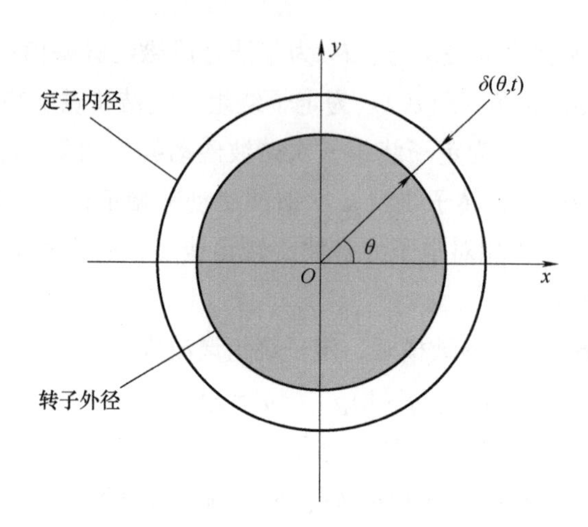

图 3. 8-2　正常运行状态下的气隙模型示意图

而定子光滑，转子开槽时，谐波磁导可写作

$$\lambda_{k_2}=\Lambda_{k_2}\cos k_2Z_2\left[\theta-\frac{\omega_1}{p}(1-s)t\right]\qquad k_2=1,2,3,\cdots \tag{8-11}$$

定、转子均开槽时，相互作用引起的谐波磁导写作

$$\lambda_{k_1k_2}=\frac{\Lambda_{k_1}\Lambda_{k_2}}{\Lambda_0'}\cos\left[(\pm k_1Z_1-k_2Z_2)\theta-k_2\frac{Z_2}{p}(1-s)\omega_1t\right] \tag{8-12}$$

式中，μ_0 为真空磁导率；K_c 为卡特系数；Λ_{k_1} 为定子 k_1 次谐波磁导幅值；Λ_{k_2} 为转子 k_2 次谐波磁导幅值。

其中，K_c 是工程计算中使用的一个补偿系数。实际的电机结构中存在定、转子齿槽，气隙磁密沿周向的分布并不均匀。工程计算中将这种效果等效于气隙长度的增加，因此在均匀气隙长度上乘以了卡特系数。卡特系数主要与齿槽的齿距、槽口宽度有关，对于一台确定的电机，其卡特系数为常量。在设计电机时，一般会使卡特系数尽量接近 1，并且根据参考文献［21，128］的分析结果来看，其对故障特征谐波影响不大，因此对于本节的分析，可以认为卡特系数为 1。另外定、转子相互影响产生的磁导谐波很小，一般忽略。因此正常情况下的气隙磁导可写作

$$\begin{aligned}\lambda(\theta,t)&\approx\Lambda_0+\sum_{k_1}\lambda_{k_1}+\sum_{k_2}\lambda_{k_2}\\&=\frac{\mu_0}{\delta(\theta,t)}+\sum_{k_1}\Lambda_{k_1}\cos k_1Z_1\theta+\sum_{k_2}\Lambda_{k_2}\cos k_2Z_2\left[\theta-\frac{\omega}{p}(1-s)t\right]\end{aligned} \tag{8-13}$$

当电机发生气隙偏心后，其气隙模型如图 3. 8-3 所示，此时电机的气隙长度

可写作

$$\delta(\theta,t)=\delta_0[1-\Delta_s\cos\theta-\Delta_d\cos(\omega_r t-\theta)] \tag{8-14}$$

式中，δ_0 为均匀气隙长度；Δ_s 为静偏心度，$\Delta_s=\delta_s/\delta_0$；$\Delta_d$ 为动偏心度，$\Delta_d=\delta_d/\delta_0$。

当 $\Delta_d=0$ 时，上式为静偏心气隙长度表达式；当 $\Delta_s=0$ 时，上式为动偏心气隙长度表达式；均为非零值时，为复合偏心表达式。

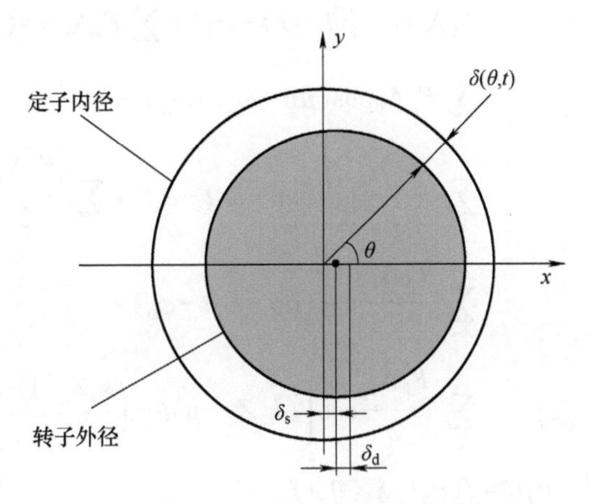

图 3.8-3　偏心运行状态下的气隙模型示意图

根据参考文献［126］，磁导谐波的幅值也是与气隙长度相关的，因此发生偏心故障后，气隙磁导如式（8-15）：

$$\lambda_e(\theta,t)\approx\frac{\Lambda_0+\sum_{k_1}\lambda_{k_1}+\sum_{k_2}\lambda_{k_2}}{1-\Delta_s\cos\theta-\Delta_d\cos(\omega_r t-\theta)} \tag{8-15}$$

对其进行幂级数展开并忽略高阶分量可得到

$$\lambda_e(\theta,t)=\left(\Lambda_0+\sum_{k_1}\lambda_{k_1}+\sum_{k_2}\lambda_{k_2}\right)[1+\Delta_s\cos\theta+\Delta_d\cos(\omega_r t-\theta)] \tag{8-16}$$

8.3　气隙磁密分析

得到气隙磁动势与气隙磁导后，即可代入式（8-1）得到气隙磁密。忽略气隙磁动势谐波与气隙磁导谐波相互作用。式（8-17）与式（8-18）分别为正常工况与偏心故障工况下的气隙磁密：

$$\begin{aligned}
b(\theta,t)&=f(\theta,t)\lambda(\theta,t)\\
&=\left[f_0(\theta,t)+\sum_{\nu}f_\nu(\theta,t)+\sum_{\mu}f_\mu(\theta,t)\right]\cdot\left(\Lambda_0+\sum_{k_1}\lambda_{k_1}+\sum_{k_2}\lambda_{k_2}\right)\\
&\approx F_0\Lambda_0\cos(p\theta-\omega_1 t-\varphi_0)+\sum_{\nu}F_\nu\Lambda_0\cos(\nu\theta-\omega_1 t-\varphi_\nu)+\\
&\quad\sum_{\mu}F_\mu\Lambda_0\cos(\mu\theta-\omega_\mu t-\varphi_\mu)+\\
&\quad\sum_{k_1}F_0\Lambda_{k_1}\cos k_1 Z_1\theta\cos(p\theta-\omega_1 t-\varphi_0)+
\end{aligned}$$

$$\sum_{k_2} F_0\Lambda_{k_2}\cos k_2Z_2\left[\theta-\frac{\omega_1}{p}(1-s)t\right]\cos(p\theta-\omega_1 t-\varphi_0)$$

$$=F_0\Lambda_0\cos(p\theta-\omega_1 t-\varphi_0)+\sum_{\nu}F_\nu\Lambda_0\cos(\nu\theta-\omega_1 t-\varphi_\nu)+$$

$$\sum_{\mu}F_\mu\Lambda_0\cos(\mu\theta-\omega_\mu t-\varphi_\mu)+$$

$$\sum_{k_1}\frac{F_0\Lambda_{k_1}}{2}\cos(\nu\theta-\omega_1 t-\varphi_0)+\sum_{k_1}\frac{F_0\Lambda_{k_1}}{2}\cos[(k_1Z_1-p)\theta-\omega_1 t-\varphi_0]+$$

$$\sum_{k_2}\frac{F_0\Lambda_{k_2}}{2}\cos(\mu\theta-\omega_\mu t-\varphi_0)+$$

$$\sum_{k_2}\frac{F_0\Lambda_{k_2}}{2}\cos\left[(k_2Z_2-p)\theta-\left(\frac{k_2Z_2(1-s)}{p}-1\right)\omega_1 t-\varphi_0\right] \tag{8-17}$$

$$b_e(\theta,t)=f(\theta,t)\lambda_e(\theta,t)$$

$$=\left[f_0(\theta,t)+\sum_{\nu}f_\nu(\theta,t)+\sum_{\mu}f_\mu(\theta,t)\right]\cdot$$

$$\left(\Lambda_0+\sum_{k_1}\lambda_{k_1}+\sum_{k_2}\lambda_{k_2}\right)[1+\Delta_s\cos\theta+\Delta_d\cos(\omega_r t-\theta)]$$

$$=b(\theta,t)+\frac{F_0\Lambda_0\Delta_s}{2}\cos[(p\pm1)\theta-\omega_1 t-\varphi_0]+\sum_{\nu}\frac{F_\nu\Lambda_0\Delta_s}{2}\cos[(\nu\pm1)\theta-\omega_1 t-\varphi_\nu]+$$

$$\sum_{\mu}\frac{F_\mu\Lambda_0\Delta_s}{2}\cos[(\mu\pm1)\theta-\omega_\mu t-\varphi_\mu]+$$

$$\sum_{k_1}\frac{F_0\Lambda_{k_1}\Delta_s}{4}\cos[(\nu\pm1)\theta-\omega_1 t-\varphi_0]+$$

$$\sum_{k_1}\frac{F_0\Lambda_{k_1}\Delta_s}{4}\cos[(k_1Z_1-p\pm1)\theta-\omega_1 t-\varphi_0]+$$

$$\sum_{k_2}\frac{F_0\Lambda_{k_2}\Delta_s}{4}\cos[(\mu\pm1)\theta-\omega_\mu t-\varphi_0]+$$

$$\sum_{k_2}\frac{F_0\Lambda_{k_2}\Delta_s}{4}\cos\left[(k_2Z_2-p\pm1)\theta-\left(\frac{k_2Z_2(1-s)}{p}-1\right)\omega_1 t-\varphi_0\right]+$$

$$\frac{F_0\Lambda_0\Delta_d}{2}\cos[(p\pm1)\theta-(\omega_1\pm\omega_r)t-\varphi_0]+$$

$$\sum_{\nu}\frac{F_\nu\Lambda_0\Delta_d}{2}\cos[(\nu\pm1)\theta-(\omega_1\pm\omega_r)t-\varphi_\nu]+$$

$$
\begin{aligned}
&\sum_{\mu}\frac{F_{\mu}\Lambda_0\Delta_{\mathrm{d}}}{2}\cos[(\mu\pm1)\theta-(\omega_{\mu}\pm\omega_{\mathrm{r}})t-\varphi_{\mu}]+\\
&\sum_{k_1}\frac{F_0\Lambda_{k_1}\Delta_{\mathrm{d}}}{4}\cos[(\nu\pm1)\theta-(\omega_1\pm\omega_{\mathrm{r}})t-\varphi_0]+\\
&\sum_{k_1}\frac{F_0\Lambda_{k_1}\Delta_{\mathrm{d}}}{4}\cos[(k_1Z_1-p\pm1)\theta-(\omega_1\pm\omega_{\mathrm{r}})t-\varphi_0]+\\
&\sum_{k_2}\frac{F_0\Lambda_{k_2}\Delta_{\mathrm{d}}}{4}\cos[(\mu\pm1)\theta-(\omega_{\mu}\pm\omega_{\mathrm{r}})t-\varphi_0]+\\
&\sum_{k_2}\frac{F_0\Lambda_{k_2}\Delta_{\mathrm{d}}}{4}\cos\left\{(k_2Z_2-p\pm1)\theta-\left[\left(\frac{k_2Z_2(1-s)}{p}-1\right)\omega_1\pm\omega_{\mathrm{r}}\right]t-\varphi_0\right\}
\end{aligned}
\tag{8-18}
$$

可以看到，气隙磁密实际上是一复杂的时空函数，一方面随着空间角度的变化，气隙磁密会发生变化；另一方面随着时间也即转动角度的变化，气隙磁密也会发生变化。表 3. 8-1 对式（8-17）和式（8-18）的结果进行了分析总结，其中 1~7 项为正常工况下气隙磁密中包含的成分，8-14 项为静偏心故障引入的成分，15~21 项为动偏心故障引入的成分，而复合偏心故障会同时引入 8-21 项。

表 3. 8-1　气隙磁密所包含的具体成分

编号	幅值	阶次	频率	谐波类型
1	$F_0\Lambda_0$	p	f_1	
2	$F_{\nu}\Lambda_0$	ν	f_1	
3	$F_{\mu}\Lambda_0$	μ	f_{μ}	
4	$F_0\Lambda_{k_1}/2$	ν	f_1	基本谐波
5	$F_0\Lambda_{k_1}/2$	k_1Z_1-p	f_1	
6	$F_0\Lambda_{k_2}/2$	μ	f_{μ}	
7	$F_0\Lambda_{k_2}/2$	k_2Z_2-p	$[k_2Z_2(1-s)/p-1]f_1$	
8	$F_0\Lambda_0\Delta_s/2$	$p\pm1$	f_1	
9	$F_{\nu}\Lambda_0\Delta_s/2$	$\nu\pm1$	f_1	
10	$F_{\mu}\Lambda_0\Delta_s/2$	$\mu\pm1$	f_{μ}	
11	$F_0\Lambda_{k_1}\Delta_s/4$	$\nu\pm1$	f_1	静偏心
12	$F_0\Lambda_{k_1}\Delta_s/4$	$k_1Z_1-p\pm1$	f_1	
13	$F_0\Lambda_{k_2}\Delta_s/4$	$\mu\pm1$	f_{μ}	
14	$F_0\Lambda_{k_2}\Delta_s/4$	$k_2Z_2-p\pm1$	$[k_2Z_2(1-s)/p-1]f_1$	

（续）

编号	幅值	阶次	频率	谐波类型
15	$F_0\Lambda_0\Delta_d/2$	$p\pm1$	$f_1\pm f_r$	
16	$F_0\Lambda_0\Delta_d/2$	$\nu\pm1$	$f_1\pm f_r$	
17	$F_0\Lambda_0\Delta_d/2$	$\mu\pm1$	$f_\mu\pm f_r$	
18	$F_0\Lambda_{k_1}\Delta_d/4$	$\nu\pm1$	$f_1\pm f_r$	动偏心
19	$F_0\Lambda_{k_1}\Delta_d/4$	$k_1Z_1-p\pm1$	$f_1\pm f_r$	
20	$F_0\Lambda_{k_2}\Delta_d/4$	$\mu\pm1$	$f_\mu\pm f_r$	
21	$F_0\Lambda_{k_2}\Delta_d/4$	$k_2Z_2-p\pm1$	$[k_2Z_2(1-s)/p-1]f_1\pm f_r$	

从空间尺度来看，静偏心故障和动偏心故障会导致相同的 $p\pm1$、$\nu\pm1$、$\mu\pm1$ 分量的出现；从时间尺度来看，静偏心故障并未引入新的频率成分，而动偏心故障则会导致 $f_1\pm f_r$ 以及 $f_\mu\pm f_r$ 这些新频率成分的出现。

8.4 电磁力特性分析

根据安培力定律，通电直线导体所受的电磁力可写作

$$F=BIL=B\frac{BLv}{Z}L \tag{8-19}$$

式中，B 为磁感应强度，即磁密；I 为导线通过的电流；L 为垂直于磁场的导线长度；Z 为定子绕组电抗；v 为导线切割磁力线的速度。

在分析定子绕组直线段受力情况时，忽略电机绕组微弱的形变，即认为 L 为常量；此外，现有理论很难直接得到电机内部穿过导体的磁密，因此使用贴近绕组的气隙磁密进行定性的分析。忽略谐波之间相互作用的部分，以及磁密中较小的部分，可得到正常工况以及偏心故障工况下定子绕组直线段所受电磁力，分别如式（8-20）和式（8-21）所示，其包含的各种成分如表 3. 8-2 所示。

$$\begin{aligned}F&=\frac{b^2(\theta,t)L^2v}{Z}\\&\approx\frac{F_0^2\Lambda_0^2L^2v}{2Z}+\frac{F_0^2\Lambda_0^2L^2v}{2Z}\cos2(p\theta-\omega_1-\varphi_0)+\\&\quad\sum_{\nu}\frac{F_0F_\nu\Lambda_0^2L^2v}{Z}\cos[(p+\nu)\theta-2\omega_1t-(\varphi_0+\varphi_\nu)]+\\&\quad\sum_{\nu}\frac{F_0F_\nu\Lambda_0^2L^2v}{Z}\cos[(p-\nu)\theta-(\varphi_0-\varphi_\nu)]+\end{aligned}$$

$$
\begin{aligned}
&\sum_{\mu}\frac{F_0F_\mu\Lambda_0^2L^2v}{Z}\cos[(p\pm\mu)\theta-(\omega_1\pm\omega_\mu)t-(\varphi_0\pm\varphi_\mu)]+\\
&\sum_{k_1}\frac{F_0^2\Lambda_0\Lambda_{k_1}L^2v}{2Z}\cos[(p+\nu)\theta-2\omega_1t-2\varphi_0]+\\
&\sum_{k_1}\frac{F_0^2\Lambda_0\Lambda_{k_1}L^2v}{2Z}\cos[(p-\nu)\theta]+\\
&\sum_{k_1}\frac{F_0^2\Lambda_0\Lambda_{k_1}L^2v}{2Z}\cos[k_1Z_1\theta-2\omega_1t-2\varphi_0]+\\
&\sum_{k_1}\frac{F_0^2\Lambda_0\Lambda_{k_1}L^2v}{2Z}\cos[(2p-k_1Z_1)\theta]+\\
&\sum_{k_2}\frac{F_0^2\Lambda_0\Lambda_{k_2}L^2v}{2Z}\cos[(p\pm\mu)\theta-(\omega_1\pm\omega_\mu)t-(\varphi_0\pm\varphi_0)]+\\
&\sum_{k_2}\frac{F_0^2\Lambda_0\Lambda_{k_2}L^2v}{2Z}\cos\left[k_2Z_2\theta-\frac{k_2Z_2(1-s)}{p}\omega_1t-2\varphi_0\right]+\\
&\sum_{k_2}\frac{F_0^2\Lambda_0\Lambda_{k_2}L^2v}{2Z}\cos\left[(2p-k_2Z_2)\theta-\left(\frac{k_2Z_2(1-s)}{p}-2\right)\omega_1t\right]
\end{aligned}
\tag{8-20}
$$

$$
\begin{aligned}
F_e=&\frac{b_e^2(\theta,t)L^2v}{Z}\\
\approx&F+\frac{\Delta_s\Lambda_0^2F_0^2L^2v}{2Z}\cos[(p\pm(p\pm1))\theta-(\omega_1\pm\omega_1)t-(\varphi_0\pm\varphi_0)]+\\
&\sum_{\nu}\frac{\Delta_s\Lambda_0^2F_0F_\nu L^2v}{2Z}\cos[(p\pm(\nu\pm1))\theta-(\omega_1\pm\omega_1)t-(\varphi_0\pm\varphi_\nu)]+\\
&\sum_{\mu}\frac{\Delta_s\Lambda_0^2F_0F_\mu L^2v}{2Z}\cos[(p\pm(\mu\pm1))\theta-(\omega_1\pm\omega_\mu)t-(\varphi_0\pm\varphi_\mu)]+\\
&\frac{\Delta_d\Lambda_0^2F_0^2L^2v}{2Z}\cos[(p\pm(p\pm1))\theta-(\omega_1\pm(\omega_1\pm\omega_r))t-(\varphi_0\pm\varphi_0)]+\\
&\sum_{\nu}\frac{\Delta_d\Lambda_0^2F_0F_\nu L^2v}{2Z}\cos[(p\pm(\nu\pm1))\theta-(\omega_1\pm(\omega_1\pm\omega_r))t-(\varphi_0\pm\varphi_\nu)]+\\
&\sum_{\mu}\frac{\Delta_d\Lambda_0^2F_0F_\mu L^2v}{2Z}\cos[(p\pm(\mu\pm1))\theta-(\omega_1\pm(\omega_\mu\pm\omega_r))t-(\varphi_0\pm\varphi_\mu)]
\end{aligned}
\tag{8-21}
$$

表 3.8-2　电磁力所包含的具体成分

编号	幅值	阶次	频率	谐波类型
1	$F_0^2\Lambda_0^2L^2v/2Z$	0	0	基本谐波
2	$F_0^2\Lambda_0^2L^2v/2Z$	$2p$	$2f_1$	
3	$F_0F_\nu\Lambda_0^2L^2v/Z$	$p+\nu$	$2f_1$	
4	$F_0F_\nu\Lambda_0^2L^2v/Z$	$p-\nu$	0	
5	$F_0F_\mu\Lambda_0^2L^2v/Z$	$p\pm\mu$	$f_1\pm f_\mu$	
6	$F_0^2\Lambda_0\Lambda_{k_1}L^2v/2Z$	$p+\nu$	$2f_1$	
7	$F_0^2\Lambda_0\Lambda_{k_1}L^2v/2Z$	$p-\nu$	0	
8	$F_0^2\Lambda_0\Lambda_{k_1}L^2v/2Z$	k_1Z_1	$2f_1$	
9	$F_0^2\Lambda_0\Lambda_{k_1}L^2v/2Z$	$2p-k_1Z_1$	0	
10	$F_0^2\Lambda_0\Lambda_{k_2}L^2v/2Z$	$p\pm\mu$	$f_1\pm f_\mu$	
11	$F_0^2\Lambda_0\Lambda_{k_2}L^2v/2Z$	k_2Z_2	$[k_2Z_2(1-s)/p]f_1$	
12	$F_0^2\Lambda_0\Lambda_{k_2}L^2v/2Z$	$2p-k_2Z_2$	$[k_2Z_2(1-s)/p-2]f_1$	
13	$\Delta_s\Lambda_0^2F_0^2L^2v/2Z$	$p\pm(p\pm1)$	$f_1\pm f_1$	静偏心
14	$\Delta_s\Lambda_0^2F_0F_\nu L^2v/2Z$	$p\pm(\nu\pm1)$	$f_1\pm f_1$	
15	$\Delta_s\Lambda_0^2F_0F_\mu L^2v/2Z$	$p\pm(\mu\pm1)$	$f_1\pm f_\mu$	
16	$\Delta_d\Lambda_0^2F_0^2L^2v/2Z$	$p\pm(p\pm1)$	$f_1\pm(f_1\pm f_r)$	动偏心
17	$\Delta_d\Lambda_0^2F_0F_\nu L^2v/2Z$	$p\pm(\nu\pm1)$	$f_1\pm(f_1\pm f_r)$	
18	$\Delta_d\Lambda_0^2F_0F_\mu L^2v/2Z$	$p\pm(\mu\pm1)$	$f_1\pm(f_\mu\pm f_r)$	

双馈发电机的绕组端部一般为渐开线形式而非直线，其计算方法见 4.1.2 节。端部绕组所受电磁力虽然与直线段绕组的计算方法有所不同，但其结果中所包含的各种成分仍然与磁密相关，因此端部绕组电磁力中的各种频率成分会与直线段一致，但幅值有所区别。

8.5　力学响应特性分析

在实际运行的发电机中，直线段定子绕组一般是固定在定子槽内的，因此这部分发生的位移、应力和应变等都比较小，本篇不对这部分绕组的力学响应进行分析；而绕组的端部一般是悬空的，当受到电磁力影响时，响应会比直线段绕组更大。

对于端部绕组，静力学分析时可将其简化为悬臂梁模型进行分析，如图 3. 8-4 所示，F_{1x}、F_{2x}、F_{ikx} 为 x 方向受力，F_{1y}、F_{2y}、F_{iky} 为 y 方向受力。以纸面朝内为发电机转轴所在方向，在仅考虑径向力的情况下，根据材料力学知识可知，端部绕组受电磁力作用会发生位移，并产生应力应变。

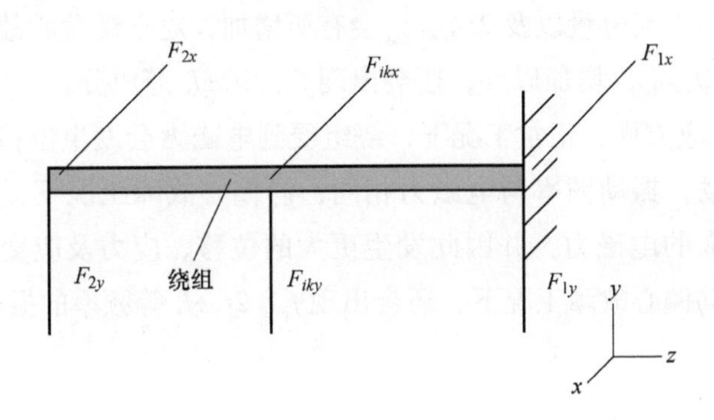

图 3. 8-4　悬臂梁模型

同时，端部绕组在受变化的电磁力作用时会发生振动，在对振动进行分析时，同样对端部绕组模型进行简化，认为其是一个单质量块的弹簧—阻尼系统，从而对于一根定子绕组，可以写得振动方程见式（8-22）：

$$m\ddot{d}(t)+c\dot{d}(t)+kd(t)=F_i(t) \tag{8-22}$$

式中，m 为绕组质量；c 为绕组阻尼系数；k 为绕组刚度系数；$F_i(t)$ 为第 i 根绕组所受电磁力。

根据前述分析，端部绕组在正常工况以及静偏心故障工况运行时会受到二倍频波动的电磁力，动偏心故障工况下还会出现与转频相关的成分，而端部绕组会发生与电磁力同频的振动。

8. 6　本章小结

本章对气隙偏心故障在气隙磁密、电磁力以及绕组力学响应产生的影响进行了分析，并得到了以下结论：

1）气隙磁密方面，无论是电机端部还是电机中部，气隙偏心故障都会使得气隙磁密的分布不再均匀，区别在于端部磁密幅值相对于中部会出现明显的下降。对于正常工况，气隙周向磁密会出现 p、ν 等成分，时域磁密会出现 f_1、f_μ 等；对于静偏心故障工况，气隙周向磁密中会出现新增成分，即 $p\pm1$、$\nu\pm1$ 等；

对于动偏心故障工况，气隙周向磁密会出现与静偏心故障同样的成分，时域磁密则会出现区别于静偏心故障的$f_1 \pm f_r$、$f_\mu \pm f_r$等。

2）电磁力方面，电机端部与电机中部的规律仍然一致。对于正常工况，电磁力会存在直流分量以及$2f_{1频率分量}$等；对于静偏心故障工况，电磁力并未出现新的频率成分，但直流分量以及$2f_{1频率分量}$会有所增加；对于动偏心故障工况，除了直流分量以及$2f_{1频率分量}$增加以外，还会出现f_r、$2f_1 \pm f_r$等成分。

3）力学响应方面，正常工况下，绕组受到电磁力会发生位移、应力及应变等，并发生振动，振动频率与电磁力相同；静偏心故障工况下，气隙减小处的绕组会承受更大的电磁力，并因此发生更大的位移、应力及应变，同时二倍频振动会增大，动偏心故障工况下，还会出现f_r、$2f_1 \pm f_r$等频率的振动。

第 9 章 不同工况下的电磁仿真与静力学响应分析

9.1 电磁仿真分析

9.1.1 仿真模型建立

本篇采用的模型依托华北电力大学电力机械装备健康维护与失效预防河北省重点实验室的风力发电机组故障模拟及性能测试分析平台来搭建。具体使用的主要参数见表 3.9-1。

表 3.9-1 双馈发电机仿真模型参数

参数	数值	参数	数值
额定功率/kW	5.5	极对数	2
额定转速/(r/min)	1500	气隙长度/mm	0.4
额定电压/V	380	频率/Hz	50
定子外径/mm	210	定子内径/mm	136
转子外径/mm	135.2	转子内径/mm	48
定子槽数	36	转子槽数	24

由此得到的正常工况下 3D 模型结构如图 3.9-1 所示，其定子绕组编号如图 3.9-2 所示。

实际上偏心前后的电机在轴向上是完全对称的，为了节省计算资源，这里使用了 1/2 模型。而主要分析的是定子绕组部分，考虑到后续的分析验证，这里对定子绕组进行了编号，如图 3.9-2 所示，以 X 正方向为起始，向 Y 正方向进行编号。第一个定子槽中上层绕组所在的线圈为 1 号绕组，其余 2-36 号顺序排列。

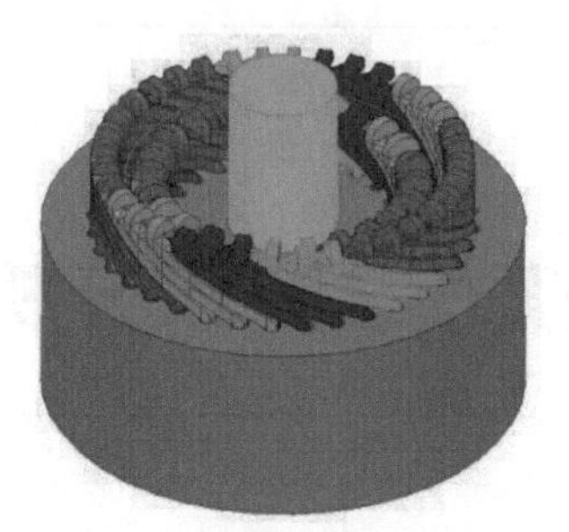

图 3.9-1　双馈发电机 3D 模型
（彩图见插页）

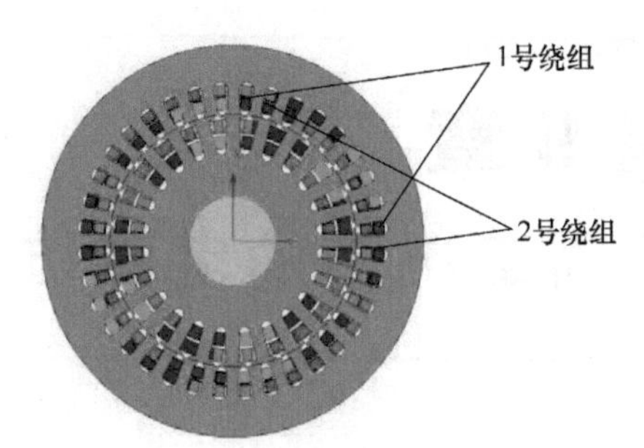

图 3.9-2　定子绕组编号
（彩图见插页）

偏心故障工况下的模型通过 Maxwell 中（ACT Extensions）-（Launch Wizards）-（Maxwell Eccentricity）功能来建立，在此调整模型中运动部件（转子铁心、绕组等）以及旋转轴的位置，即可实现不同类型、不同程度的偏心。如图 3.9-3a 为静偏心模型，其旋转轴与运动部件同步地偏心一定的距离，具体如图 3.9-3b 所示，Global 为原始坐标系，上方重合两坐标系则分别为旋转部件几何中心以及旋转中心；图 3.9-3c 为动偏心模型，其运动部件偏心了一定的距离但旋转中心没有发生变化，坐标系则如图 3.9-3d 所示，旋转中心与原始坐标系重合，而旋转部件几何中心的坐标系发生了偏移。

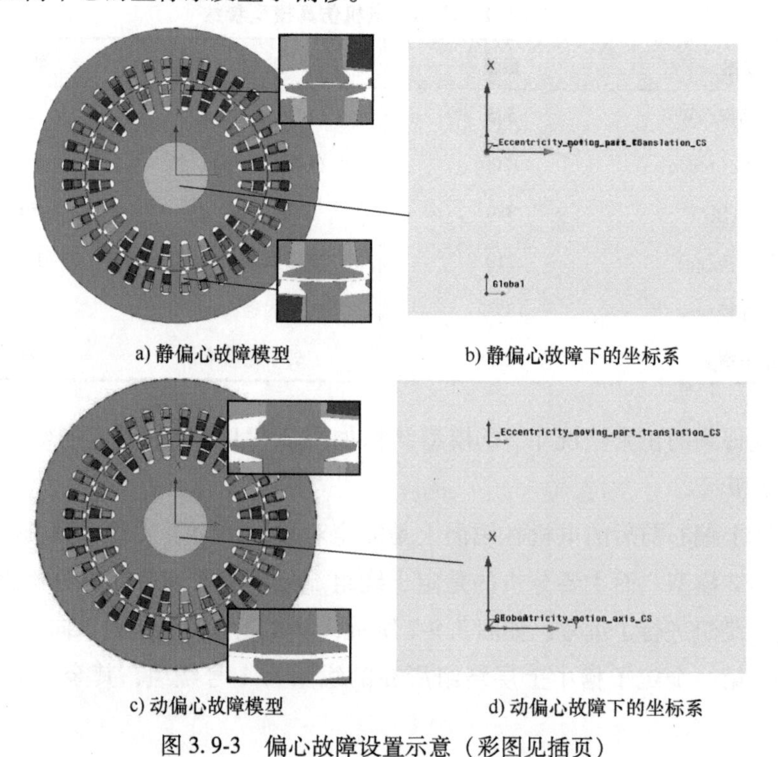

a) 静偏心故障模型　　b) 静偏心故障下的坐标系

c) 动偏心故障模型　　d) 动偏心故障下的坐标系

图 3.9-3　偏心故障设置示意（彩图见插页）

考虑到实际仿真结果以及存储资源的限制，每一工况仿真时间为0.5s，步长0.0002s，工作在超同步转速约1560r/min下，分析所用数据为0.2~0.5s稳定段数据。所有偏心方向均为X轴正方向，气隙磁密主要分析以下几处：空间上，选取电机中部以及电机端部两处，路径为圆形；时间上，选取靠近X正半轴的1号绕组以及空间中关于轴线对称的19号绕组处的磁密进行分析，定义电机中部1号绕组处的分析点为点1，19号绕组处的为点2，电机端部1号绕组处的分析点为点3，19号绕组处的为点4，时间均为0.2~0.5s。另外，一般电机的径向磁密远大于切向磁密以及轴向磁密，可以近似地将径向磁密认作是气隙磁密，因此本节主要分析的对象均为径向磁密。

9.1.2　正常工况下电机仿真结果分析

1. 中部仿真结果

在无故障工况下，超同步运转时的定子电流如图3.9-4所示，其稳定段0.2~0.5s时的频谱如图3.9-5所示。当双馈发电机平稳运行时，其定子电流基本为标准正弦，频谱以基频50Hz为主，包含了微弱的二倍频、三倍频。模型的电流与实际正常发电机电流接近，可以说明模型结果良好。

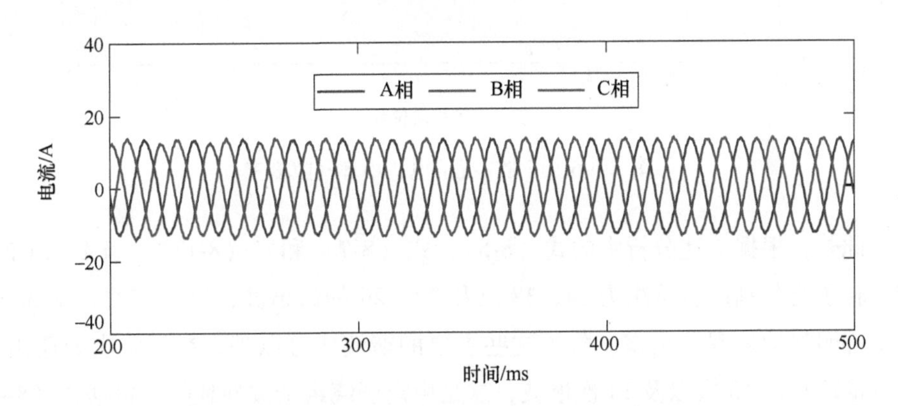

图3.9-4　正常工况下定子电流时域图（彩图见插页）

在0.5s时刻，电机中部的气隙磁密如图3.9-6所示，其方向为X轴正方向至Y轴正方向旋转，此时磁密所包含的阶次成分如图3.9-7所示，由于高频、高阶分量的幅值较小，因此本节主要分析低频和低阶的各分量。可以看到，未发生偏心故障时，由于发电机是2对极的，周向气隙磁密大致呈现两个周期性的波动，并且由于气隙是均匀的，每个周期的峰值基本一致。相应地，其空间阶次中出现了2阶分量，并且有着最高的幅值。

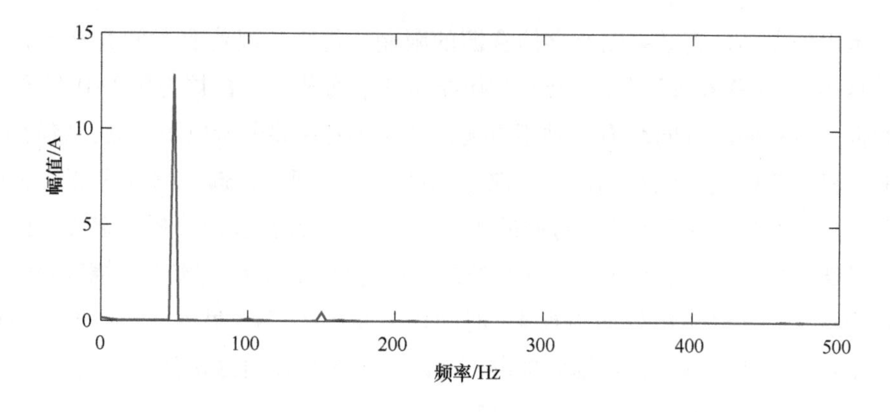

图 3.9-5　正常工况下定子 A 相电流频谱（彩图见插页）

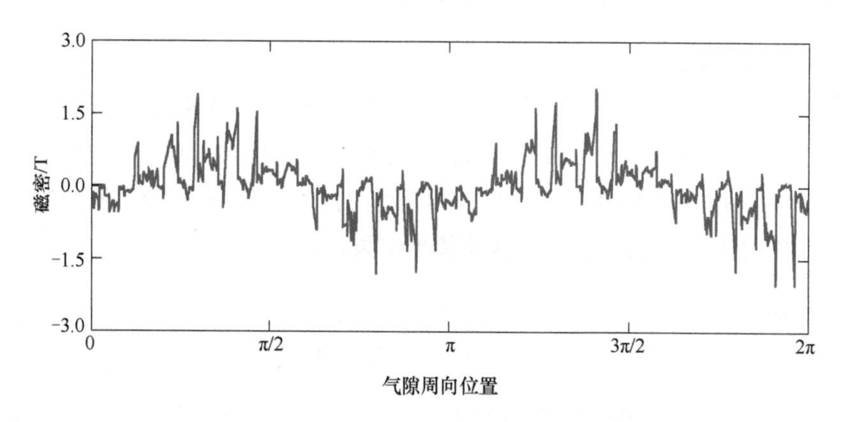

图 3.9-6　正常工况下电机中部气隙磁密

此外，根据前述分析中的式（8-5）、式（8-7）和式（8-17），当 $k=\pm1$ 时，定、转子会分别产生阶次为 34、38 以及 22、26 的齿谐波，这些谐波在图 3.9-7 中也都明显地表现了出来。除了这些主要的谐波成分以外，在低阶次处还出现了幅值略小的 10 次以及 14 次谐波，这是由定子绕组谐波导致的，根据式（8-4）和式（8-17），当 $q'=\pm1$ 时，会得到 10 次和 14 次的谐波，但其幅值低于齿谐波。另外发现齿谐波的幅值较高，这是由发电机极槽配合、定转子结构等决定的。

图 3.9-8a 和图 3.9-8b 为 0.2～0.5s 时间段内，点 1 和点 2 的磁密。可以看到，时域磁密曲线也呈现了周期性的波动，并且两曲线大致的相位是一致的，这是因为仿真模型为 2 对极电机，同样距离但周向角度相差 180°的两点是极性相同的。图 3.9-8c 和图 3.9-8d 为上述磁密对应的频谱，其中出现了频率为 50Hz

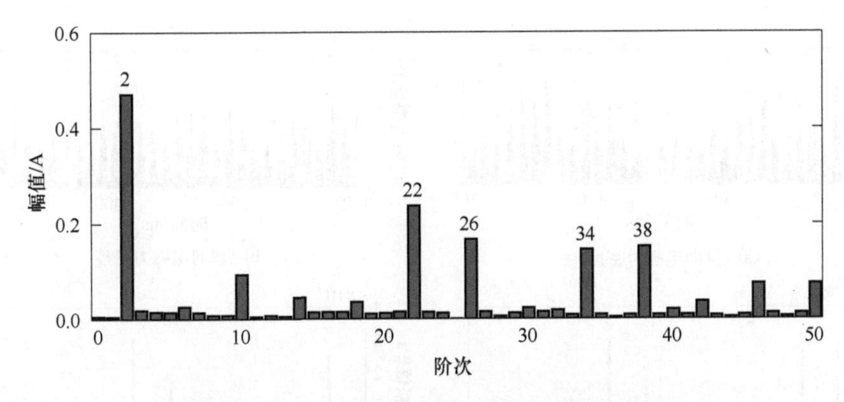

图 3. 9-7　正常工况下电机中部气隙磁密的阶次

的基频。在理论分析中，由于正常工况的气隙是均匀的，其基频幅值应当一致，而实际仿真中两幅值有些许差别但不大。此外，两频谱在高频段还出现了两个幅值较高的峰值，这是由磁导谐波作用产生的，也即表 3. 8-1 中 3、6、7 共同导致的结果。

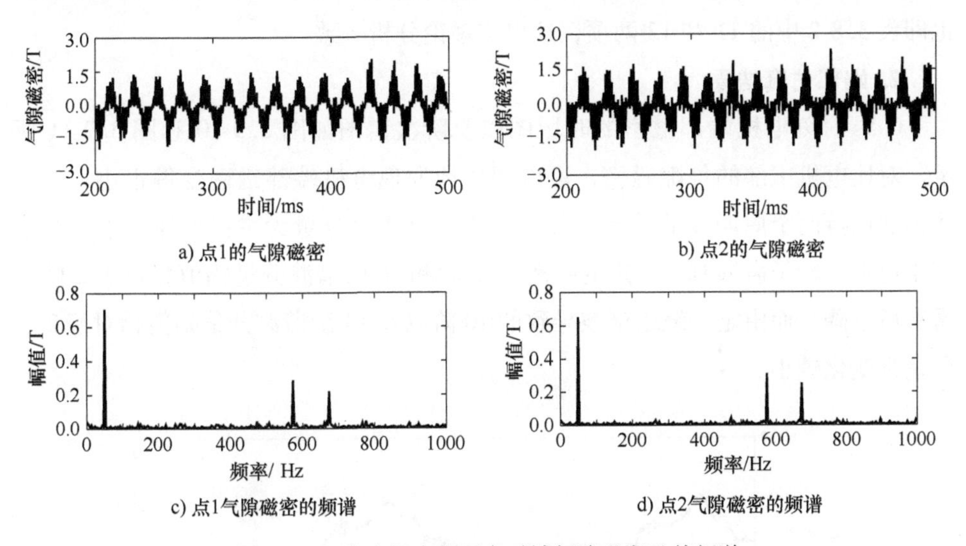

图 3. 9-8　发电机中部两点时域气隙磁密及其频谱

同样地，分析空间上处于对称位置的 1 号绕组以及 19 号绕组的电磁力，这里以 Maxwell 中导出的电磁力密度代替。它们的时域图以及频谱图如图 3. 9-9 所示。

与理论分析相同，两处所受的电磁力中包含的成分也基本一致，主要成分包括直流分量和二倍频分量。除了倍频成分之外，磁密中明显表现出的由磁导

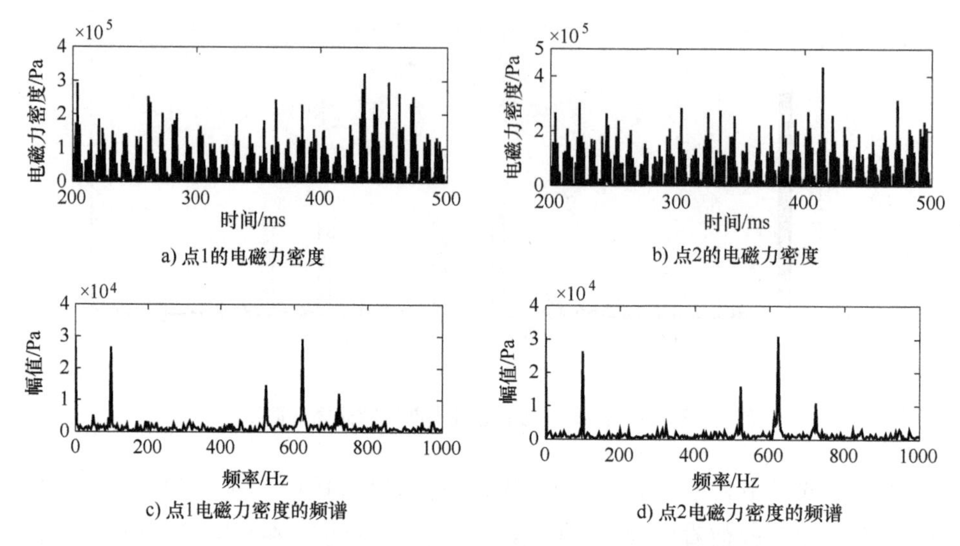

图 3.9-9　发电机中部两点时域电磁力密度及其频谱

谐波作用产生的谐波也体现在了电磁力频谱中，表现在 500~800Hz 频段的峰值，也即表 3.8-2 中的 11 和 12 两项，这也与理论分析一致。

2. 端部仿真结果

0.5s 时刻电机端部磁密的时域图以及阶次谱图如图 3.9-10 和图 3.9-11 所示。对比电机中部的气隙磁密，可以明显地发现电机端部磁密变得很小，但整体仍然保持两个周期性的波动，其频谱依然以 2 阶分量为主；另外由于电机端部距离定、转子齿槽有了一定的距离，22 阶和 26 阶谐波分量幅值相对于 2 阶分量有所下降，而由定子绕组谐波导致的 10 阶以及 14 阶谐波分量幅值相对于 2 阶分量则变化较小。

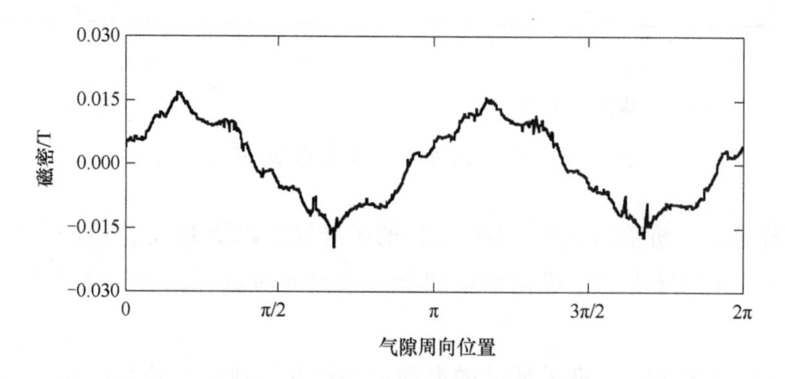

图 3.9-10　正常工况下电机端部磁密

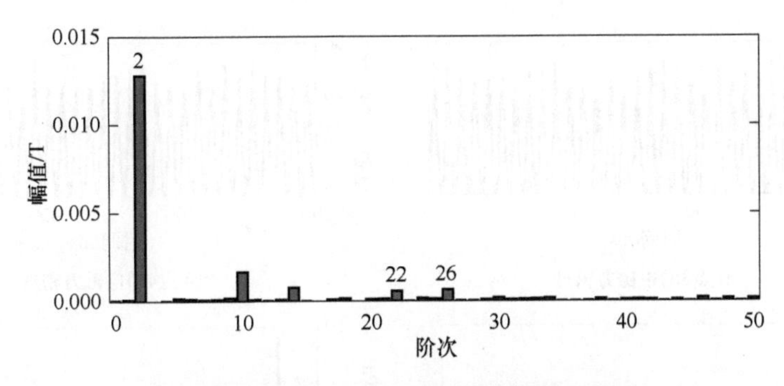

图 3.9-11　正常工况下电机端部磁密的阶次

图 3.9-12 为点 3、点 4 两点的磁密及其频谱，从这里可以更明显地看出这两点磁密的周期性以及相位相同的特点；另外，由于齿谐波的影响变小，频谱中齿谐波分量也都变得非常小，都以基频 50Hz 为主，并且两点的幅值基本一致。

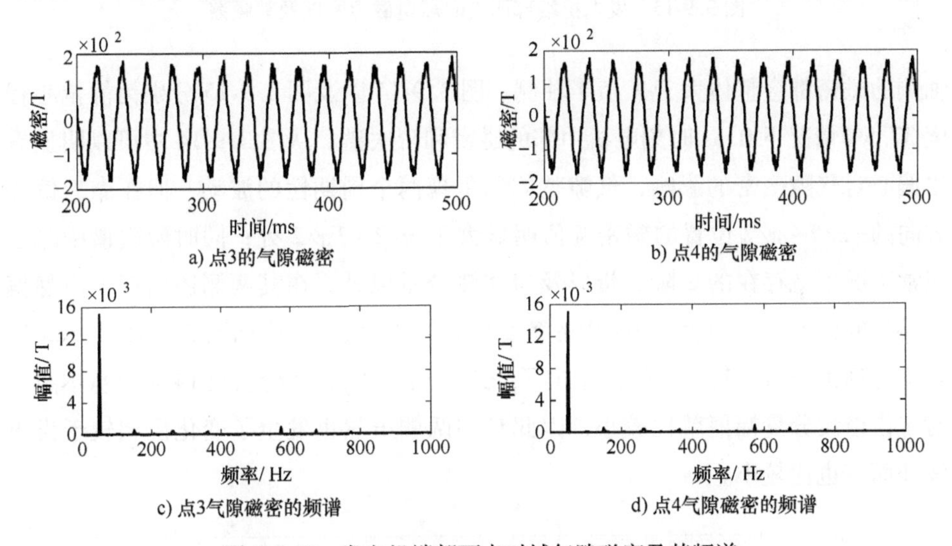

图 3.9-12　发电机端部两点时域气隙磁密及其频谱

此时电磁力密度及其频谱如图 3.9-13 所示，频谱整体所包含的成分与电机中部基本一致，区别在于幅值大小不同，同时可以说明端部绕组气隙磁密理论分析中，加一修正系数 f_k 是在一定程度上可行的。

9.1.3　静偏心故障工况下仿真结果分析

1. 仿真结果

发生静偏心后，气隙长度不再均匀，但由于其转子旋转中心是固定的，因此最小气隙位置不会发生变化。当偏心方向为 X 正方向时，任何时刻下 X 正半

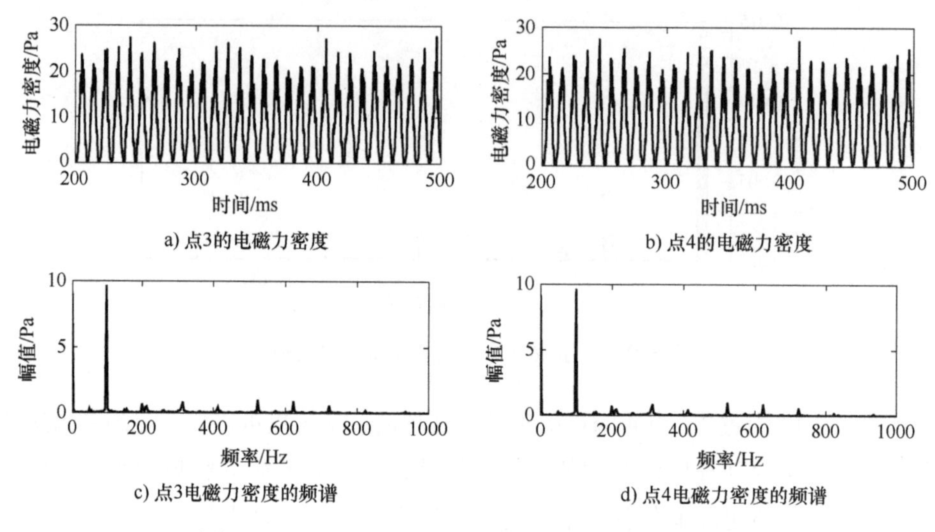

图 3.9-13　发电机端部两点时域电磁力密度及其频谱

轴侧的磁密都会整体大于 X 负半轴侧。图 3.9-14 以及图 3.9-15 分别为静偏心程度 37.5%情况下 0.5s 时刻电机中部的磁密和阶次谱。从图 3.9-14 中可以明显看出偏心对气隙磁密的影响，气隙整体仍呈现两个周期性的波动，但在靠近偏心方向的 $-\pi/2\sim\pi/2$ 位置的磁密幅值明显大于 $\pi/2\sim3\pi/2$ 处；同时阶次谱中除了正常工况下就存在的 2 阶分量以及齿谐波分量以外，在其两侧还出现了由静偏心导致的谐波，也即表 3.8-1 中的第 8 项到第 13 项，具体如图 3.9-15 所示，这些均与理论分析相符。此外由于定子绕组谐波导致的 10 阶以及 14 阶分量本身相对于齿谐波分量幅值就比较小，因此它们两侧虽然也发生了变化但相较于齿谐波处而言也比较小。

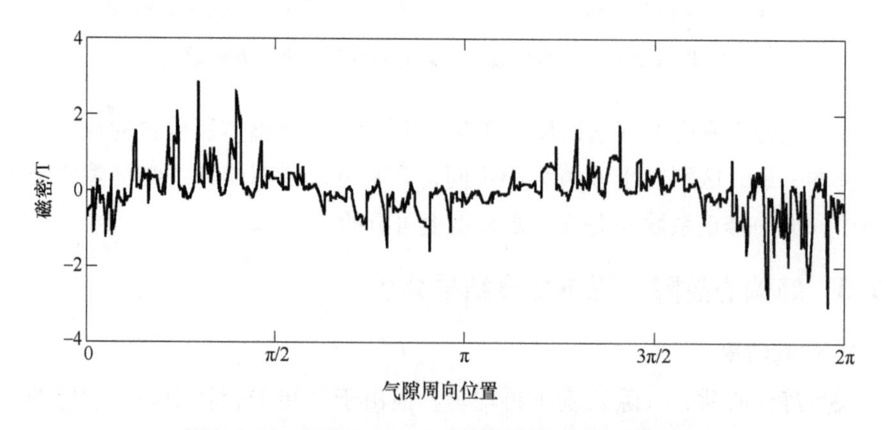

图 3.9-14　静偏心 37.5%工况下电机中部气隙磁密

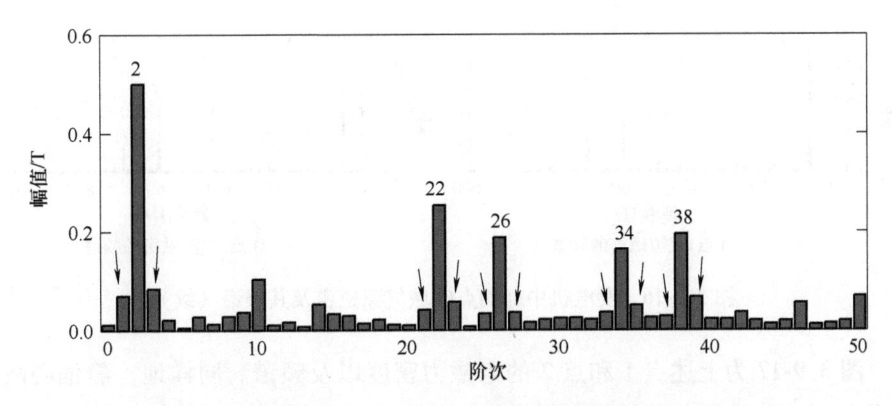

图 3.9-15　静偏心 37.5%工况下电机中部气隙磁密的阶次谱

图 3.9-16 为静偏心故障工况下电机中部的点 1 和点 2 时域磁密以及频谱，其中图 3.9-16a 和图 3.9-16c 为点 1 的结果，它位于气隙最小处，其余为点 2 也即气隙最大处的结果。对比图 3.9-16a 和图 3.9-16b，可以明显地发现偏心方向的磁密幅值要大于偏心反方向，这一点在频谱中同样有所体现；除了幅值变化以外，对比图 3.9-16c、图 3.9-16d 以及图 3.9-8c 和图 3.9-8d，可以发现在偏心正方向即气隙减小处，其频谱幅值要大于正常工况，而偏心反方向情况则正相反；同时根据理论分析，静偏心不会在频谱中引入新的频率成分，正常工况以及静偏心故障工况频谱的对比结果也是相符的，频谱包含的成分基本一致。此外在图 3.9-16c 中可以看到在较高的两个齿谐波分量的两侧还出现了其他两个较明显的峰值，这两个峰值并不是静偏心故障导致的，在其余频谱中也存在着这两个频率成分，观察图 3.9-8c、图 3.9-8d 以及图 3.9-16d 可以发现它们的存在；在图 3.9-16c 所示频谱中幅值有所增加的原因是此处的磁密整体幅值都有增加，所以其中各个分量的幅值也有所增加。它们可能是磁动势谐波与磁导谐波相互作用导致的，而理论分析中认为这部分很小，并没有分析这一点，仿真结果说明了其幅值确实很小，因此可以忽略不计。

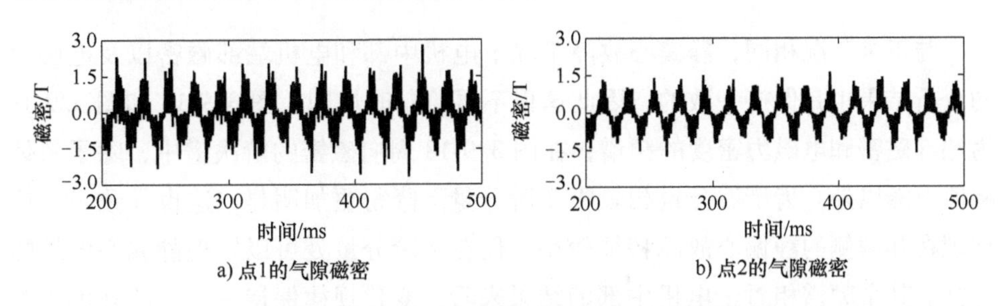

a) 点1的气隙磁密　　b) 点2的气隙磁密

图 3.9-16　发电机中部两点时域气隙磁密及其频谱

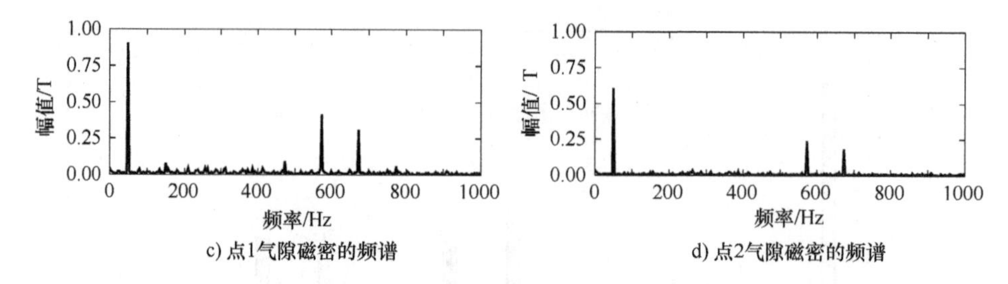

c) 点1气隙磁密的频谱　　d) 点2气隙磁密的频谱

图 3. 9-16　发电机中部两点时域气隙磁密及其频谱（续）

图 3. 9-17 为上述点 1 和点 2 的电磁力密度以及频谱。同样地，静偏心故障并未在电磁力密度中引入新的频率成分，主要的变化仍然体现在幅值大小上。与理论分析相符，在气隙减小处，由于磁密的增加，电磁力密度中的直流分量和二倍频分量也有所增加；反之，在气隙增大处，电磁力密度中的直流分量和二倍频分量会减小。因此，静偏心故障将会导致最小气隙处的绕组受力增大。

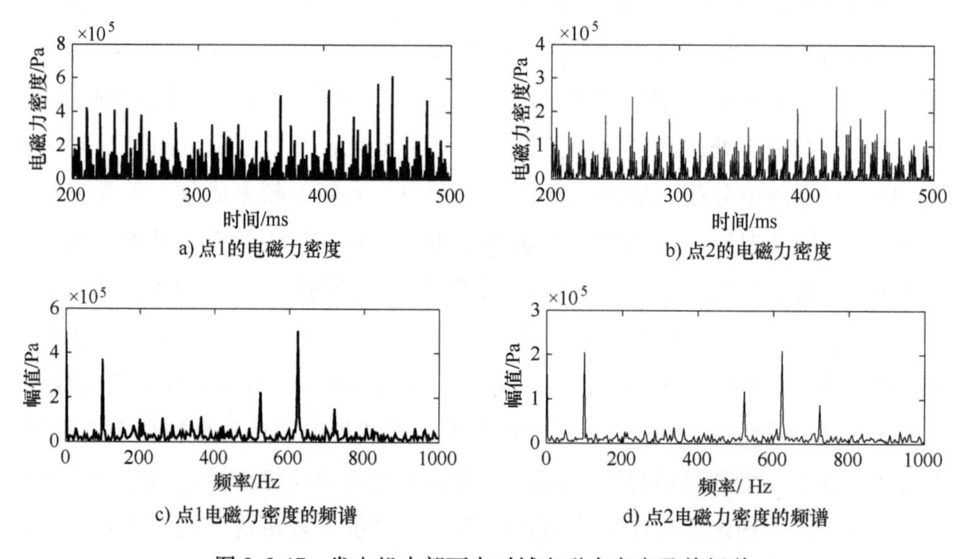

a) 点1的电磁力密度　　b) 点2的电磁力密度

c) 点1电磁力密度的频谱　　d) 点2电磁力密度的频谱

图 3. 9-17　发电机中部两点时域电磁力密度及其频谱

与正常工况相同，静偏心故障工况下电机中部和电机端部磁密以及电磁力的分析结果也是保持一致的，因此这里不再绘制时域图。图 3. 9-18 和图 3. 9-19 为端部磁密和电磁力密度的频谱，在图 3. 9-18 周向磁密的阶次谱中，除了整体幅值下降以外，齿谐波分量相较于 2 阶分量下降得更加明显，这也导致了本应出现在其两侧的静偏心故障特征较小，仅在 2 阶分量处可以发现静偏心的故障特征。其余频谱相对于电机中部的结果来看，变化规律保持一致；此外由于整体幅值都有所下降，在电机中部较小的频率成分变得不明显，其余主要成分变化不大。

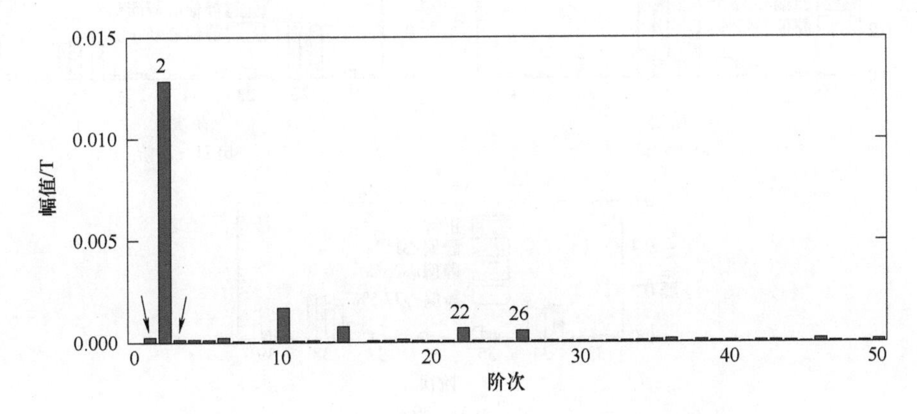

图 3. 9-18　静偏心 37. 5%工况下电机端部磁密的阶次谱

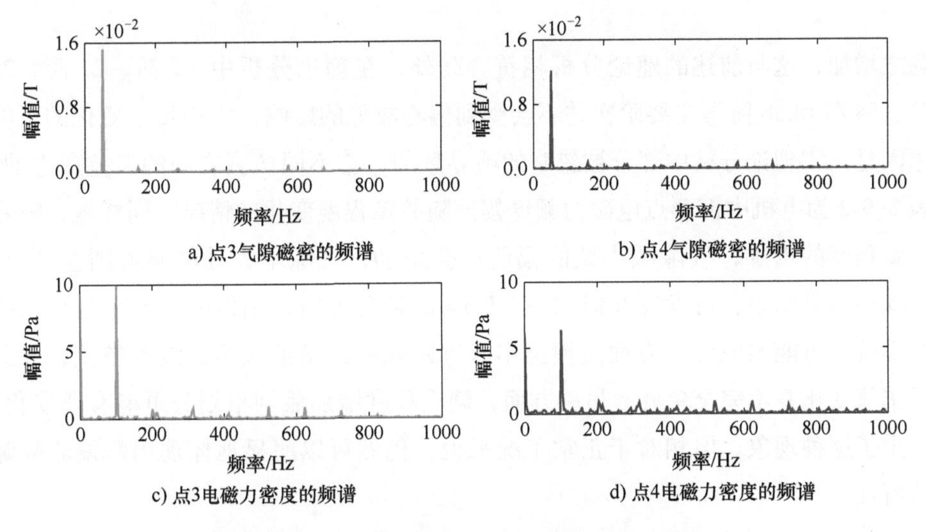

图 3. 9-19　发电机端部磁密及电磁力密度频谱

2. 不同静偏心故障程度的影响分析

为了研究不同故障程度对静偏心故障工况下各个结果的影响，本篇选取了正常工况、静偏心程度 15%（静偏心距离 0. 06mm）、静偏心程度 25%（静偏心距离 0. 1mm）、静偏心程度 37. 5%（静偏心距离 0. 15mm）4 种工况进行了比较。图 3. 9-20 为不同静偏心故障程度下电机中部周向磁密的阶次谱。

可以看到，在正常工况下，2 阶、22 阶、26 阶、34 阶和 38 阶左右两侧的阶次幅值很低，而出现故障后有明显的增加，并且故障程度增加后其幅值也基本

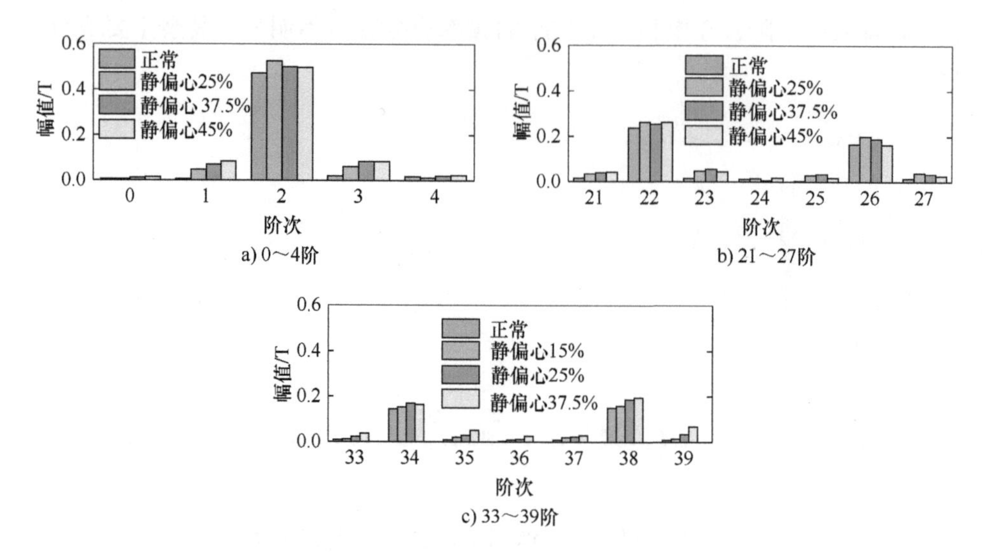

a) 0～4阶

b) 21～27阶

c) 33～39阶

图 3.9-20 不同静偏心故障程度下电机中部周向气隙磁密阶次谱比较（彩图见插页）

随之增加，这与前述的理论分析相符。此外，在理论分析中，2 阶、22 阶、26 阶、34 阶和 38 阶等主要阶次并不会受到偏心故障的影响，它们发生变化的可能原因是：①理论分析中部分被忽略的项导致的；②不同仿真之间的误差产生的。表 3. 9-2 为电机中部两点电磁力频谱幅值随故障程度变化的情况。同样地，随着故障程度的增加，气隙减小处的幅值也会增加，气隙增大处的幅值则会减小；但观察仿真结果，可发现在静偏心 37. 5%故障程度时，幅值变化规律与理论略有不符，可能的原因一方面是模型本身气隙磁密的谐波较多，波形较差，导致了幅值变化并不完全单调；另一方面，偏心程度增加后网格划分可能有所变化，产生了这种现象。但相对于正常工况来说，仍然可以明显地体现出静偏心故障的特征。

表 3. 9-2 电机中部电磁力密度分析结果

频率/Hz		正常/Pa	静偏心 12. 5%/Pa	静偏心 25%/Pa	静偏心 37. 5%/Pa
0	点 1	2.958×10^4	5.968×10^4	7.348×10^4	4.961×10^4
	点 2	3.078×10^4	2.133×10^4	1.875×10^4	2.114×10^4
100	点 1	2.663×10^4	5.003×10^4	5.946×10^4	3.704×10^4
	点 2	2.631×10^4	1.909×10^4	1.771×10^4	2.049×10^4

对于电机端部磁场，由于其本身就很小，同时端部磁场也较为复杂，这里不对不同故障程度时电机端部磁场特征的变化进行比较。

9.1.4　动偏心故障工况下仿真结果分析

1. 仿真结果

动偏心故障工况下，气隙长度随着时间变化而发生变化，但在某一时刻下，其周向磁密实际上与静偏心故障工况是相同的。如图 3.9-21 以及图 3.9-22 所示，在 0.5s 时，气隙周向磁密同样出现出了不对称的情况，阶次谱中相对于正常工况新增的成分也与静偏心故障工况相同，符合理论分析。此外可以发现在动偏心故障工况下周向气隙磁密不对称的位置与静偏心接近，这是因为在本节所使用的转速下，在 0.5s 时刻气隙最小位置刚好运动到初始位置附近，因此气隙磁密不对称的形式与静偏心时相似。实际上动偏心故障工况磁密增大位置是不断变化的，并不是每一时刻都与前文静偏心故障工况一致。由于周向磁密与静偏心故障工况下磁密所包含的成分一致，后续不再分析动偏心工况的周向磁密。

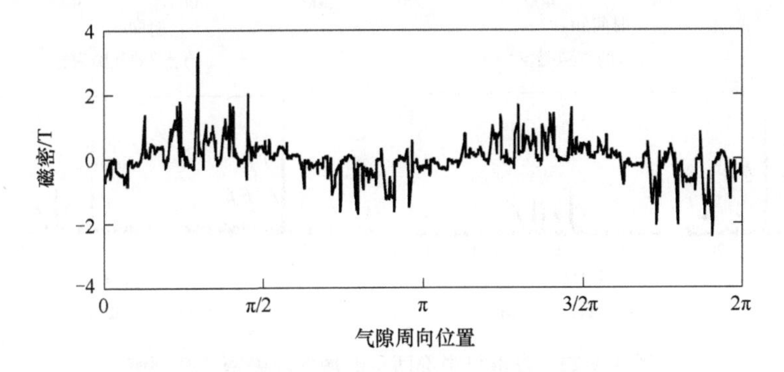

图 3.9-21　动偏心 37.5%工况下电机中部气隙磁密

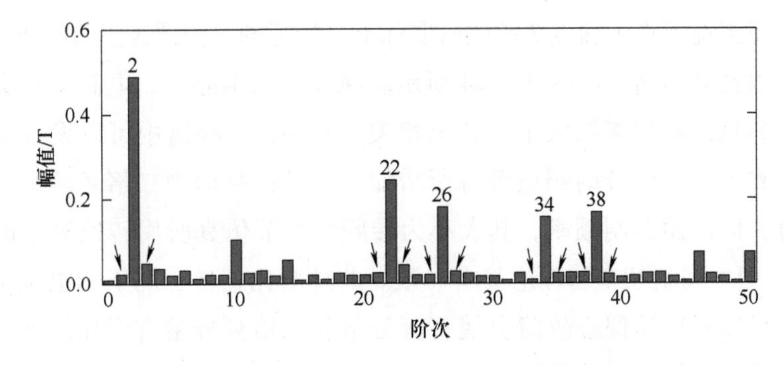

图 3.9-22　动偏心 37.5%工况下电机中部气隙磁密的阶次

同样地，可以得到动偏心故障工况下点 1、点 2 两点的时域磁密，如图 3. 9-23 所示。此时的磁密变化规律与静偏心出现了不同，由于每一个点在转子旋转一周内都会经过最大和最小气隙长度，因此动偏心故障工况下两点的磁密并不像静偏心故障时表现出明显的幅值差异，点 1、点 2 的幅值整体是比较接近的；同时，它们又区别于正常工况，虽然整体的幅值接近，但是动偏心故障工况下各个点磁密的幅值相比于正常工况会发生波动，这主要由理论分析中表 3. 8-1 的 15、16 两项引起的，也即发生了频率调制现象，本节分析中由于谐波成分较大，难以明显观察到这一现象。但在气隙磁密频率中可以观察到，基频以及齿谐波频率两侧存在由动偏心故障导致的不同于正常工况的新频率成分。

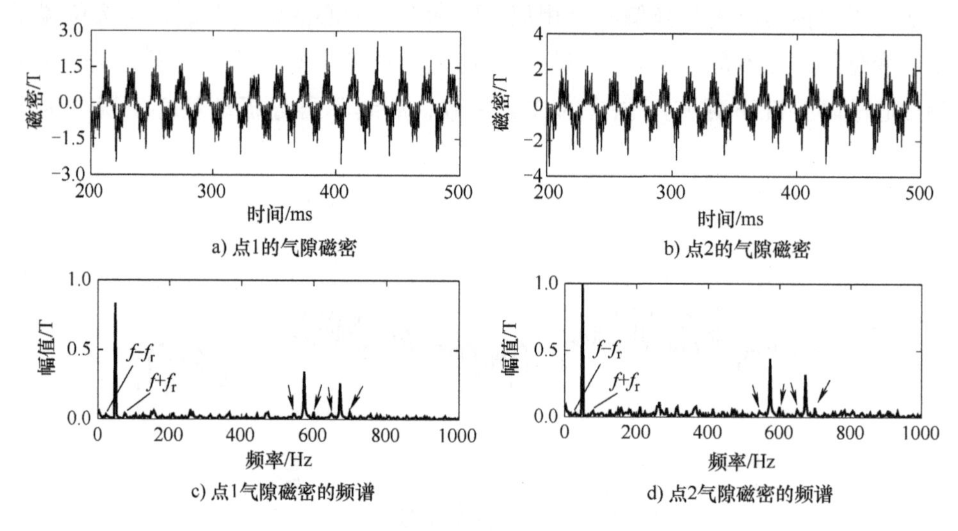

图 3. 9-23　发电机中部两点时域气隙磁密及其频谱

对应地可以得到上述两点的电磁力密度以及其频谱，根据上述分析可知，动偏心故障工况下点 1 和点 2 的磁密实际上是接近的，因此这里只给出点 1 的电磁力密度以及其频谱，如图 3. 9-24 所示。在发生动偏心后，电磁力也会发生频率调制，并且调制频率的大小与转速相关。此外，在频谱中可以发现动偏心故障会使电磁力各个成分的幅值都有所增加，并且在频谱中二倍频两侧出现新的频率成分，即前述调制频率，其大小为转频。本节仿真所用转速对应的转频约为 26Hz，图中调制频率与理论基本一致。此外对比正常工况下的电机中部电磁力密度，可以发现动偏心故障会使直流分量和二倍频分量有明显的增加，这会使绕组承受更大的力以及导致绕组产生更大的振动。

图 3. 9-25 为电机端部周向磁密以及点 3 的分析结果。电机端部磁密在动偏

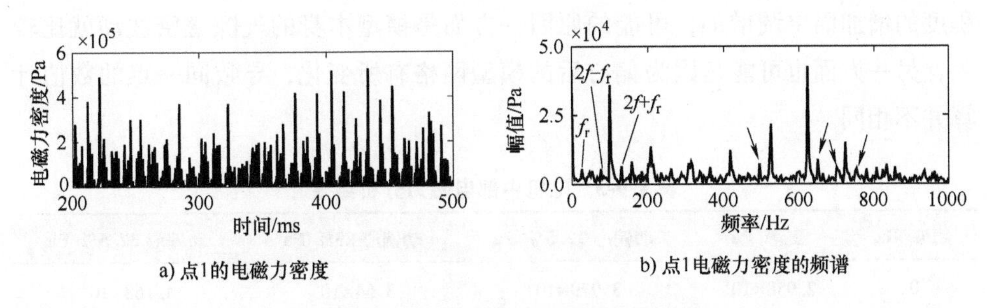

a) 点1的电磁力密度　　b) 点1电磁力密度的频谱

图 3.9-24　点 1 的电磁力密度及其频谱

心故障工况下发生的变化与电机中部也是一致的，但由于电机端部的气隙磁密很小，同时在超出定、转子铁心后，定、转子绕组之间的距离相比于偏心距离是较大的，因此动偏心故障在端部表现出来的特征比较小。

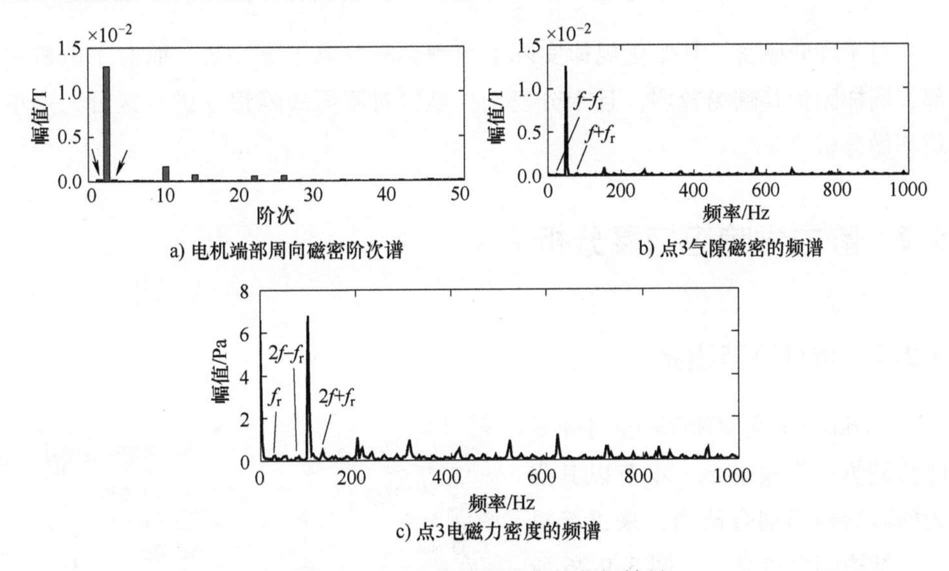

a) 电机端部周向磁密阶次谱　　b) 点3气隙磁密的频谱

c) 点3电磁力密度的频谱

图 3.9-25　电机端部磁密的分析结果

2. 不同动偏心故障程度的影响分析

与静偏心故障工况相同，在动偏心故障这一部分也对正常、12.5%、25%、37.5% 4 种不同工况进行了仿真，以比较动偏心故障程度对于故障特征的影响。表 3.9-3 汇总了点 1 电磁力密度频谱中主要成分的幅值。可以看到，发生故障时，各个故障程度点 1 频谱中的直流量和二倍频相对于正常都是增加的；调制频率的幅值同样增加，并且由于仿真所用的转速一致，其频率大小也没有发生变化。但观察不同故障程度下的幅值变化规律，发现部分幅值并没有随着故障程度的增加而单调增加，可能的原因一方面是模型本身的气隙磁密波动就比较大，另一方面也可能是因为偏心后的模型网格有所变化，导致同一点的数值计算并不相同。

表 3.9-3 电机中部电磁力分析结果

频率/Hz	正常/Pa	动偏心 12.5%/Pa	动偏心 25%/Pa	动偏心 37.5%/Pa
0	2.958×10^4	3.979×10^4	3.54×10^4	4.168×10^4
f_r	1260	2158	1725	5497
$2f-f_r$	1274	2703	2009	5396
$2f+f_r$	296	1936	3163	6437
$2f$	2.663×10^4	3.588×10^4	3.136×10^4	3.594×10^4

对于周向磁密，其变化规律实际上与静偏心故障工况一致；而对于电机端部，同样因为其磁场较弱，且十分复杂，难以对不同故障程度进行区分，这里均不做分析。

9.2 静力学响应仿真分析

9.2.1 仿真模型建立

Workbench 是 ANSYS 公司开发的协同仿真集成平台，本节以其强大的多物理场耦合能力，来进行电磁—结构耦合仿真。如图 3.9-26 所示，使用 9.1 节的三维模型来建立力学仿真中的物理模型，以 9.1 节仿真结果中的电磁力密度作为静态力学仿真的输入。仿真分析中，考虑到电机定转子绕组一般都是固定在定转子槽内，因此将绕组的直线段设置为固定约束；另外根据本节所参考的电机实际结构，端部渐开线绕组部分不做约束。由此可以得到力学仿真模型，如图 3.9-27 所示。

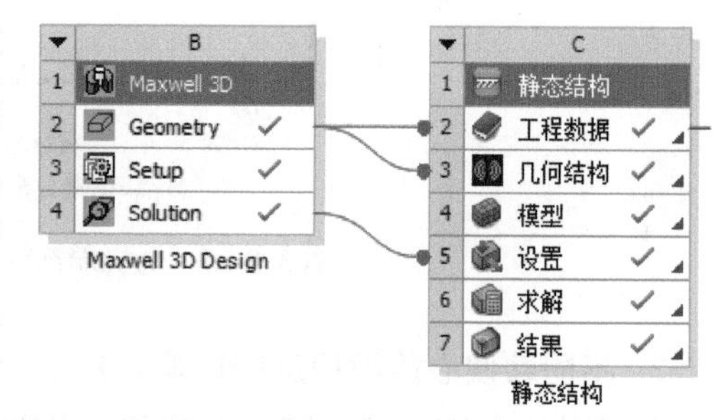

图 3.9-26 磁—固耦合分析示意图

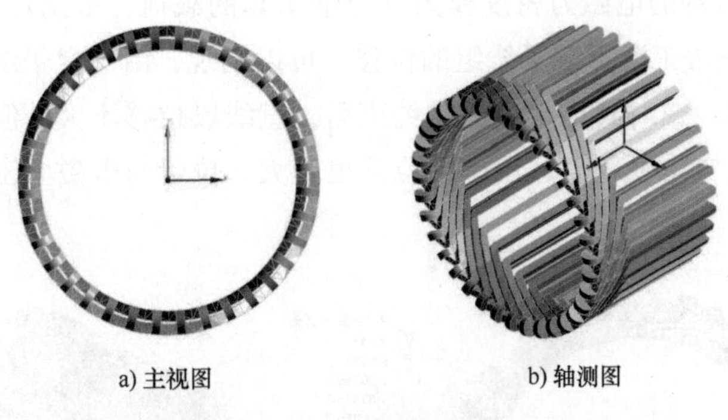

a) 主视图　　b) 轴测图

图 3. 9-27　定子绕组模型

9. 2. 2　正常工况下的静力学响应仿真结果

使用 Workbench 中的静态结构（Static Structural）来进行静力学仿真。将 Maxwell 仿真得到的电磁力密度导入后，得到结果如图 3. 9-28 所示。对比前文的周向磁密可以发现，在磁密较大的位置，电磁力密度也是较大的，并在空间上对称分布；端部绕组的电磁力密度同样表现出了对称性，但其位置与绕组直线段部分存在差异，这是因为磁密与绕组电流大小有关，在相电流大的位置磁密也较大，观察图 3. 9-28b 可以发现直线段绕组和端部绕组较大电磁力密度所在的位置实际上是相同的绕组，如图中红线标注为例，34、35、36 号绕组线圈端部和直线段绕组均存在较大的电磁力密度。此外，在图 3. 9-28b 中可以发现端部绕组鼻端和渐开线根部的电磁力密度要高于渐开线中间部分，这里是分析中需要重点关注的。

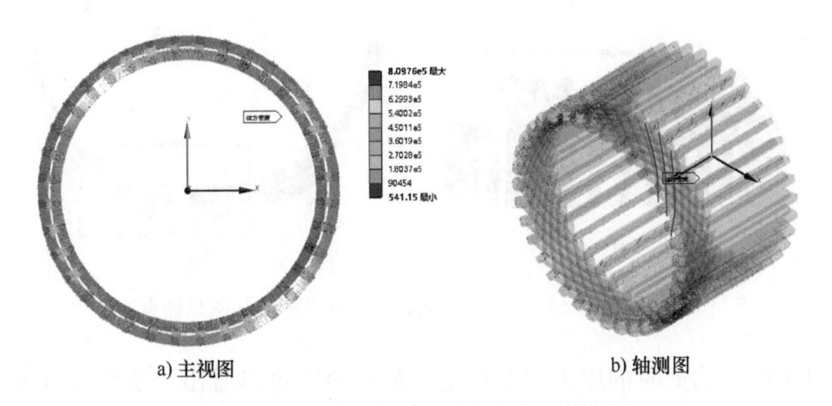

a) 主视图　　b) 轴测图

图 3. 9-28　导入的定子绕组电磁力密度（彩图见插页）

以 0. 5s 时刻的电磁力密度作为静力学仿真的载荷，得到定子绕组的响应。图 3. 9-29 为正常工况下定子绕组的位移。可以发现，由于定子绕组直线段被固定在定子槽内，在对其施加了固定约束后，直线段位移不大；但端部绕组部分相对于直线段自由度较高，发生的位移也较大，位置与电磁力密度分布规律是一致的。

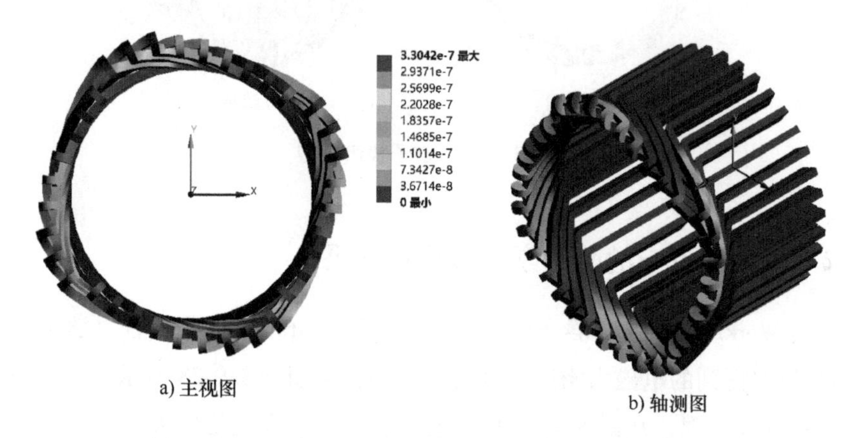

a) 主视图　　b) 轴测图

图 3. 9-29　正常工况下定子绕组的位移（彩图见插页）

图 3. 9-30 为对仿真结果进行等比例放大后的部分定子绕组位移。观察图 3. 9-30a 可以发现，在位移较小的左侧位置，定子绕组之间的空隙是正常的，而在位移较大的右侧，同层端部绕组渐开线中上部之间的空隙受位移的影响会减小，这可能会导致此处的绕组发生磨损；同时，图 3. 9-30b 中也可明显看出，在位移较大的绕组处，不同层端部绕组渐开线中上部之间的空隙也在减小，这里同样也可能发生磨损。

a)　　b)

图 3. 9-30　正常工况下部分定子绕组位移（彩图见插页）

图 3. 9-31 为此时的应力以及应变，观察两图可以看出，端部绕组的应力、应变分布规律是一致的。在发生较大位移的部分绕组，其上层渐开线根部会出

现应力、应变较大的区域，同时鼻端部分也会产生较大的应力、应变。因此这两处也是较容易发生疲劳的位置。

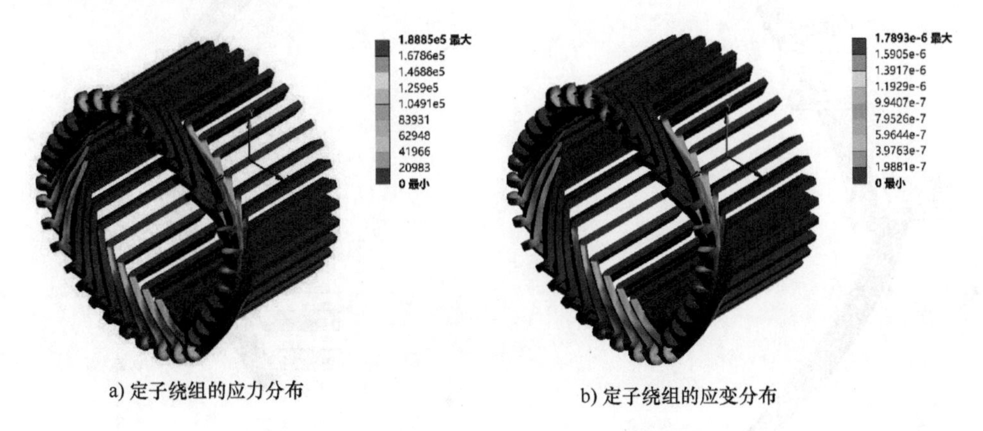

a) 定子绕组的应力分布　　b) 定子绕组的应变分布

图 3. 9-31　定子绕组的静力学响应（彩图见插页）

由于应力、应变的分布是接近的，因此以靠近 X 轴的 15 号和 33 号绕组为例，分别在其应力集中的位置各取分析点进行比较，如图 3. 9-32 所示。

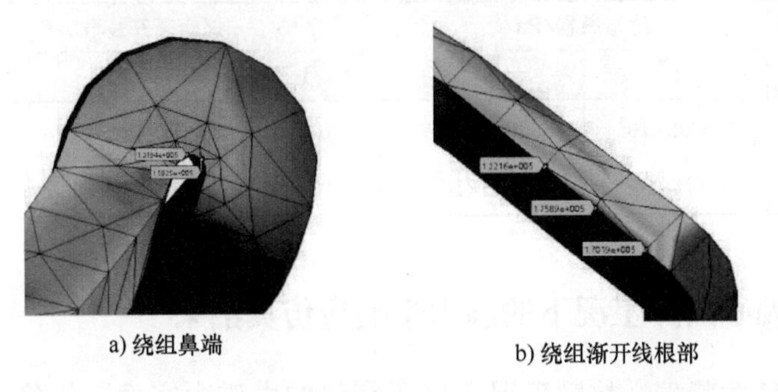

a) 绕组鼻端　　b) 绕组渐开线根部

图 3. 9-32　正常工况下定子绕组应力集中位置所取的分析点示意（彩图见插页）

图 3. 9-33 为正常工况下 15 号和 33 号定子绕组的应力分布情况，为了更清晰、直观地对不同工况下的应力进行比较，以表格的形式再次给出各分析点的应力。如表 3. 9-4 所示。可以看到，正常工况下应力的分布是接近的。略有差异的可能原因有：①根据电磁分析可知，电机端部的磁密是比较小的，且谐波成分也比较多，导致对称分布的绕组应力有差异；②在磁—固耦合分析中，电磁力由 Maxwell 导入 Static Structural 时，由于网格会发生变化，电磁力密度不能由原结果一一映射到静力学分析中，导致施加在定子绕组的电磁力载荷发生了偏移，从而导致了应力的差异。

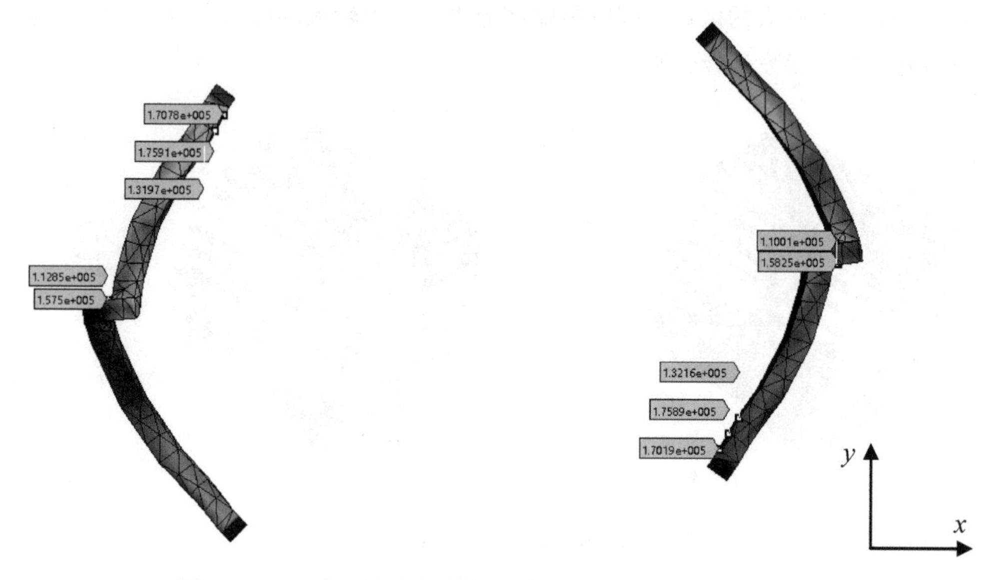

图 3. 9-33　正常工况下定子绕组端部的应力分布（彩图见插页）

表 3. 9-4　正常工况下定子绕组上分析点的应力

绕组号	绕组鼻端/Pa		绕组渐开线根部/Pa		
	1	2	1	2	3
33 号绕组	1.5825×10^5	1.1001×10^5	1.7019×10^5	1.7589×10^5	1.3216×10^5
15 号绕组	1.575×10^5	1.1285×10^5	1.7078×10^5	1.7591×10^5	1.3197×10^5

9. 2. 3　静偏心故障工况下的静力学响应仿真结果

图 3. 9-34 为静偏心故障工况下定子绕组的电磁力密度、位移、应力以及应变。如图 3. 9-34a 中 1、2 两部分所示，对比静偏心后的电磁力密度，可以发现在靠近偏心侧的电磁力密度要大于偏心反方向。此外，对于端部绕组发生的位移、应力以及应变情况，根据前述分析，此处的磁密很小，同时电机尺寸也较小，导致端部绕组的刚度较高，从而由静偏心导致的力学响应程度也较低。

为了对比静偏心故障对端部绕组产生的影响，这里同样选取 33 号绕组以及对称的 15 号绕组，并在其应力较大的两个位置取了分析点进行比较，结果如图 3. 9-35 以及表 3. 9-5 所示。

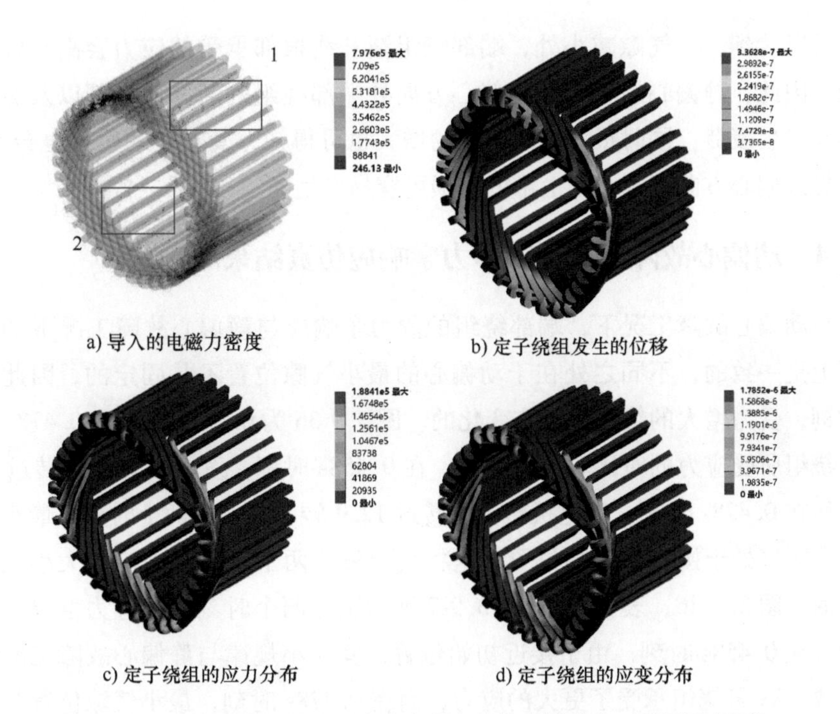

a) 导入的电磁力密度　　b) 定子绕组发生的位移

c) 定子绕组的应力分布　　d) 定子绕组的应变分布

图 3.9-34　定子绕组的电磁力密度分布及静力学响应（彩图见插页）

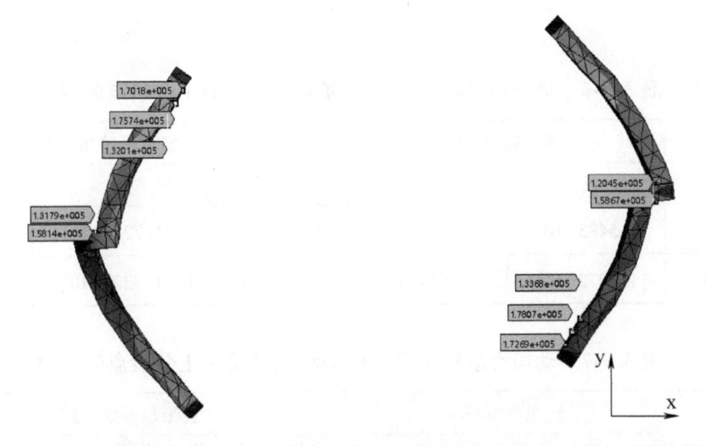

图 3.9-35　静偏心故障工况下定子绕组端部的应力分布（彩图见插页）

表 3.9-5　静偏心故障工况下定子绕组上分析点的应力

绕组号	绕组鼻端/Pa		绕组渐开线根部/Pa		
	1	2	1	2	3
33 号绕组	1.5867×10^5	1.2045×10^5	1.7269×10^5	1.7807×10^5	1.3368×10^5
15 号绕组	1.5814×10^5	1.3179×10^5	1.7018×10^5	1.7574×10^5	1.3201×10^5

可以看到，在气隙减小处，端部绕组渐开线根部承受的应力会高于气隙增大处。因此，静偏心故障会使得偏心方向处端部绕组的渐开线根部以及鼻端处更容易发生疲劳；同时根据根部应力的增大也可得知，其对应的位移也会增大，从而导致偏心方向渐开线中上部的磨损更容易发生。

9.2.4 动偏心故障工况下的静力学响应仿真结果

在动偏心故障工况下，端部绕组的静力学响应与静偏心故障工况下的规律实际上是一致的，不同之处在于动偏心的最小气隙位置不是固定的，因此在不同时刻，受力增大的绕组也是在变化的。图 3. 9-36 为 0. 458s 时刻与 0. 478s 时刻定子绕组所受应力的对比。根据计算，在 0. 458s 时刻，发电机转子约转过 11. 9 转；而在 0. 478s 时刻，发电机转子约转过 12. 4 转，也即这两个时刻下最小气隙位置会刚好处于接近对称的位置，这将会导致这两个时刻下的应力大小规律是相反的。图 3. 9-36、表 3. 9-6、表 3. 9-7 展示了这两个时刻下的应力情况，可以看到，在 0. 458s 时刻，由于接近初始位置，其大小规律与静偏心故障工况保持了一致，33 号绕组承受了更大的应力，而在 0. 478s 时刻，最小气隙位置与初始位置接近对称，此时的大小规律也发生了改变，15 号绕组承受的应力大于 33 号绕组。

表 3. 9-6 动偏心故障工况下 0. 458s 定子绕组上分析点的应力

绕组号	绕组鼻端/Pa		绕组渐开线根部/Pa		
	1	2	1	2	3
33 号绕组	1.5483×10^5	1.2877×10^5	1.6746×10^5	1.7284×10^5	1.2916×10^5
15 号绕组	1.5272×10^5	1.1544×10^5	1.6718×10^5	1.7222×10^5	1.2857×10^5

表 3. 9-7 动偏心故障工况下 0. 478s 定子绕组上分析点的应力

绕组号	绕组鼻端/Pa		绕组渐开线根部/Pa		
	1	2	1	2	3
33 号绕组	1.5482×10^5	1.1772×10^5	1.6777×10^5	1.7248×10^5	1.2931×10^5
15 号绕组	1.5637×10^5	1.3006×10^5	1.693×10^5	1.7478×10^5	1.3106×10^5

综上，动偏心故障工况下各根绕组都会受到增大的电磁力从而导致力学响应也增大，因此相对于正常工况下每根绕组都会变得更容易发生疲劳与磨损。

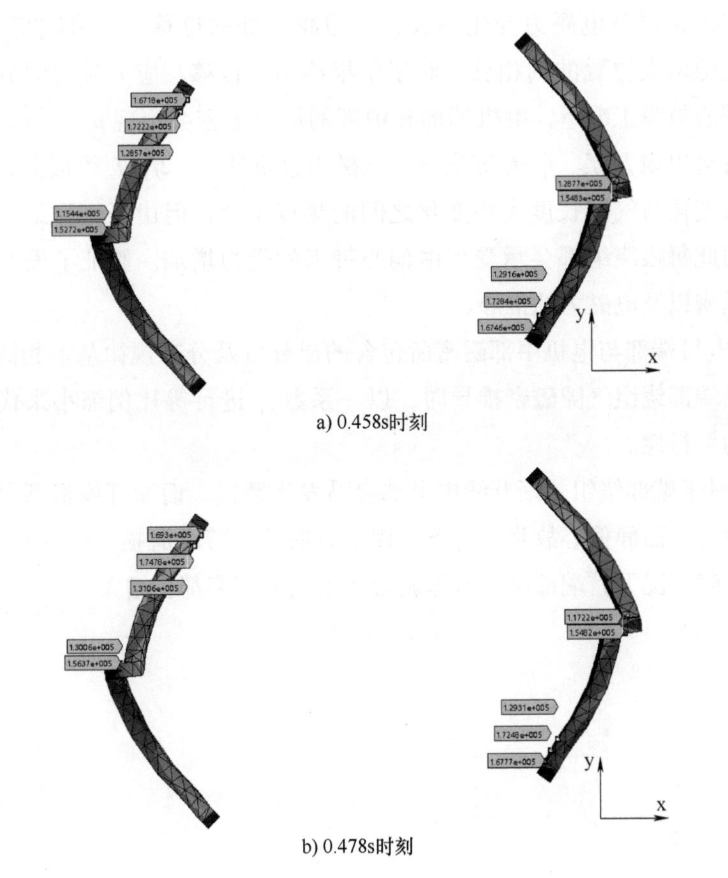

a) 0.458s时刻

b) 0.478s时刻

图 3.9-36　动偏心故障工况下定子绕组端部的应力分布（彩图见插页）

9.3　本章小结

本章利用 ANSYS 软件对双馈发电机进行了电磁仿真分析以及力学仿真分析，得到以下结论：

1）在正常工况下，电机端部和中部的周向磁密会出现 p、ν 等成分，时域磁密会出现 f_1、f_μ 等成分，电磁力会出现 $2f_1$ 等成分，验证了正常工况下对于气隙磁密以及电磁力的推导。定子绕组端部整体受力是对称的，位移、应力、应变的分布与电流大小相关，相电流较大的时刻对应绕组的响应也是较大的；对于单根绕组而言，鼻端处的位移最大，而应力、应变则会在渐开线根部以及鼻端内部出现集中。

2）静偏心故障工况下，电机端部和中部的周向磁密会出现 $p\pm1$、$\nu\pm1$ 等成分，时域磁密以及电磁力变化不大，气隙减小处的位移、应力应变都会增加，而处于气隙增大位置的则相反，对于单根绕组，位移、应力应变的分布规律不变。动偏心故障工况下，电机端部和中部的周向磁密会出现 $p\pm1$、$\nu\pm1$ 等成分，时域磁密会出现 $f_1\pm f_r$、$f_\mu\pm f_r$ 等成分，电磁力会出现 f_r、$2f_1\pm f_r$ 等成分，此外绕组受力分布变化与气隙长度大小变化之间的规律不变，但由于气隙最小位置是变化的，因此每根绕组都会承受到由偏心带来的受力增加。验证了偏心故障下对于气隙磁密以及电磁力的推导。

3）电机端部与电机中部磁密所包含的成分以及分布规律基本相同，初步验证了对于端部绕组气隙磁密推导时，以一系数 f_k 进行等比例缩小来代替复杂理论推导的可行性。

4）对于端部绕组，渐开线中上部容易发生磨损，而渐开线根部以及鼻端容易发生疲劳；而静偏心故障工况下，偏心方向的疲劳和磨损发生的概率会增大；动偏心故障工况下，端部绕组整体疲劳和磨损的概率都会增大。

第 10 章
实验方案设计及验证

10.1 实验平台介绍

本节实验使用华北电力大学的风力发电机组故障模拟及性能测试分析平台来进行，该实验平台位于电力机械装备健康维护与失效预防河北省重点实验室。实验平台搭建了一套完整的模拟风力发电机组实验装置，包括模拟风速输入的伺服电机、包含了平行齿轮箱和行星齿轮箱在内的传动系统、双馈发电机本体、控制柜和负载箱；可模拟变风速运行状态、发电机电气故障、发电机机械故障、齿轮箱以及叶轮不平衡故障。实验平台为研究更接近自然状态下的风机特性提供了支撑。平台整体如图 3. 10-1 所示。

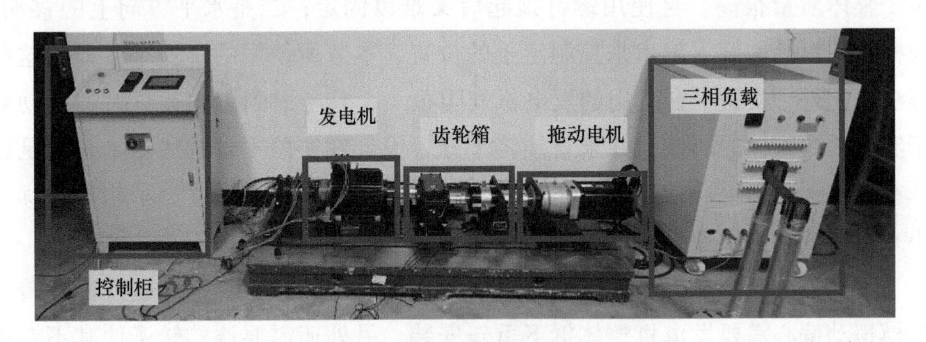

图 3. 10-1　实验平台整体

按照本节的分析，应当选择绕组端部的应变来进行实验验证，但实际上，实验平台的发电机定、转子绕组均为散嵌绕组，如图 3. 10-2 所示，难以找到平整的表面去粘贴应变片，并且定子绕组与定子外壳之间的缝隙也较小，难以保证各个应变片之间保持完全一致的状态，因此本节选取定子电流和定子振动进行测量。将电流传感器和振动传感器布置好后，通过采集仪得到定子电流信号和振动信号并加以分析。

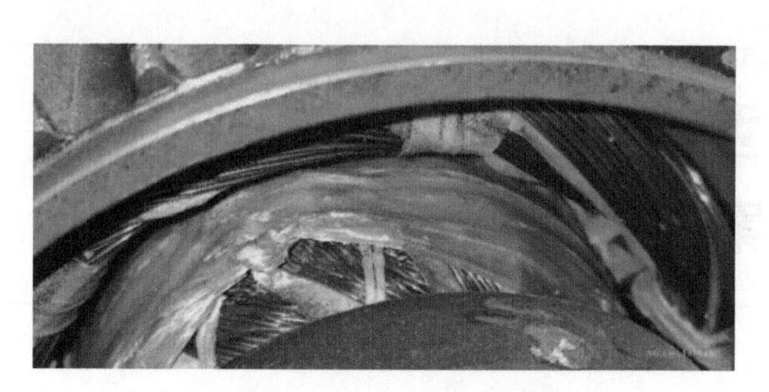

图 3. 10-2　发电机定转子绕组

10. 2　气隙偏心故障模拟实验方案设计

实验平台是一个连接紧密的整体，且各部分之间都是通过联轴器进行连接，拆装后会耗费大量的时间、精力去调节各个转轴的对中情况。因此如何在不对机组整体进行拆卸的情况下去模拟偏心故障是设计的重心。

对于静偏心故障模拟，可以采用转子及转轴固定不动，而定子在径向上移动，利用其相对位置完成静偏心故障的模拟。定子在径向上有两种方式：一是垂直方向上的移动，利用起盖螺钉将定子顶起从而模拟静偏心故障，但实际上定子整体质量很高，且使用螺钉顶起后又难以固定；二是水平方向上的移动，同样利用螺栓的旋入旋出来控制定子的位置，本节所使用的实验平台即为这种方法。此外，实验平台所用的发电机气隙很小，且考虑到每次运行时的振动对于实验平台整体的影响，并未直接将千分表设计在实验平台的底座上，而是选择在每次调整静偏心故障前，再将千分表布置在相应位置，以定子相对位移大小来调整静偏心故障程度。

动偏心故障产生机理一般是转子的轴线偏离了旋转中心，但通过调整转子来模拟动偏心需要发电机整体拆下重新安装，另外还需要调整转子使其不对中或者需要额外的偏心转子；此外还有学者提出了可以采用在转子上切槽并利用拆装槽楔的方法，实现动偏心故障和正常工况的转换。但该方法拆装不方便，实现难度较大。为了避免反复拆装、操作简便以及节省资源，采用转子铁心切槽的方式来模拟动偏心故障，如图 3. 10-3 中部位 7 所示。将转子整体加长并在加长部分的转子铁心切槽后，开槽处气隙长度会增大，导致此处的气隙磁密减小，从而可将此处等效为动偏心中气隙最大位置，其对侧为气隙最小位置；当带有切槽部分的转子进入定子并开始旋转后，铁心上的槽随之旋转，气隙长度随之变化，从而模拟动偏心故障。

10.3　气隙偏心故障模拟方法

图 3.10-3 为气隙偏心故障模拟的示意图。对于静偏心故障的模拟，首先利用塞尺检测电机是否处于正常工况，确认无误后在 4 号内侧调节板的挡块上布置千分表用以查看定子移动的距离。随后松开 6 号固定螺栓以及 4 号内侧调节板四角的固定螺栓，通过调整 3 号径向螺栓的旋入旋出，使同侧千分表的相对位置保持一致；再次上紧所有螺栓，使用塞尺对发电机气隙进行检查，防止定、转子出现碰撞，无误后即完成静偏心故障的模拟。

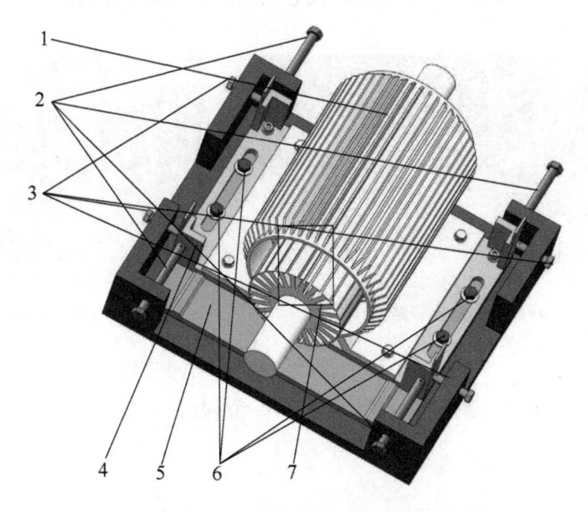

图 3.10-3　气隙偏心故障模拟示意图

1—发电机　2—轴向螺栓　3—径向螺栓　4—内侧调节板

5—底板　6—固定螺栓　7—转子切槽

对于动偏心故障，具体设置方法如下：调整 2 号轴向螺栓位置，留出定子移动的空间，分次取出 6 号固定螺栓以及 4 号内侧调节板四角的固定螺栓，保留 6 号螺栓中靠近移动方向侧的螺栓，以保持 5 号底板不会发生大位移；随后推动定子使切槽部分转子进入其中；使用塞尺对发电机气隙进行检查，保证气隙长度均匀；最后上紧所有螺栓，完成动偏心故障的模拟。调整后的发电机如图 3.10-4 所示，图 3.10-5 为实验平台实际偏心调整结构的照片以及转子的切槽照片。

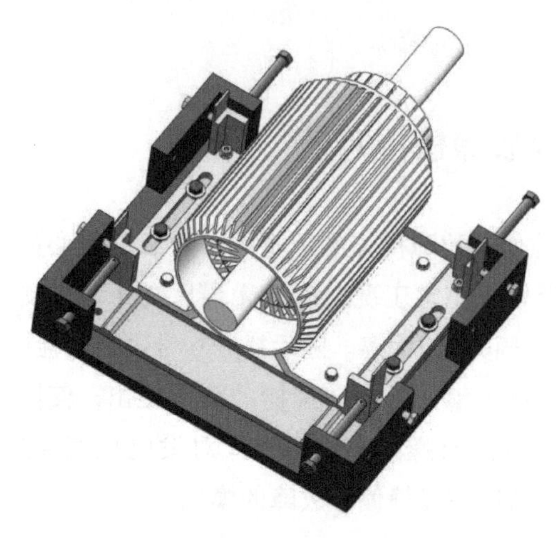

图 3.10-4 调整动偏心故障后发电机示意图

a) 底板、螺栓等结构

b) 转子切槽

图 3.10-5 气隙偏心调整结构实物

1—发电机 2—轴向螺栓 3—径向螺栓 4—内侧调节板 5—底板 6—固定螺栓

10.4 实验结果分析

10.4.1 正常工况

图 3.10-6 为正常工况下、转速为 1400r/min 的定子电流分析结果，可以看到在正常工况时，定子电流的幅值是平稳的，同时在频谱中也以 50Hz 的基频为主。此外，电流信号中还包含了其他高频的分量，其中一部分是由于定转子开槽导致的齿谐波成分，另一部分是由于实验平台是一个复杂的机电系统，各个部分之间会相互影响，从而导致一些其他的频率成分出现；另外传感器本身的特性也会对测量的信号有所影响，但在同样的实验条件下，这些影响可以忽略。

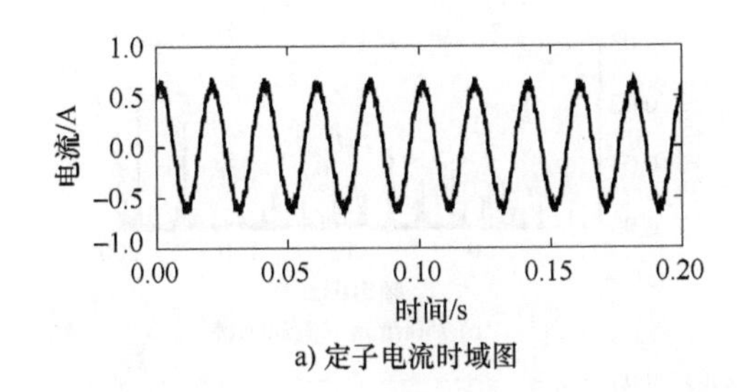

a) 定子电流时域图

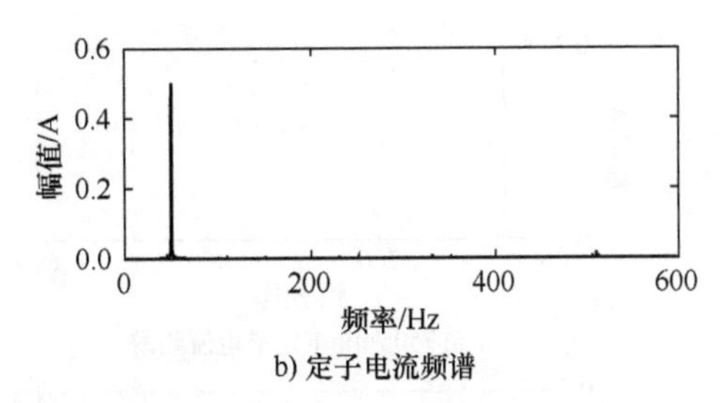

b) 定子电流频谱

图 3. 10-6　正常工况下定子电流信号

同时还可以得到正常工况下的定子振动信号，如图 3. 10-7 所示。在定子振动信号的频谱中，出现了一倍转频、二倍转频、二倍频以及其他幅值较高的频率成分。可以发现，在双馈发电机正常运转时，其定子二倍频振动是存在的，但幅值并不高。在理论分析中，正常工况下的定子振动并没有转频以及转频倍频的成分，但如前所述，发电机并不是独立于系统之外的，转子的转动会通过轴承、轴承座、底座等各部分去影响定子的振动，从而导致转频的出现。此外，频谱中还出现了其他幅值较高的频率成分，这些频率可能是由实验平台其他部分导致的，如各部分轴承、平行齿轮箱、行星齿轮箱等，这部分并非本节研究的主要内容，因此不对这部分频率成分进行分析，而主要关注理论分析结果中出现的转频、二倍频等相关的频率成分。

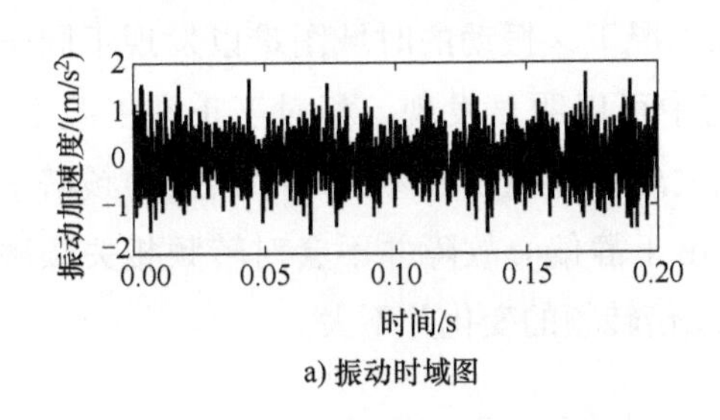

a) 振动时域图

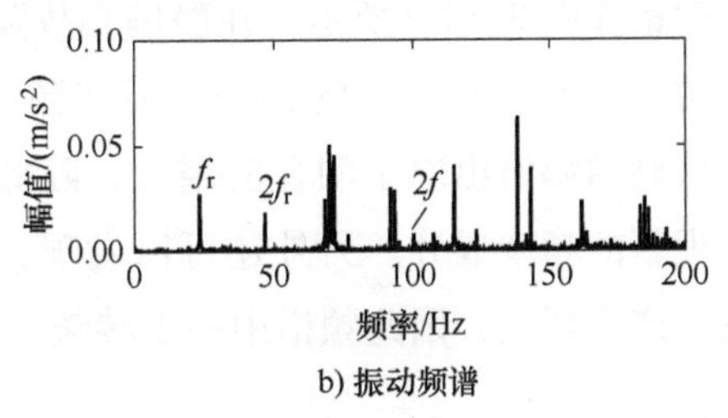

b) 振动频谱

图 3. 10-7　正常工况、1400r/min 下振动信号

除了 1400r/min 转速下的实验以外，还进行了 750r/min、1000r/min、1200r/min 转速下的实验，其分析结果如图 3. 10-8 所示。

可以看到，在不同的转速下，双馈发电机定子电流的频率均为 50Hz，实验平台符合实际双馈发电机变速恒频的运行特点。

10. 4. 2　静偏心故障工况

在静偏心 0. 1mm、转速为 1400r/min 工况下，同样得到该工况下振动信号，

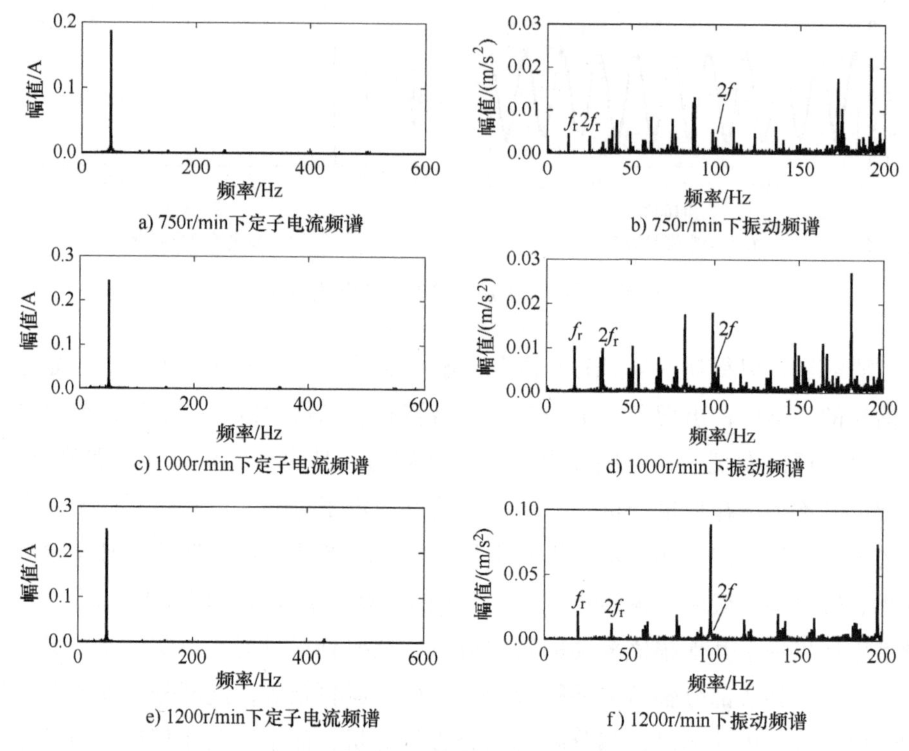

图 3. 10-8 正常工况、不同转速下的分析结果

其频谱如图 3. 10-9 所示，在静偏心故障工况下，振动的时域图难以发现不同于正常工况振动时域图的特征；但在频谱中可以明显发现，相对于正常工况下，二倍频的幅值出现了明显的增大，除此之外，静偏心故障并未导致振动频谱中出现新的频率成分。另外还可以发现，由于静偏心故障并不会对转频相关频率成分产生影响，因此频谱中一倍转频、二倍转频的变化并不大。

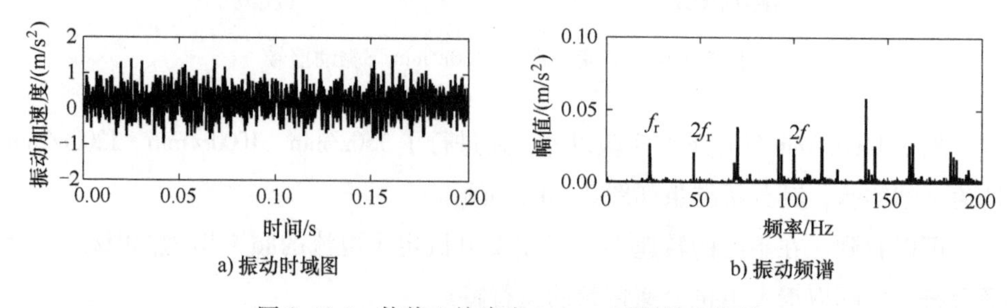

图 3. 10-9 静偏心故障为 0. 1mm 时的振动信号

保持转速 1400r/min 不变，增加静偏心故障程度至 0. 2mm 后，可以得到振动信号的分析结果如图 3. 10-10 所示。可以发现，故障程度的增加导致了二倍频

幅值明显的增加；而一倍转频、二倍转频则没有随着静偏心故障程度的增加出现规律变化。

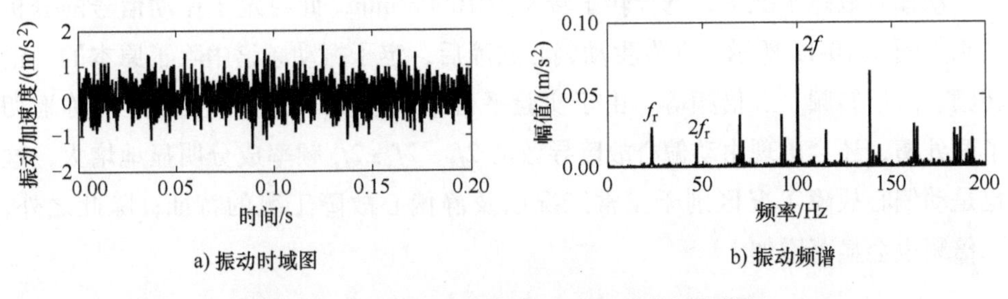

图 3. 10-10 静偏心故障为 0. 2mm 时的振动信号

除 1400r/min 转速下的实验外，还进行了其他不同转速下静偏心故障的实验，表 3. 10-1 汇总了振动信号分析结果中重点关注频率成分的幅值，其中 $A(f)$ 表示频率 f 处的幅值。对比静偏心故障工况与正常工况下的振动特征频率的幅值不难发现，静偏心故障导致了定子振动二倍频的增大，并且二倍频的幅值会随着故障程度的增加而增大，如表中加粗字体所示。这可以验证理论分析中对于静偏心故障的分析结果，也即静偏心故障会导致电磁力中二倍频成分幅值的增大。另外，一倍转频和二倍转频幅值的变化并不规律且变化幅度很小，也验证了理论分析中静偏心故障不会对转频相关频率成分产生影响这一结果。

表 3. 10-1 正常工况和静偏心故障工况下部分特征频率的幅值

转速/(r/min)	工况	$A(f_r)/(m/s^2)$	$A(2f_r)/(m/s^2)$	$A(2f)/(m/s^2)$
750	正常	0. 004641	0. 004	0. 003882
	静偏心程度 0. 1mm	0. 004511	0. 003986	**0. 006295**
	静偏心程度 0. 2mm	0. 004588	0. 004247	**0. 01609**
1000	正常	0. 01042	0. 009935	0. 004631
	静偏心程度 0. 1mm	0. 009861	0. 008634	**0. 009418**
	静偏心程度 0. 2mm	0. 01021	0. 01104	**0. 01407**
1200	正常	0. 02174	0. 01264	0. 004966
	静偏心程度 0. 1mm	0. 02205	0. 0126	**0. 01277**
	静偏心程度 0. 2mm	0. 02263	0. 01261	**0. 02243**
1400	正常	0. 02709	0. 01825	0. 007987
	静偏心程度 0. 1mm	0. 02655	0. 02053	**0. 02342**
	静偏心程度 0. 2mm	0. 02739	0. 01665	**0. 0847**

10.4.3 动偏心故障工况

动偏心故障工况下，选择转子转速为1000r/min，此时定子振动信号的分析结果如图3.10-11所示，在发生动偏心故障后，定子振动频谱中除了原本的一倍转频、二倍转频、二倍频等，由于实验平台中双馈发电机转子铁心是对称地切了两处槽，还会出现由动偏心故障导致的$2f_r$、$2f_1 \pm 2f_r$频率成分明显地增大，这也是动偏心故障工况区别于正常工况以及静偏心故障工况的特征；除此之外，二倍频也会显著增加。

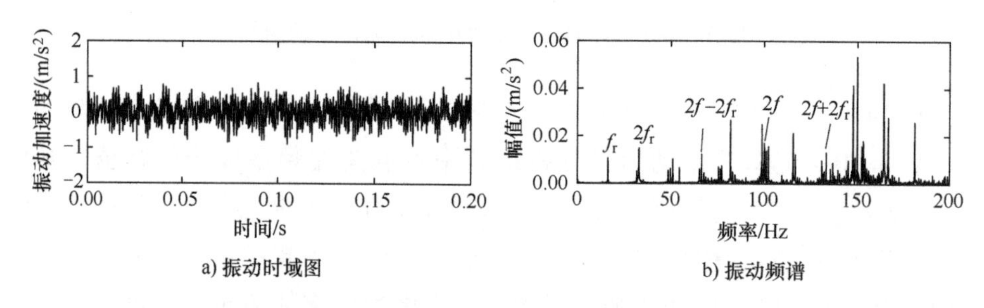

a) 振动时域图　　b) 振动频谱

图3.10-11　动偏心故障时的振动信号

另外还对不同转速下的动偏心故障进行了实验，为了能更清晰地对比特征频率幅值，这里同样将各特征频率的幅值汇总至表3.10-2。可以看到，受到动偏心故障的影响，定子振动频谱中$2f$、$2f_r$、$2f \pm 2f_r$均出现了明显的增大，如加粗字体所示，符合理论分析中对于动偏心故障的分析结果。由于实验条件限制，并未实现不同动偏心故障程度之间的比较。

为了对比静偏心故障和动偏心故障对$2f_r$、$2f \pm 2f_r$影响的不同，表3.10-3还将正常工况、静偏心故障工况、动偏心故障工况下$2f_r$、$2f \pm 2f_r$频率的幅值进行了汇总。对比后不难发现，静偏心故障工况下，虽然随着故障程度的增加，幅值有所变化，但其整体变化并不规律，并且变化幅度较小；而动偏心故障工况下，各频率的幅值受故障影响，相比于正常工况下的幅值会出现明显地增加，其变化是规律的，并且变化幅值很大。

表3.10-2　正常工况和动偏心故障工况下部分特征频率的幅值

转速/(r/min)	工况	$A(f_r)$/(m/s²)	$A(2f_r)$/(m/s²)	$A(2f-2f_r)$/(m/s²)	$A(2f)$/(m/s²)	$A(2f+2f_r)$/(m/s²)
750	正常	0.004641	0.004	0.001609	0.003882	0.0006105
	动偏心	0.004684	**0.006533**	**0.003744**	**0.02249**	**0.003878**

（续）

转速/(r/min)	工况	$A(f_r)$/(m/s^2)	$A(2f_r)$/(m/s^2)	$A(2f-2f_r)$/(m/s^2)	$A(2f)$/(m/s^2)	$A(2f+2f_r)$/(m/s^2)
1000	正常	0.01042	0.009935	0.007773	0.004631	0.005066
	动偏心	0.01058	**0.01477**	**0.01299**	**0.01693**	**0.01313**
1200	正常	0.02174	0.01264	0.01132	0.004966	0.008323
	动偏心	0.02189	**0.02259**	**0.01309**	**0.03775**	**0.06071**
1400	正常	0.02709	0.01825	0.0004337	0.007987	0.001918
	动偏心	0.02679	**0.02809**	**0.0006856**	**0.1045**	**0.009804**

表 3.10-3　正常工况和故障工况下 $2f_r$、$2f\pm2f_r$ 的幅值

转速/(r/min)	工况	$A(2f_r)$/(m/s^2)	$A(2f-2f_r)$/(m/s^2)	$A(2f+2f_r)$/(m/s^2)
750	正常	0.004	0.001609	0.0006105
	动偏心	**0.006533**	**0.003744**	**0.003878**
	静偏心程度 0.1mm	0.003986	0.0006618	**0.001105**
	静偏心程度 0.2mm	**0.004247**	0.0006161	**0.001149**
1000	正常	0.009935	0.007773	0.005066
	动偏心	**0.01477**	**0.01299**	**0.01313**
	静偏心程度 0.1mm	0.008634	**0.009121**	0.00504
	静偏心程度 0.2mm	**0.01104**	**0.01451**	0.003972
1200	正常	0.01264	0.01132	0.008323
	动偏心	**0.02259**	**0.01309**	**0.06071**
	静偏心程度 0.1mm	0.0126	0.009337	0.006958
	静偏心程度 0.2mm	0.01261	**0.01178**	0.00632
1400	正常	0.01825	0.0004337	0.001918
	动偏心	**0.02809**	**0.0006856**	**0.009804**
	静偏心程度 0.1mm	**0.02053**	0.0002038	0.001448
	静偏心程度 0.2mm	0.01665	0.0003624	0.0008834

10.5　本章小结

本章通过对实验进行设计并对实验结果进行分析，得到了以下结论：

1）验证了理论推导与仿真分析中偏心故障对于电磁力的影响结果，在偏心故障工况下，定子二倍频振动均会增加；对于本实验平台的动偏心故障，定子振动中 $2f_1 \pm 2f_r$ 频率成分也会同时增大。

2）验证了对于静偏心故障与动偏心故障模拟实验设计方案的正确性，在设置了偏心故障后，振动信号中可以发现对应的特征。

参考文献

[1] 国家制造强国建设战略咨询委员会. 中国制造2025蓝皮书2016 [M]. 北京：电子工业出版社，2016.

[2] 国家能源局. "十四五"可再生能源发展规划 [R]. 2022.

[3] 邱家俊，胡宇达，卿光辉. 电磁力激发下汽轮发电机定子端部绕组的磁固耦合振动 [J]. 振动工程学报，2002 (3)：23-29.

[4] 张建忠，姜兴华，游泽远. 发电机定子绕组端部振动测试及绝缘防磨 [J]. 华北电力技术，1998 (1)：30-32，51.

[5] TEGOPOULOS J A. Forces on the End Winding of Turbine-Generators I-Determination of Flux Densities [J]. IEEE Transactions on Power Apparatus and Systems，1966，85 (2)：14-122.

[6] 李伟清. 汽轮发电机故障检查分析及预防 [M]. 北京：中国电力出版社，2012.

[7] 郑志勇，谢明，罗祥辉，等. 大型发电机定子绕组端部振动故障原因分析及端部振型模态试验的运用 [J]. 能源研究与管理，2014 (03)：70-73.

[8] 张文战. 汽轮发电机定转子电磁力分析及其应用研究 [D]. 保定：华北电力大学，2010.

[9] 单继聪. 大型汽轮发电机定子端部绕组电磁力的解析计算 [D]. 杭州：浙江大学，2008.

[10] KHAN G K M，BUCKLEY G W，BROOKS N. Calculation of Forces and Stresses on Generator End-windings [J]. IEEE Transactions on Energy Conversion，1989，4 (4)：661-670.

[11] 万书亭，姚肖方，豆龙江. 发电机定子绕组端部电磁力特性与鼻端扭矩计算 [J]. 振动、测试与诊断，2014 (5)：920-925.

[12] 胡宇达，邱家俊，卿光辉. 大型汽轮发电机定子端部绕组整体结构的电磁振动 [J]. 中国电机工程学报，2003 (7)：93-98，116.

[13] 鲍晓华，程晓巍，方勇，等. 大型异步电机定子端部绕组电磁力的研究 [J]. 电机与控制学报，2013 (10)：27-32.

[14] ZHANG B J，ZHOU K D. Integral Equation Method for Determination of Electromagnetic Forces in the End Region of Large Turbine Generators [C]. The Fifth Biennial IEEE Conference on Electromagnetic Field Computation，1992：46.

[15] CHOW S K，LEE Y T. An Integral-Equation/Singularity-Method Approach for 3-D Electromagnetic Field Determination in the End Region of a Turbine-Generator [J]. IEEE Transactions on Magnetics，1982，18 (2)：340-345.

[16] 唐贵基，何玉灵，万书亭，等. 气隙静态偏心与定子短路复合故障对发电机定子振动特性的影响 [J]. 振动工程学报，2014，27 (1)：118-127.

[17] HE Y L，KE M Q，TANG G J，et al. Analysis And Simulation on the Effect of Rotor Interturn

Short Circuit on Magnetic Flux Density of Turbo-Generator [J]. Journal of Electrical Engineering-Elektrotechnicky Casopis, 2016, 67 (5): 323-333.

[18] HE Y L, KE M Q, WANG F L, et al. Effect of Static Eccentricity and Stator Inter-Turn Short Circuit Composite Fault on Rotor Vibration Characteristics of Generator [J]. Transactions of the Canadian Society for Mechanical Engineering, 2015, 39 (4): 767-781.

[19] HE Y L, DENG W Q, PENG B, et al. Stator Vibration Characteristic Identification of Turbo-generator among Single and Composite Faults Composed of Static Air-Gap Eccentricity and Rotor Interturn Short Circuit [J]. Shock and Vibration, 2016.

[20] MENG Q, HE Y. Mechanical Response Before and After Rotor Inter-turn Short-circuit Fault on Stator Windings in Synchronous Generator [C]. 2018 IEEE Student Conference on Electric Machines and Systems, 2018: 1-7.

[21] 何玉灵，孟庆发，仲昊，等. 发电机气隙静偏心故障前后定子绕组电磁力的对比分析 [J]. 华北电力大学学报（自然科学版），2017，44（05）：74-80.

[22] 仲昊. 气隙偏心与匝间短路复合故障下的绕组受力分析 [D]. 保定：华北电力大学，2017.

[23] LAZARNS V S, KLADAS A G, MAMALIS A G, et al. Analysis of End Zone Magnetic Field in Generators and Shield Optimization for Force Reduction on End Windings [J]. IEEE Transactions on Magnetics, 2009, 45 (3): 1470-1473.

[24] KIM K C, HWANG S J. Comparison Study of Biot-Savart Law and 3D FEM of Electromagnetic Forces Acting on End Windings [C]. Digests of the 2010 14th Biennial IEEE Conference on Electromagnetic Field Computation, 2010: 1-1.

[25] JIANG H C, HE Y L, TANG G J, et al. A Comprehensive Analysis on Transient Electromagnetic Force Behavior of Stator Windings in Turbo-Generator [J]. Mathematical Problems in Engineering, 2018: 1-16.

[26] STANCHEVA, RUMENA D. 3-D Electromagnetic Force Distribution in the End Region of Turbogenerator [J]. IEEE Transactions on Magnetics, 2009, 45 (3): 1000-1003.

[27] LIN R R, ARKKIO A. 3-D Finite Element Analysis of Magnetic Forces on Stator End-Windings of an Induction Machine [J]. IEEE Transactions on Magnetics, 2008: 4045-4048.

[28] TATEVOSYAN A A, FOKINA V V. The Study of the Electromagnetic Field of the Synchronous Magnetoelectric Generator [C]. 2015 International Siberian Conference on Control and Communications, 2015: 1-4.

[29] LIANG Y, GUO Z, BIAN X, et al. Novel Optimization Evaluation of the Asymmetric-paths Winding Considering the Electromagnetic Force Characteristics in AC Machines [C]. 2019 22nd International Conference on Electrical Machines and Systems (ICEMS), 2019: 1-6.

[30] LIANG Y P, YAO Q S. Analysis and Calculation of Electromagnetic Force on Damper

Windings for 1000MW Hydro-generator [C]. 2011 International Conference on Electrical Machines and Systems, 2011: 1-6.

[31] WANG Y, ZHANG J, ZHOU B, et al. Magnetic Shunt Design and Their Effects on Transformer Winding Electromagnetic Forces [J]. Iranian Journal of science and Technology Transactions of Electrical Engineeing, 2019, 43: 97-105.

[32] STANCHEVA R, IATCHEVA I. Dynamic Behaviour Investigation of Electromagnetic Force Densities [J]. Journal of Materials Processing Technology, 2005, 161 (1-2): 258-262.

[33] CHAN C C, CHEN P, YAO R, et al. Analysis of Electromagnetic Forces of Large Turbine Generators [C]. 1993 2nd International Conference on Advances in Power System Control, Operation and Management, 1993: 305-309.

[34] ZHANG J, YANG S Y. 3D Finite Element Study of Transient Electromagnetic Forces Acting on the Stator End-windings of a Large Turbo-generator [C]. 2010 Digests of the 2010 14th Biennial IEEE Conference on Electromagnetic Field Computation, 2010: 1-1.

[35] FANG Y, BAO X, LV Q, et al. Analysis of Electromagnetic Force Distribution on End Winding of Electrical Submersible Motor During Starting Transient Operation [J]. IEEE Transactions on Magnetics, 2013, 49 (10): 5341-5345.

[36] SALON S J, SCOTT D J, KUSIC G L. Electromagnetic Forces on the End Windings of Large Turbine Generators. Ⅱ. Transient Conditions [J]. IEEE Power Engineering Review, 1983, 3 (1): 23-24.

[37] SCOTT D J, SALON S J, KUSIK G L. Electromagnetic Forces on the Armature End Windings of Large Turbine Generators I-Steady State Conditions [J]. IEEE Transactions on Power Apparatus and Systems, 1981, 100 (11): 4597-4603.

[38] ZENG C, HUANG S, YANG Y M. Analysis of Electromagnetic Forces on Involute Art of End Winding in a 1550MW Nuclear Generator [C]. 2017 IEEE 2nd Advanced Information Technology, Electronic and Automation Control Conference (IAEAC), 2017.

[39] LUGAND T, SCHWERY A. Comparison Between the Salient-Pole Synchronous Machine and the Doubly Fed Induction Machine With Regard to Electromagnetic Parasitic Forces and Stator Vibrations [J]. IEEE Transactions on Industry Applications, 2017, 53 (6): 5284-5294.

[40] SANOSIAN B, WENDLING P, PHAM T, et al. Electromagnetic Forces On Coils And Bars Inside The Slot of Hydro-Generator [C]. 2019 IEEE Energy Conversion Congress and Exposition (ECCE) 2019: 1754-1760.

[41] HUANG X L. Study on Electromagnetic Force and Vibration of Turbogenerator End Windings under Impact Load. I. Analysis of Electromagnetic Force of End Windings under Impact Load [J]. Journal of Southeast University (English Edition), 2002, 18 (1): 59-63.

[42] XIONG F, WANG X. Development of a Multi-pitch Unequal-turn-coil Wound Rotor for the

Brushless Doubly-fed Generator ［C］. 2013 International Conference on Electrical Machines and Systems（ICEMS）, 2013：668-671.

［43］ BAO X H， WANG T， LIU Y. Electromagnetic Force Analysis of Turbogenerator Stator End Winding ［C］. 2020 5th International Conference on Electromechanical Control Technology and Transportation（ICECTT）［C］. Nanchang，China，2020：111-115.

［44］ GHAEMPANAH A， FAIZ J. Impact of Rotor Winding and Stator Stepped End Core on Magnetic Force Distribution on Stator End-winding of Turbogenerators ［C］. 2015 IEEE Jordan Conference on Applied Electrical Engineering and Computing Technologies（AEECT），2015：1-6.

［45］ GHABELI，ASEF，Yazdani-Asrami M， et al. A Novel Unsymmetrical Multi-Segment Concentric Winding Scheme for Electromagnetic Force and Leakage Flux Mitigation in HTS Power Transformers ［J］. IEEE Transactions on Applied Superconductivity，2015，25（6）：1-10.

［46］ WANG J， QU R， LIU Y， et al. Study of Multiphase Superconducting Wind Generators With Fractional-Slot Concentrated Windings ［J］. IEEE Transactions on Applied Superconductivity，2014，24（3）：1-6.

［47］ 孔维星，李娟. 汽轮发电机稳定运行时定子端部绕组的应力分析［J］. 电气技术，2016（4）：29-34.

［48］ ALBANESE R et al. Coupled Three Dimensional Numerical Calculation of Forces and Stresses on the End Windings of Large Turbo Generators via Integral Formulation ［J］. IEEE Transactions on Magnetics，2012，48（2）：875-878.

［49］ 吴疆. 基于ANSYS的汽轮发电机定子端部绕组振动特性分析［D］. 保定：华北电力大学，2014.

［50］ LI W， WANG P， LI J， et al. Influence of Stator Parameter Variation and Phase-Shift Under Synchronizing Out of Phase on Turbine Generator Electromagnetic Field ［J］. IEEE Transactions on Energy Conversion，2017，32（2）：525-533.

［51］ FANG Y， LV Q， CHENG X， et al. Analysis of Stress Distribution on End Winding of Large Water Filling Submersible Motor During Steady State Operation ［C］. 2013 5th International Conference on Power Electronics Systems and Applications（PESA），2013：1-6.

［52］ RICHARD N， DUFFEAU F， LEGER A C， et al. Computation of Forces and Stresses on Generator End Windings Using a 3D Finite Element Method ［J］. IEEE Transactions on Magnetics，1996，32（3）：1689-1692.

［53］ STERMECKI A， BIRO O， OFNER G， et al. Numerical Simulation of Electromagnetic and Mechanical Phenomena in the End-winding Region of Three-phase Induction Machines ［J］. Elektrotechnik Und Informationstechnik，2011，158（5）：167-173.

［54］ OHTAGURO M， YAGIUCHI K， YAMAGUCHI H. Mechanical Behavior of Stator Endwindings

[J]. IEEE Transactions on Power Apparatus and Systems, 1980, 99 (3): 1181-1185.

[55] LU Y, LI J, QU R, et al. Electromagnetic Force and Vibration Study on Axial Flux Permanent Magnet Synchronous Machines With Dual Three-Phase Windings [J]. IEEE Transactions on Industrial Electronics, 2020, 67 (1): 115-125.

[56] 江旭，聆安. 基于气隙探测线圈与端部振动的百万机组转子匝间短路分析 [J]. 广东电力，2014，27 (9): 55-57，62.

[57] PATEL M R, BUTLER J M. End-Winding Vibrations in Large Synchronous Generators [J]. IEEE Transactions on Power Apparatus and Systems, 1983, 102 (5): 1371-1377.

[58] 赵洋，严波，陈昌林，等. 汽轮发电机定子端部动力特性仿真分析 [C]. 中国力学学会计算力学专业委员会. 中国计算力学大会 2014 暨第三届钱令希计算力学奖颁奖大会，2014: 15.

[59] MORI D, ISHIKAWA T. Force and Vibration Analysis of Induction Motors [J]. IEEE Transactions on Magnetics, 2005, 41 (5): 1948-1951.

[60] YANG H, CHEN Y. Influence of Radial Force Harmonics With Low Mode Number on Electromagnetic Vibration of PMSM [J]. IEEE Transactions on Energy Conversion, 2014, 29 (1): 38-45.

[61] ISHIBASHI F, MATSUSHITA M, NODA S, et al. Change of Mechanical Natural Frequencies of Induction Motor [J]. IEEE Transactions on Industry Applications, 2010, 46 (3): 922-927.

[62] MERKHOUF A, BOUERI B F, KARMAKER H. Generator End Windings Forces and Natural Frequency Analysis [C]. IEEE International Electric Machines and Drives Conference, 2003: 111-114.

[63] 陈伟梁. 大型汽轮发电机定子绕组端部振动分析 [D]. 杭州：浙江大学，2008.

[64] ZHAO Y, YAN B, ZENG C, et al. Optimal Scheme for Structural Design of Large Turbogenerator Stator End Winding [J]. IEEE Transactions on Energy Conversion, 2016, 31 (4): 1423-1432.

[65] 武玉才，李永刚. 基于端部漏磁特征频率的汽轮发电机转子匝间短路故障诊断实验研究 [J]. 电工技术学报，2014，29 (11): 107-115.

[66] 孙宇光，余锡文，魏锟，等. 发电机绕组匝间故障检测的新型探测线圈 [J]. 中国电机工程学报，2014，34 (6): 917-924.

[67] 李扬，郝亮亮，孙宇光，等. 隐极同步发电机转子匝间短路时转子不平衡磁拉力特征分析 [J]. 电力系统自动化，2016，40 (3): 81-89.

[68] WU Y C, LI Y G. Diagnosis of Rotor Winding Interturn Short-Circuit in Turbine Generators Using Virtual Power [J]. IEEE Transactions on Energy Conversion, 2015, 30 (1): 183-188.

[69] 赵洪森. 核电汽轮发电机定子内部短路故障特征与电磁性能研究 [D]. 哈尔滨：哈尔

滨理工大学，2018.

[70] LI Y G，ZHAO Y J，CHEN L，et al. Fault Diagnosis of Rotor Winding Inter-turn Short Circuit in Turbine-generator Based on BP Neural Network [C]. 2008 International Conference on Electrical Machines and Systems，2008：783-787.

[71] WU Y C，MA Q Q，et al. Fault Diagnosis of Rotor Winding Inter-turn Short Circuit for Sensorless Synchronous Generator Through Screw [J]. IET Electric Power Applications，2017，11 (8)：1475-1482.

[72] WAN S T，LI Y G，LI H M，et al. The New Diagnosis Method of Rotor Winding Inter-turn Short Circuit Fault and Imbalance Fault Based on Stator and Rotor Vibration Characteristics [C]. 2005 International Conference on Electrical Machines and Systems，2005：2207-2210.

[73] WAN S T，LI Y G，LI H M，et al. A Compositive Diagnosis Method on Turbine-Generator Rotor Winding Inter-turn Short Circuit Fault [C]. 2006 IEEE International Symposium on Industrial Electronics，2006：1662-1666.

[74] IAMAMURA B A T，Tounzi A，Sadowski N，et al. Study of Static and Dynamic Eccentricities of a Synchronous Generator Using 3-D FEM [J]. Transactions on Magnetics，2010，46 (8)：3516-3519.

[75] ZHANG G Y，WEI J C，HUANG H Z，et al. A Study on the Nonlinear Vibration of the Generator Rotor Based on the Unbalanced Electromagnetic Force and the Oil Film Force Coupling Model [J]. Journal of Vibroengineering，2013，15 (1)：23-36.

[76] Patsios C，Chaniotis A，Tsampouris E，et al. Particular Electromagnetic Field Computation for Permanent Magnet Generator Wind Turbine Analysis [J]. IEEE Transactions on Magnetics，2010，46 (8)：2751-2754.

[77] 武玉才，安清飞，马倩倩，等. 水轮发电机转子典型机电故障的不平衡磁拉力研究 [J]. 水电能源科学，2020，38 (1)：156-160.

[78] 肖士勇，戈宝军，陶大军，等. 同步发电机定子绕组匝间短路时转子动态电磁力计算 [J]. 电工技术学报，2018，33 (13)：2956-2962.

[79] HE Y et al. Effect of 3D Unidirectional and Hybrid SAGE on Electromagnetic Torque Fluctuation Characteristics in Synchronous Generator [J]. IEEE Access，2019，7：100813-100823.

[80] HE Y，et al. Rotor UMP Characteristics and Vibration Properties in Synchronous Generator Due to 3D Static Air-gap Eccentricity Faults [J]. IET Electric Power Applications，2020，14 (6)：961-971.

[81] 张文战. 汽轮发电机定转子电磁力分析及其应用研究 [D]. 保定：华北电力大学，2010.

[82] 闫雪超. 大型汽轮发电机转子偏心磁场分析与电磁力计算 [D]. 哈尔滨：哈尔滨理工大学，2013.

[83] 刘飞，梁霖，徐光华，等，基于电流信息的电机回转偏心检测方法 [J]. 电工技术学

报，2014，29（07）：181-186，208.

[84] EHYA H. SADEGHI I，FAIZ J. Online Condition Monitoring of Large Synchronous Generator Under Eccentricity Fault [C]. 2017 12th IEEE Conference on Industrial Electronics and Applications（ICIEA），2017：19-24.

[85] 何玉灵. 发电机气隙偏心与绕组短路复合故障的机电特性分析 [D]. 保定：华北电力大学，2012.

[86] 万书亭，张玉，胡媛媛. 转子绕组匝间短路对发电机转子电磁转矩影响分析 [J]. 电机与控制学报，2012，16（8）：17-22，28.

[87] 张文静. 汽轮发电机转子匝间短路故障下的多态应力分析 [D]. 保定：华北电力大学，2014.

[88] HE Y，et al. A New External Search Coil Based Method to Detect Detailed Static Air-Gap Eccentricity Position in Non-Salient Pole Synchronous Generators [J]. IEEE Transactions on Industrial Electronics，2020.

[89] VALAVI M，Nysveen A，et al. Electromagnetic Analysis and Electrical Signature-Based Detection of Rotor Inter-Turn Faults in Salient-Pole Synchronous Machine [J]. IEEE Transactions on Magnetics，2018，54（9）：1-9.

[90] YUN J，et al. Comprehensive Monitoring of Field Winding Short Circuits for Salient Pole Synchronous Motors [J]. IEEE Transactions on Energy Conversion，2019，34（3）：1686-1694.

[91] LI Y，SUN Y，WANG L，et al. The Criterion On Inter-turn Short Circuit Fault Diagnose of Steam Turbine Generator Rotor Windings [C]. 2007 International Conference on Electrical Machines and Systems（ICEMS），2007：1050-1054.

[92] 谢颖，刘海东，李飞，等. 同步发电机偏心与绕组短路故障对磁场及电磁振动的影响 [J]. 中南大学学报（自然科学版），2017，48（8）：2034-2043.

[93] HE Y et al. Impact of Stator Interturn Short Circuit Position on End Winding Vibration in Synchronous Generators [J]. IEEE Transactions on Energy Conversion，2020.

[94] 何玉灵，张文，张钰阳，等. 发电机定子匝间短路对绕组电磁力的影响 [J]. 电工技术学报，2020，35（13）：2879-2888.

[95] 张钰阳. 气隙静偏心与定子匝间短路复合下短路因素对绕组受载的影响 [D]. 保定：华北电力大学，2019.

[96] MENG Q，HE Y. Mechanical Response Before and After Rotor Inter-turn Short-circuit Fault on Stator Windings in Synchronous Generator [C]. 2018 IEEE Student Conference on Electric Machines and Systems，2018：1-7.

[97] 何玉灵. 汽轮发电机气隙偏心故障分析与诊断方法研究 [D]. 保定：华北电力大学，2009.

[98] 鲍晓华，吕强. 感应电机气隙偏心故障研究综述及展望 [J]. 中国电机工程学报，

2013, 33 (6): 93-100, 14.

[99] EBRAHIMI B M, FAIZ J, ROSHTKHARI M J. Static, Dynamic, and Mixed-eccentricity Fault Diagnoses in Permanent-magnet Synchronous Motors [J]. IEEE Transactions on Industrial Electronics, 2009, 56 (11): 4727-4739.

[100] OGIDI O O, BARENDSE P S, Khan M A. Detection of Static Eccentricities in Axial-flux Permanent-magnet Machines with Concentrated Windings Using Vibration Analysis [J]. IEEE Transactions on Industry Applications, 2015, 51 (6): 4425-4434.

[101] WANG H F, et al. Detection of Air-gap Eccentricity in Induction Machines Using Multi-position Magnetic Field Measurement Approach [J]. International Journal of Applied Electromagnetics and Mechanics, 2015, 47 (2): 503-512.

[102] 阚超豪，丁少华，刘祐良，等. 基于气隙磁场分析的无刷双馈电机偏心故障研究 [J]. 微电机，2017, 50 (3): 5-8, 18.

[103] 武盾. 基于磁场检测的永磁同步电机故障特征研究 [D]. 重庆：重庆大学，2017.

[104] MICHON M, HOLEHOUSE R C, ATALLAH K, et al. Unbalanced Magnetic Pull in Permanent Magnet Machines [J]. 7th IET International Conference on Power Electronics, Machines and Drives (PEMD 2014), 2014: 1-6.

[105] 何玉灵，张伯麟，仲昊，等. 汽轮发电机气隙偏心故障下的定子受力分析 [J]. 大电机技术，2017 (5): 11-17, 34.

[106] 何玉灵，万书亭，唐贵基，等. 基于定子振动特性的汽轮发电机气隙偏心故障程度鉴定方法研究 [J]. 振动与冲击，2012, 31 (22): 53-57, 89.

[107] 武玉才，冯文宗，李永刚. 汽轮发电机运行状态对偏心磁拉力的影响研究 [J]. 北京交通大学学报，2014, 38 (5): 77-82.

[108] GUO D, CHU F, CHEN D. The Unbalanced Magnetic Pull and Its Effects on Vibration in A Three-phase Generator with Eccentric Rotor [J]. Journal of Sound and Vibration, 2002, 254 (2): 297-312.

[109] HAWWOOI C, JONATHAN K H SHEK. Minimising Unbalanced Magnetic Pull in Doubly Fed Induction Generators [J]. The 9th International Conference on Power Electronics, Machines and Drives (PEMD 2018), 2019 (17): 4008-4011.

[110] 万书亭，彭勃. 气隙静偏心与转子匝间短路下电磁转矩特性区分 [J]. 中国工程机械学报，2021, 19 (1): 65-71.

[111] MERABET H, BAHI T, Soufi Y. Fault Detection and Diagnosis of Eccentricity in A Wind Generator [J]. 2013 Eighth International Conference and Exhibition on Ecological Vehicles and Renewable Energies (EVER), 2013: 1-6.

[112] 武瑞兵. 基于8层小波包分解的电机定子电流故障诊断新方法 [J]. 电机与控制应用，2015, 42 (4): 32-36.

[113] 左志文，田慕琴. Morlet小波变换在感应电动机气隙偏心故障诊断中的应用［J］. 电气应用，2015，34（16）：66-70.

[114] 万书亭. 发电机绕组与偏心故障交叉特征分析及其检测方法研究［D］. 保定：华北电力大学，2005.

[115] 李永刚，姜猛，马明晗，等. 大型调相机转子气隙偏心故障的复合特征分析［J］. 电测与仪表，2023，60（3）：72-78.

[116] HE Y L，WANG F L，TANG G J，et al. Analysis on Steady-State Electromagnetic Characteristics and Online Monitoring Method of Stator Inter-Turn Short Circuit of Turbo-Generator［J］. Electric Power Components and Systems，2017，45（2）：198-210.

[117] HE Y L，LIU X A，XU M X，et al. Analysis of the Characteristics of Stator Circulating Current Inside Parallel Branches in DFIGs Considering Static and Dynamic Air-gap Eccentricity［J］. Energies，2022，15（17）：6152.

[118] ZHOU Y，BAO X H，WANG C Y，et al. Comparative Analysis of Current Under Static and Dynamic Eccentricity in 3-phase Induction Motors on Parallel Branches［J］. International Journal of Applied Electromagnetics and Mechanics，2018，57（3）：275-293.

[119] LIN R，LAIHO A N，HAAVISTO A，et al. End-Winding Vibrations Caused by Steady-State Magnetic Forces in an Induction Machine［J］. IEEE Transactions on Magnetics，2010，46（7）：2665-2674.

[120] Klempner G，Kerszenbaum I. Operation and Maintenance of Large Turbo-Generators［M］. Hoboken：Wiley，2004.

[121] 万书亭，姚肖方，朱建斌，等. 发电机定子绕组端部径向和切向电磁力分析［J］. 振动、测试与诊断，2013，33（3）：488-493，530.

[122] 万书亭，姚肖方，朱建斌. 汽轮发电机定子绕组端部电磁力特性分析［J］. 华北电力大学学报（自然科学版），2012，39（6）：7-12.

[123] 蒋宏春，伍世良，何玉灵，等. 气隙静态偏心故障下汽轮发电机励磁绕组受载及其力学响应分析［J］. 电机与控制应用，2016，43（8）：46-50，62.

[124] XU M X，HE Y L，ZHANG W，et al. Impact of Radial Air-gap Eccentricity on Stator End Winding Vibration Characteristics in DFIG［J］. Energies，2022，15（17）：6426.

[125] HE Y L，DAI D R，XU M X，et al. Effect of Static/Dynamic Air-gap Eccentricity on Stator and Rotor Vibration Characteristics in Doubly-fed Induction Generator［J］. IET Electric Power Applications，2022，16（11）：1378-1394.

[126] 陈永校，诸自强，应善成. 电机噪声分析与控制［M］. 杭州：浙江大学出版社，1987.

[127] 傅丰礼，唐孝镐. 异步电动机设计手册［M］. 北京：机械工业出版社，2002.

[128] 狄冲，鲍晓华，王汉丰，等. 感应电机混合偏心情况下径向电磁激振力的研究［J］. 电工技术学报，2014，29（S1）：138-144.

[129] 鲍晓华，梁娜，方勇，等. 考虑边缘效应和磁饱和影响的闭口槽潜水电机卡特系数计算新方法（英文）[J]. 电工技术学报，2015，30（12）：220-227.

[130] JIANG H C，TANG G J，HE Y L，et al. Effect of Static Rotor Eccentricity on End Winding Forces and Vibration Wearing [J]. International Journal of Rotating Machinery，2021：1-14.

[131] 蒋宏春. 机电故障下发电机端部绕组电磁力及振动特性分析 [D]. 北京：华北电力大学，2021.

[132] 狄冲. 感应电机偏心故障下特性分析与检测技术研究 [D]. 合肥：合肥工业大学，2017.

[133] 王波. 考虑壳体变形影响的电机磁固耦合振动分析 [D]. 重庆：重庆理工大学，2018.

[134] 赵博，张洪亮. Ansoft 12 在工程电磁场中的应用 [M]. 北京：中国水利水电出版社，2010.

[135] 刘慧娟，上官明珠，张颖超. Ansoft Maxwell 13 电机电磁场实例分析 [M]. 北京：国防工业出版社，2014.

[136] 张进军. 有限元分析及 ANSYS Workbench 工程应用 [M]. 西安：西北工业大学出版社，2018.